# 湘西烤烟养分管理研究与实践

黎 娟 向德明 李 强 荆永锋 等 著

中国农业科学技术出版社

**图书在版编目（CIP）数据**

湘西烤烟养分管理研究与实践 / 黎娟等著 . --北京：
中国农业科学技术出版社，2021.12

ISBN 978-7-5116-5560-8

Ⅰ.①湘…　Ⅱ.①黎…　Ⅲ.①烤烟-土壤有效养分-
研究-湘西土家族苗族自治州　Ⅳ.①S572.061

中国版本图书馆 CIP 数据核字（2021）第 220098 号

责任编辑　崔改泵
责任校对　贾海霞
责任印制　姜义伟　王思文

出 版 者　中国农业科学技术出版社
　　　　　北京市中关村南大街 12 号　　　邮编：100081
电　　话　(010) 82109194（出版中心）　(010) 82109702（发行部）
　　　　　(010) 82109709（读者服务部）
传　　真　(010) 82106650
网　　址　http://www.castp.cn
经 销 者　各地新华书店
印 刷 者　北京建宏印刷有限公司
开　　本　185 mm×260 mm　1/16
印　　张　13
字　　数　232 千字
版　　次　2021 年 12 月第 1 版　2021 年 12 月第 1 次印刷
定　　价　80.00 元

# 《湘西烤烟养分管理研究与实践》
## 著者名单

主　著：黎　娟　　向德明　　李　强　　荆永锋

副主著：蒲文宣　　彭　宇　　胡瑞文　　刘智炫　　符昌武

著　者：姚　旺　　田　峰　　张明发　　向铁军　　田茂成

　　　　张黎明　　曹明锋　　杨佳宜　　彭光爵　　周启运

　　　　曹　想　　袁谋志　　张广雨　　帅开峰

# 前　　言

　　土壤是烤烟生长的介质，是烟株矿质营养的主要来源，是烟叶生产的基础。土壤肥力状况直接影响烤烟生长发育、营养状况，进而影响烟叶的产量、品质和风格。科学的养分管理方案是保障烤烟优质适产和保护烟区土壤环境的重要基础。充分掌握土壤养分状况是制定烤烟施肥管理方案的首要前提，由于土壤养分具有高度的空间异质性，其空间变异十分复杂，区域间土壤养分构成特点也因土壤类型、轮作模式、地形地貌的不同而差异巨大。目前，烤烟施肥常以县区或地州为单位统一制定施肥方案，并习惯以氮肥为基准制定肥料配比方案（例如，氮：磷：钾为 1：1：3 或氮：磷：钾为 1：2：3），该方案有一定的可行性，但存在很多不足之处，前者未考虑土壤养分不同尺度下的空间变异性，后者则未考虑不同土壤养分的比例情况，均不能最好地满足优质烟叶生产的需要。

　　湘西土家族苗族自治州（别称湘西、湘西州、湘西自治州）地域辽阔、生态类型多样，为烟叶生产提供了得天独厚的自然条件。如何使植烟土壤可持续利用，成为目前湘西州烟草产业面临的一个重要问题。针对湘西州基本烟田土壤中影响养分供给、肥料利用和烟叶产质量的肥力障碍因子，基于可持续发展理念，开展了植烟土壤障碍因子分析及肥料配方改进技术研究，旨在提高湘西州基本烟田土壤养分可持续供给能力和提高肥料利用效率，集成湘西州烟田土壤养分管理技术规程，形成湘西州植烟土壤质量提升的技术体系，逐步在烤烟生产中示范、推广应用，保障湘西州烤烟优质适产。对有效提高湘西州烤烟施肥技术水平，提升烟叶质量和土壤质量都具有重要意义。

　　本书的编撰得到了湖南省烟草公司、湖南省烟草公司湘西自治州公司、湖南中烟工业有限责任公司、湖南金叶众望科技股份有限公司等单位的大力支持和帮助，在此一并表示衷心感谢！由于编写时间紧迫，作者水平所限，书中难免有缺陷和疏漏之处，敬请专家、读者不吝指正。

著　者

2021 年 10 月

# 目　　录

# 第一章　湘西土家族苗族自治州概况

## 第一节　地理位置与行政区划

### 一、地理位置

湘西土家族苗族自治州（别称湘西、湘西州、湘西自治州）位于湖南省西北部、云贵高原东侧的武陵山区，与湖北省、贵州省、重庆市接壤，是湖南省进入国家"西部大开发"的唯一地区。北邻鄂西山地，东南以雪峰山为屏；东部、东北部与湖南省怀化市、张家界市交界；西南与贵州省铜仁市接壤；西部与重庆市秀山县、酉阳县毗连；西北部与湖北省恩施州相邻，系湘、鄂、渝、黔四省市交界之地。地势东南低、西北高，属中国由西向东逐步降低第二阶梯之东缘，地势由西北向东南倾斜，武陵山脉由东北向西南斜贯全境，可分为西北中山山原地貌、中部中低山山原地貌、中部及东南部低山丘岗平原地貌区，最高海拔 1 737m，最低海拔 97.1m。

湘西州地处云贵高原东侧的武陵山地之中，位于湖南省的西部边陲。总土地面积为 15 462.0km²，是以土家族、苗族为主的少数民族聚居山区。全境地域环境复杂，土地利用类型多样、社会基础设施薄弱，土地经济密度较小，属"西部大开发"的贫困之地。

### 二、行政区划

湘西州位于湖南省西北部，与湖北省、贵州省和重庆市接壤，辖龙山、永顺、保靖、花垣、凤凰、泸溪、古丈 7 个县和吉首 1 个市。全州共有 90 个乡、68 个镇、7 个街道办事处；1 970个村委会、180 个社区（居委会）。

其中：龙山县 3 个街道办事处、11 个镇、20 个乡；28 个社区（居委会）、434 个村委会。永顺县 12 个镇、18 个乡；27 个社区（居委会）、300 个村委会。保靖县 10 个镇、6 个乡；17 个社区（居委会）、196 个村委会。花垣县 8 个镇，10 个乡；19 个社区（居委会）、288 个村。凤凰县 9 个镇、15 个乡；15 个社区（居委会）、340 个村委会。泸溪县 8 个镇、7 个乡；16 个社区（居委会）、134 个村委会。古丈县 5 个镇、7 个乡；18 个社区（居委会）、140 个村委会。吉首市 4 个街道办事处、5 个镇、7 个乡；40 个社区（居委会）、138 个村委会。

# 第二节　自然资源

## 一、土地资源

### （一）地形地貌

湘西州位于湖南省西部，属云贵高原北东部边缘地带，地处湘西北褶皱侵蚀、剥蚀山原山地区和湘西断褶侵蚀、剥蚀山地区之间，总体地势西北部高，东南部低。其中湘西北褶皱侵蚀、剥蚀山原山地区分布于龙山、永顺、保靖、花垣、凤凰一带，海拔标高多在 $800 \sim 1\,200$m，最高海拔标高可达 $1\,414.0$m（八面山），山体高大，山势宏伟，山顶显多级剥蚀夷平面，并呈丘陵起伏台地，具山原地貌特征。山原面一般较完整，台地四周峡谷深切，边坡多形成悬崖陡壁，河谷幽深，多呈"V"形。由于碳酸盐岩广泛分布，岩溶地貌景观显著。湘西断褶侵蚀、剥蚀山地区位于龙山、永顺、保靖、古丈、吉首、泸溪一带，地貌形态上除中低山外，尚有山间盆地的丘陵谷地。海拔标高一般 $400 \sim 1\,000$m，最高海拔标高 $1\,327$m（永顺小溪一带），山体高大，峰峦重叠，河流纵横切割，河谷幽深，多呈"V"形谷。盆地丘陵低山多为红色及部分碳酸盐岩构成，海拔标高一般为 $200 \sim 600$m，切割亦较强烈，山体较陡，碳酸盐岩分布地段，岩溶地貌景观显著。

根据区内的地形地貌特征可细分为侵蚀溶蚀型低山溶丘洼地、溶丘谷地地貌，溶蚀构造型中低山急陡坡峰丛峡谷地貌，侵蚀剥蚀构造中低山峡谷急陡坡地貌，侵蚀剥蚀构造低山丘陵峡谷谷地陡坡至急陡坡地貌，侵蚀剥蚀型丘陵谷地地貌和河谷侵蚀堆积地貌等 6 类，各类地貌特征见表 1-1。

**表 1-1　湘西州地貌类型特征**

| 地貌类型 | 地层岩性 | 分布地域 | 形态特征 |
|---|---|---|---|
| 侵蚀溶蚀型低山溶丘洼地、溶丘谷地地貌 | T、P、O、∈、Z 薄—厚层状灰岩、泥质灰岩、泥灰岩、白云岩、白云质灰岩等碳酸盐岩类可溶岩构成 | 主要分布于龙山县的茨岩塘—召市、塔泥—靛房、永顺县的万民岗—王村、保靖县的复兴场—水田、花垣县和凤凰县的大部分地区。分布标高200~1 200m | 洼地、落水洞（漏斗）、溶洞、地下暗河等岩溶形态发育，山丘较圆滑，沟谷相对较开阔 |
| 溶蚀构造型中低山急陡坡峰丛峡谷地貌 | T、P、O、∈、Z 薄—厚层状灰岩、泥质灰岩、泥灰岩、白云质灰岩、白云岩等碳酸盐岩类可溶岩构成 | 主要分布于龙山县的八面山、洛塔马溶寨向斜两翼，永顺县抚字坪—保靖涂乍—夯沙坪—吉首矮寨镇—凤凰山江一带。分布标高300~1 000m | 山峰尖丛，地形坡度较陡，常形成悬崖陡壁的岩溶地貌景观，沟谷深切狭窄，呈"V"形或"U"形沟谷 |
| 侵蚀剥蚀构造中低山峡谷急陡坡地貌 | D、S、O3s1l、∈s、∈n、Z、Pt 等砂岩、粉砂岩、砂质页岩、页岩、板岩等碎屑岩类构成 | 主要分布在龙山县的水田坝—猛西湖—贾市镇、永顺县的万民岗—石堤镇、朗溪—小溪、保靖县的拔茅—毛沟镇、古丈县的李家洞—大溪坪、泸溪县的八什坪—吉首市的双塘一带，分布标高400~1 200m | 山顶多呈鱼脊状，山坡陡峻，D、Z、Pt中多呈陡崖状，沟谷狭窄，其他地层中坡度相对较缓 |
| 侵蚀剥蚀构造低山丘陵峡谷谷地陡坡至急陡坡地貌 | D、S、O3s1l、∈s、∈n、Z、Pt 等砂岩、粉砂岩、砂质页岩、页岩、板岩等碎屑岩类构成 | 主要分布在龙山县的水田坝—猛西湖—贾市镇、永顺县的万民岗—石堤镇、朗溪—小溪、保靖县的拔茅—毛沟镇、古丈县的李家洞—大溪坪、泸溪县的八什坪—吉首市的双塘一带，分布标高200~1 000m | 砂岩、粉砂岩段山坡陡峭，沟谷狭窄，页岩段坡度相对较缓 |
| 侵蚀剥蚀型丘陵谷地地貌 | K紫红色泥岩、泥质灰砂岩、粉砂质泥岩夹细—粉砂岩构成 | 分布于龙山县一带的来凤盆地和吉首—泸溪一带的沅麻盆地。分布标高200~600m | 地势较平缓，山丘起伏不大，丘陵多为浑圆的连座丘峰；沟谷多为平缓开阔的冲沟 |
| 河谷侵蚀堆积地貌 | Q黏土、亚黏土、砂砾石、砂构成 | 主要分布于沅水、酉水、武水及其次级支流两岸，分布标高100~500m | 地势较平缓开阔，常见不对称Ⅰ~Ⅳ级阶地，其中Ⅰ、Ⅱ级为堆积阶地，Ⅲ、Ⅳ级为基座阶地 |

## （二）各类土地利用现状及演变

湘西州土地总面积15 462 274万 hm²。其中：耕地135万 hm²，建设用地39 627hm²，未利用土地16.61万 hm²，土地开发储备资源约4万 hm²。

湘西州第二次土地利用现状调查（以下简称二调）按照国家和湖南省的部署安排，依据国家技术规程和省若干规定，经过两年多的努力，土地调查数据已经出台。从全州数据汇总来看，土地利用总体演变趋势符合湘西州社会经济发展势态和农村产业结构调整实情。土地利用总体向合理方向转化，利用效率逐步提高，推进了湘西州社会经济的全面发展。但从某些数据上看，也存在不够乐观的方面：一是以建设用地为主的高精度、高效益的用地类型仍远远低于发达地区；二是土地后备资源逐渐减少；三是耕地撂荒现象日趋增多。

从二调的土地利用数据和历次调查数据对比来看，湘西州 8 个土地利用类型（一级分类）呈现"四增四减"的现象，即：园地、城镇村及工矿用地、交通和水域用地递增，耕地、林地、草地和其他地类日趋减少。2009 年年末耕地面积有 2 608 500 亩（1 亩 ≈ 667m²，下同），与历次调查确认数（按二调口径修订数）对比，均有较大减少。减少的主要去向是退耕还林、农业结构调整（耕改园）和建设占用。随着农业产业结构调整的推进，湘西州以椪柑为主的园地开发得到长足发展。园地由详查（1995 年）25.6 万亩增至 106 万亩，净增 80 余万亩，从而为农村经济的发展起到较大的作用。林地总体面积虽呈减少趋势，但内衔结构得到了加强。林地面积由前期（1995—2008）的 1 180 万亩，增至 2009 年的 1 200 余万亩，疏林和未成林造林地由详查（1995 年）的 197 万亩增至 319 万亩，造林地明显增加。尤其是原生态脆弱的花垣、凤凰两县林地比重由 46% 提高到 59%，增加 13 个百分点，使生态环境得到了有效的改善。在"八百里绿色行动"的推动下，绿色生态州建设成效显著。全年完成人工造林 6.4 万亩，封山育林 5.3 万亩，全民义务植树 524.9 万株，建立义务植树基地 180 个，完成补植补造 67.3 万亩。森林覆盖率为 66.8%。随着社会经济的发展和"西部开发"政策的实施，湘西州交通、城镇村及工矿等建设用地有了明显增加。建设用地由详查的 53 万亩，增至二调时的 81 万亩，尤其是近五年来基础设施用地净增 23 万亩，有效地改善了湘西州交通闭塞、城镇化落后的局面。2010 年，全州建设占用耕地 4 059.6 亩。以河流、水库、坑塘为主的水域用地有一定的增长，该项用地面积由前期的 41 万亩增至二调时的 44 万亩，增加 3 万亩，提高了水域用地能力，其主要用地方面是拦河建库增加了水域面积，如碗米坡水库、五强溪水库等基本改变了酉、沅二水在湘西州流域面貌，水面一度扩展，利用率增大。由于耕地补充、建设占用、农业结构调整等用地的需求和土地利用率的不断提高，以草地为主的其他地类面积逐年减少。现有该地类面积 1 352 649.3 万亩（其中草地 870 221.7 亩、田土埂 443 529.8 亩）较详查时减少 424 732.3 亩（详查 1 777 238.6 亩）。从总体数据来看，虽有一定的后备储量，但从质地而言，地块分散，条件较差，存在一定的开发难度。

## 二、水资源

湘西州地处中亚热带季风湿润气候区，境内四季分明，气候温和，光照充足，雨量充沛，无霜期长，气候类型多样，立体特征明显。水文要素在年内和多年间及地区间的变化差异较大。年降水量主要集中在夏季，地区分布上北部多于南部，山区大于平地；年际间变化较复杂。蒸发以夏季最大，冬季最小，年蒸发量地区分布与降水量相反，年际间变化相对不大。河川径流量与降水量的变化趋势基本一致。江河含沙量年际变化和年内分配变化大，地域分布上北部大于南部。湘西州多年平均年降水量为 1 388.2mm，折合降水量总量214.6亿 $m^3$。降水的地区分布和年内分配、年际变化均有较大差异。

湘西州境内河流属长江流域洞庭湖水系的沅水和澧水。南有沅江干流过境，酉水干流、武水干流横穿西东。酉水和武水州属沅江一级支流。北有澧水，州内澧水的主要一级支流有杉木河和贺虎溪。湘西州境内除泸溪县有 45.5km 沅江干流、永顺县有 17.5km 澧水干流外，其余均为沅江、澧水支流，流程在 5km 以上的各级河流共计 368 条。河流总长度 6 308km，干流长在 100km 以上的河流 5 条，50km 以上的 16 条，流域面积在 100km$^2$ 以上的河流 55 条。

湘西州水能资源开发利用情况。已开发建成水电站 217 处（不含凤滩电站），装机容量 524MW，年发电量 181 906万 kW·h。其中中型（碗米坡）电站 1 处，装机 240MW，年发电量 87 551万 kW·h。小型水电站 216 处，装机 284MW，年发电量 94 355万 kW·h。正在开发的电站 5 处，装机 52MW。

全州现有 23 座中型水库，131 座小（1）型水库，472 座小（2）型水库，塘坝 4 万余处。建成引水工程 3 941处，年供水量 35 194万 $m^3$，灌溉面积 5 233.3hm$^2$。电力提灌共 733 台装 19 890kW，灌田 1.284 万 hm$^2$。现有酉水、武水大型灌区 2 个。

## 三、生物资源

湘西州堪称野生动植物资源天然宝库和生物科研基因库。共有维管束植物 209 科、897 属、2 206种以上。保存有世界闻名的孑遗植物水杉、珙桐、银杏、南方红豆杉、伯乐树、鹅掌楸、香果树等；药用植物985 种，其中杜仲、银杏、天麻、樟脑、黄姜等 19 种属国家保护名贵药材；种子含油量大于 10% 的油脂植物 230 余种；观赏植物 91 科 216 属 383 种；维生素植物 60 多种；色素植物 12 种。是中国油桐、油茶、生漆及中药材重要产地。野生动物种类繁多，有脊椎动物区系 28 目 64 科，属国家和省政府规定保护动物 201 种，其中一类保护珍稀动物有云豹、金钱豹、白鹤、白颈长尾雉 4 种，二类保护动物有猕猴、水獭、大鲵等 26 种，三类保护动物有华南兔、红嘴相思鸟。

## 四、旅游资源

湘西州历史文化底蕴深厚、自然风光奇秀，集人文景观和自然景观之大统，《神秘湘西游》正唱响全国、走向世界。著名风景区有凤凰古城、中国南方长城、里耶古城、猛洞河漂流、王村（芙蓉镇）、吉首德夯苗族风情、栖凤湖、龙山火岩溶洞、塔卧湘鄂川黔革命根据地旧址等，以及里耶秦简、永顺县五代十国后晋天福午间的溪州铜柱、土家族千年古都老司城、凤凰县明代古建筑黄丝桥城堡，中华民国（1912—1949 年）第一任内阁总理熊希龄、文学大师沈从文故居等。

## 五、其他资源

湘西州农作物主产稻谷、小麦、玉米、大豆、油菜籽、烟叶等。工业主产原煤、电、水泥、木材、卷烟、化肥、纱、布等。卷烟是该州工业生产的"拳头"产品。土特产品以桐油、生漆、茶油、茶叶、烟叶、柑橘、板栗、蜂蜜、药材等最为著名。湘西自治州是全国桐油重点产区之一，所产桐油品质优良，色泽金黄，誉满中外。湘西又是"生漆之乡"，龙山被列为全国生漆基地，其"红壳大木"漆树被定为全国优良漆树品种之一。"古丈毛尖""保靖岚针"为全国名茶。泸溪浦市柑橘是湖南名橘之一。"织锦"在五代（907—960 年）时曾作为贡品进贡朝廷，现成为旅游者购买的珍贵纪念品。"古丈毛尖"茶和"七叶参"保健茶系全国名茶；"湘泉""酒鬼"为酒中佳酿，属国家级名酒，享誉海内外；土家织锦、苗家绣品以其鲜明的民族特色和独特的传统工艺而受到人们的青睐。

# 第二章　湘西植烟土壤养分的时空
# 变化和丰缺评价

## 第一节　植烟土壤有机质和酸碱度的时空变化和丰缺评价

　　土壤是优质烟叶生产的重要基础之一，它对于烟叶品质的影响仅次于品种和气候，土壤 pH 值和有机质含量在植烟土壤评价体系中所占权重分别达 0.1235 和 0.2075，仅次于土壤质地和土层厚度。一般土壤的 pH 值为 4.0~9.0，烤烟虽然在 pH 值 4.5~8.5 都能正常生长，但过酸性和过碱性土壤条件下难以获得品质优良的烟叶。土壤 pH 值会对土壤有效养分的数量和形态产生影响，影响烟草根系的养分吸收能力，进而对烟草生长、烟叶产质量产生影响。土壤 pH 值过低或过高，均会使土壤元素有效性发生变化，导致烟株一些矿质营养元素失调。土壤有机质含量的多少是土壤肥力的重要指标之一，它能反映土壤的熟化程度和土壤的供肥能力，同时也能改善土壤的物理性质和影响土壤微生物环境。土壤有机质含量不仅影响烟叶产量，还对其品质影响巨大，靳志丽等（2016）报道土壤有机质含量高的土壤所产烟叶其香气物质总量显著高于有机质含量低的土壤，且表现为香气物质总量与土壤有机质含量呈正相关关系。植烟土壤 pH 值和有机质含量评价的报道也较多，如李强（2010）、武德传（2017）、高博超（2009）、黄瑾等（2010）分别对云南、贵州、辽宁及广西烟区土壤的有机质含量进行了评价，但均为一个时期的评价，而植烟土壤有机质含量的时间变化则鲜见报道。但只有准确掌握有机质的时间和空间的变异特征，才可以为植烟土壤有机物料投入提供科学依据。鉴于此，本章通过在湘西州开展高密度采样点，研究土壤有机质和酸碱度的时空变异特征，为该湘西州有机物料投入和酸碱度管理措施的制定提供科学依据。

## 一、材料与方法

### （一）土壤样品的采集

研究共收集 2 个时期耕地土壤有效磷的数据，分别在 2000 年和 2015 年取样，时间跨度 15 年。第一期源于 2000 年湘西州第一次植烟土壤普查资料；第二期数据于 2015 年在土壤冬翻前，选取 1 亩以上的田块进行取样测定。首先选取田块，用手持式 GPS 定位，记录田块中心的经纬度和海拔，根据采样田块的形状，采取五点取样法或"W"形取样法，用土钻采集耕作层土壤（0~20cm），每个田块确保采集 5 点以上，并用四分法取大约 500g 土样，并带回实验室风干、过筛备用。土样经核对编号后，经风干、磨细、过筛后制成待测样品，进行土壤养分含量测定，具体测定方法参照《土壤农业化学分析方法》（鲁如坤，2000）中的方法。2000 年土壤样品为 446 个，数据来源于湘西州烟草公司档案。2015 年取样点为 1 242 个，相对 2000 年，2015 年取样点是区域匹配，且取样点更多。

### （二）评价标准

参照前人的研究结果，并结合当地实际情况，制定了湘西州烟区养分指标的评价标准，详见表 2-1。

表 2-1　植烟土壤养分评价标准

| 项目 | 级别 | | | | |
| --- | --- | --- | --- | --- | --- |
| | 极低 | 低 | 中等（适宜） | 高 | 极高 |
| pH 值 | <5.0 | 5.0~5.5 | 5.5~7.0 | 7.0~7.5 | >7.5 |
| 有机质（水田）（g/kg） | <15 | 15~25 | 25~35 | 35~45 | >45 |
| 有机质（旱土）（g/kg） | <10 | 10~15 | 15~25 | 25~35 | >35 |

### （三）地统计学原理

地统计学是以区域化变量理论为基础，以半方差函数为基本工具的一种数学方法。半方差函数是描述土壤性质空间变异的一个函数，反映了不同距离观测值的空间自相关程度，它是研究土壤特性空间变异性的关系，同时也是进行空间布局估算的基础。常用的半方差函数模型有环状模型、球状模型、高斯模型和指数模型等，具体公式如下：

$$\gamma(h) = \frac{1}{2N(h)} \sum_{i=1}^{N(h)} [Z(x_i) - Z(x_i + h)]^2$$

式中，$\gamma(h)$ 为半方差函数；$h$ 为步长；$N(h)$ 为观测样点对数；$Z(x_i)$ 和 $Z(x_i+h)$ 分别是区域化变量 $Z(x)$ 在空间位置 $x_i$ 和 $x_i+h$ 的实测值。

Kriging 插值法是利用区域化变量的原始数据和半方差函数的结构特点，对未测点的取值进行线性无偏最优估计的一种方法。其算法如下：

$$Z^*(x) = \sum_{i=1}^{N} \lambda_i Z(x_i) \qquad i=1, 2, \cdots, N$$

式中，$Z^*(x)$ 为点 $x$ 处的估计值；$Z(x_i)$ 为参与估计的第 $i$ 个有效观测值；$N$ 为参与估计的有效观测值个数；$\lambda_i$ 为赋予观测值 $Z(x_i)$ 的权重（其和为1），表示各观测值对估计值 $Z^*(x)$ 的贡献，在保证估值无偏性（即估值偏差的平均值为0）和最优性（即估值方差最小）条件下，可由变量半方差函数计算。

（四）数据分析

采用拉依达准则法识别并剔除异常值。多元统计分析利用 SPSS 19.0 完成。采用 GS+9.0 进行半方差函数分析和理论模型构建，模型选取以 RMSSE 接近1，且 MSE 接近0 为好，以确保选取的模型具有较高的拟合精度。Kriging 插值和绘图采用 ArcGIS 10.2.2 实现。模糊 $c$ 均值聚类在 MZA 1.0.1 中完成。

二、结果与分析

（一）湘西土壤酸碱度的时空变异

1. 植烟土壤酸碱度的基本统计特征

湘西州植烟土壤酸碱度描述性统计结果见表2-2，湘西州植烟土壤 pH 值均值为6.12，为适宜水平，变幅4.17~8.17，变异系数为18.30%，属中等变异，经检验，基本符合正态分布。湘西州植烟土壤酸碱度适宜的样本占34.06%，pH 值偏低的占37.28%，pH 值偏高的占28.67%。从各植烟县情况来看，7个植烟县的土壤 pH 值均为中等程度变异，pH 值均值在5.44~6.84，其中最高的是保靖，最低的是古丈县，不同县域植烟土壤 pH 值差异达极显著水平。各县植烟土壤 pH 值适宜样本比例差异较大，在21.05%~44.29%，适宜比例从高到低依次为泸溪、凤凰、龙山、永顺、保靖、花垣、古丈。

表 2-2　湘西州植烟土壤 pH 值及其分布状况（2015）

| 县名 | 样本数 | 均值 | 标准差 | 变异系数（%） | 最小值 | 最大值 | 土壤 pH 值分布频率（%） | | | | |
|---|---|---|---|---|---|---|---|---|---|---|---|
| | | | | | | | <5.0 | 5.0~5.5 | 5.5~7.0 | 7.0~7.5 | >7.5 |
| 保靖 | 102 | 6.84 | 1.03 | 15.11 | 4.56 | 8.04 | 4.90 | 12.75 | 27.45 | 15.69 | 39.22 |
| 凤凰 | 155 | 6.25 | 1.00 | 16.04 | 4.56 | 8.11 | 10.97 | 18.06 | 43.87 | 10.32 | 16.77 |
| 古丈 | 95 | 5.44 | 0.99 | 18.27 | 4.18 | 8.17 | 45.26 | 21.05 | 21.05 | 5.26 | 7.37 |
| 花垣 | 160 | 5.45 | 0.91 | 16.71 | 4.17 | 7.83 | 43.13 | 20.63 | 24.38 | 9.38 | 2.50 |
| 龙山 | 300 | 6.03 | 1.02 | 16.94 | 4.27 | 7.96 | 21.67 | 13.67 | 42.33 | 12.33 | 10.00 |
| 泸溪 | 70 | 6.30 | 0.98 | 15.56 | 4.36 | 8.04 | 5.71 | 20.00 | 44.29 | 8.57 | 21.43 |
| 永顺 | 360 | 6.38 | 1.17 | 18.34 | 4.25 | 8.10 | 15.28 | 15.56 | 30.56 | 9.72 | 28.89 |
| 全市 | 1 242 | 6.12 | 1.12 | 18.30 | 4.17 | 8.17 | 20.77 | 16.51 | 34.06 | 10.47 | 18.20 |

## 2. 植烟土壤酸碱度的年代变化

不同时期湘西州植烟土壤酸碱度状况见表 2-3。15 年间土壤酸碱度略有下降，2015 年土壤酸碱度均值较 2000 年下降了 0.09 个单位，下降幅度仅为 1.45%，一直为适宜水平。酸碱度的变异系数由 2000 年的 12.87% 上升到 2015 年的 18.30%，增加了 5.43 个百分点。极小值变化较大，下降了 0.33 个单位，而极大值变化较小，仅上升 0.07 个单位。极差由 2000 年的 3.60 上升到 2015 年的 4.00，增加了 0.40 个单位。表明土壤 pH 均值虽变化较小，但其变异却有所增大。进一步对湘西州植烟土壤酸碱度的等级分布情况进行分析，由表 2-4 可知，与 2000 年相比，2015 年土壤酸碱度 "极低" 和 "低" 的样品比例分别增加了 17.41 和 0.36 个百分点，相应地 "适宜" "高" 等级的土壤样品比例分别下降了 25.36 和 2.09 个百分点，"极高" 等级的样品比例增加了 9.68 个百分点。表明土壤酸碱度呈两极分化的趋势。

表 2-3　不同时期湘西州植烟土壤酸碱度状况

| 指标 | 平均值 | 标准差 | 变异系数（%） | 最小值 | 最大值 | 极差 |
|---|---|---|---|---|---|---|
| 2000 年 | 6.21 | 0.80 | 12.87 | 4.50 | 8.10 | 3.60 |
| 2015 年 | 6.12 | 1.12 | 18.30 | 4.17 | 8.17 | 4.00 |
| 2015 年较 2000 年增量 | -0.09 | 0.32 | 5.43 | -0.33 | 0.07 | 0.40 |

表 2-4　不同时期湘西州土壤样品 pH 值等级分布变化

| pH 等级 | pH 分级 | 样品比例（%） | | 2015 年较 2000 年增量（百分点） |
| --- | --- | --- | --- | --- |
| | | 2000 年 | 2015 年 | |
| 极低 | <5.0 | 3.36 | 20.77 | 17.41 |
| 低 | 5.0~5.5 | 16.14 | 16.51 | 0.36 |
| 适宜 | 5.5~7.0 | 59.42 | 34.06 | -25.36 |
| 高 | 7.0~7.5 | 12.56 | 10.47 | -2.09 |
| 极高 | >7.5 | 8.52 | 18.20 | 9.68 |

### 3. 土壤酸碱度时空分布变化

采用普通克里格插值法获取 2015 年湘西州植烟土壤酸碱度空间分布图（图 2-1），并利用 ArcGIS 软件自带的 Arctool box 模块统计土壤酸碱度空间分布图中不同等级的面积。两个时期土壤酸碱度空间分布规律均不明显，2015 年湘西植烟土壤酸碱度分级面积与 2000 年相比发生一定变化（图 2-1 和表 2-5）。2000 年土壤酸碱度总体较适宜，"适宜"的植烟土壤面积高达 94.94%，"低"和"高"的植烟土壤面积比例分别仅为 3.91% 和 1.15%。2015 年植烟土壤酸碱度较 2000 年呈两极分化的趋势，新增了 2000 年未出现的"极高"等级和"极低"等级，面积分别为 0.17% 和 2.61%，"高"

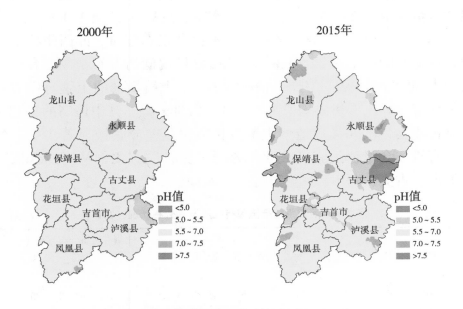

图 2-1　湘西州植烟土壤酸碱度时空分布示意图

和"低"等级亦由原来的零星分布分别增加至5.55%和10.40%，相应地"适宜"等级的面积下降至81.28%。综上，2015年土壤酸碱度"极低""低""高"和"极高"等级的面积显著增加，分别增加了2.61、6.48、4.39和0.17个百分点；而"适宜"等级则大幅下降，比2000年下降了13.65个百分点。15年来湘西州植烟土壤酸碱度两极分化严重，这与不同区域的改土措施差异有关。

表2-5 不同时期湘西州土壤酸碱度各等级面积统计及变化

| pH值等级 | pH值分级 | 面积比例（%） | | 2015年较2000年变化（百分点） |
|---|---|---|---|---|
| | | 2000年 | 2015年 | |
| 极低 | <5.0 | — | 2.61 | 2.61 |
| 低 | 5.0~5.5 | 3.91 | 10.40 | 6.48 |
| 适宜 | 5.5~7.0 | 94.94 | 81.28 | −13.65 |
| 高 | 7.0~7.5 | 1.15 | 5.55 | 4.39 |
| 极高 | >7.5 | — | 0.17 | 0.17 |

## （二）湘西植烟土壤有机质的时空变异

### 1. 植烟土壤有机质的基本统计特征

湘西州植烟土壤有机质含量描述性统计结果见表2-6，湘西州植烟土壤有机质含量均值为28.55g/kg，为适宜水平，变幅3.73~91.30g/kg，变异系数为37.42%，属中等变异，经检验基本符合正态分布。湘西州植烟土壤有机质含量适宜的样本占32.61%，有机质含量偏低的占6.85%，有机质含量偏高的占60.55%。从各植烟县情况来看，7个植烟县的土壤有机质含量均为中等程度变异，有机质均值为23.13~32.58g/kg，其中最高的是花垣，最低的是古丈县，不同县域植烟土壤有机质含量差异达极显著水平。各县植烟土壤有机质含量值适宜样本比例差异较大，适宜比例从高到低依次为保靖、泸溪、古丈、龙山、永顺、花垣、凤凰。

表2-6 湘西州植烟土壤有机质及其分布状况（2015） （单位：g/kg）

| 县名 | 样本数 | 均值 | 标准差 | 变异系数（%） | 最小值 | 最大值 | 土壤有机质分布频率（%） | | | | |
|---|---|---|---|---|---|---|---|---|---|---|---|
| | | | | | | | <10 | 10~15 | 15~25 | 25~35 | >35 |
| 保靖 | 102 | 23.47 | 8.25 | 35.14 | 6.89 | 45.80 | 2.94 | 11.76 | 45.10 | 30.39 | 9.80 |
| 凤凰 | 155 | 31.27 | 9.10 | 29.10 | 10.10 | 67.50 | 0.00 | 0.65 | 23.87 | 49.68 | 25.81 |
| 古丈 | 95 | 23.13 | 10.29 | 44.47 | 5.75 | 61.80 | 3.16 | 18.95 | 43.16 | 23.16 | 11.58 |

（续表）

| 县名 | 样本数 | 均值 | 标准差 | 变异系数（%） | 最小值 | 最大值 | 土壤有机质分布频率（%） | | | | |
|---|---|---|---|---|---|---|---|---|---|---|---|
| | | | | | | | <10 | 10~15 | 15~25 | 25~35 | >35 |
| 花垣 | 160 | 32.58 | 11.44 | 35.10 | 8.87 | 67.20 | 0.63 | 0.63 | 26.25 | 36.88 | 35.63 |
| 龙山 | 300 | 27.15 | 8.10 | 29.82 | 7.03 | 58.90 | 1.00 | 4.67 | 33.33 | 46.67 | 14.33 |
| 泸溪 | 70 | 23.78 | 7.75 | 32.61 | 3.73 | 44.90 | 1.43 | 10.00 | 44.29 | 35.71 | 8.57 |
| 永顺 | 360 | 30.56 | 12.35 | 40.40 | 4.94 | 91.30 | 1.67 | 4.17 | 30.00 | 31.94 | 32.22 |
| 全市 | 1 242 | 28.55 | 10.68 | 37.42 | 3.73 | 91.30 | 1.37 | 5.48 | 32.61 | 37.76 | 22.79 |

### 2. 植烟土壤有机质的年代变化

不同时期湘西州植烟土壤有机质状况见表2-7。15年来土壤有机质略有增加，2015年土壤有机质均值较2000年增加了5.03g/kg，增幅为21.39%，从"适宜"等级变为"高"等级。有机质的变异系数由2000年的24.95%上升到2015年的37.42%，增加了12.47个百分点。极小值变化较小，下降了4.97g/kg，而极大值变化较大，上升41.20g/kg。极差由2000年的41.40g/kg上升到2015年的87.57g/kg，增加了46.17g/kg。表明土壤有机质均值虽变化较小，但其变异却有所增大。进一步对湘西州植烟土壤有机质的等级分布情况进行分析，由表2-8可知，与2000年相比，2015年土壤有机质"极低"和"低"的样品比例分别增加了1.14和1.89个百分点，相应地"适宜"等级的土壤样品比例下降了29.50个百分点，"高"和"极高"等级的样品比例分别增加了8.39和18.08个百分点，这表明土壤有机质含量总体上呈增加的趋势。

**表2-7　不同时期湘西州植烟土壤有机质状况**　　　　（单位：g/kg）

| 指标 | 平均值 | 标准差 | 变异系数（%） | 最小值 | 最大值 | 极差 |
|---|---|---|---|---|---|---|
| 2000年 | 23.52 | 5.87 | 24.95 | 8.70 | 50.10 | 41.40 |
| 2015年 | 28.55 | 10.68 | 37.42 | 3.73 | 91.30 | 87.57 |
| 2015年较2000年增量 | 5.03 | 4.81 | 12.47 | -4.97 | 41.20 | 46.17 |

**表2-8　不同时期湘西州土壤样品有机质等级分布变化**

| 有机质等级 | 有机质分级（g/kg） | 样品比例（%） | | 2015年较2000年增量（百分点） |
|---|---|---|---|---|
| | | 2000年 | 2015年 | |
| 极低 | <10 | 0.22 | 1.37 | 1.14 |

（续表）

| 有机质等级 | 有机质分级（g/kg） | 样品比例（%） | | 2015 年较 2000 年增量（百分点） |
|---|---|---|---|---|
| | | 2000 年 | 2015 年 | |
| 低 | 10～15 | 3.59 | 5.48 | 1.89 |
| 适宜 | 15～25 | 62.11 | 32.61 | −29.50 |
| 高 | 25～35 | 29.37 | 37.76 | 8.39 |
| 极高 | >35 | 4.71 | 22.79 | 18.08 |

3. 土壤有机质的时空分布变化

采用普通克里格插值法获取 2015 年湘西州植烟土壤有机质含量空间分布图（图 2-2），并利用 ArcGIS 软件自带的 Arctool box 模块统计土壤有机质含量空间分布图不同等级的面积。两个时期土壤有机质含量空间分布规律均不明显，2015 年湘西植烟土壤有机质含量分级的面积与 2000 年相比发生了一定变化（图 2-2 和表 2-9）。2000 年土壤有机质含量总体较适宜，"适宜"的植烟土壤面积高达 83.05%，"低"和"高"的植烟土壤面积比例分别仅为 3.52% 和 13.43%。2015 年植烟土壤有机质含量较 2000 年有较大变化的趋势，新增了 2000 年未出现的"极高"等级，面积占比为 8.94%，"高"等级亦由原来的小范围分布分别增加至 45.64%，相应地"适宜"等

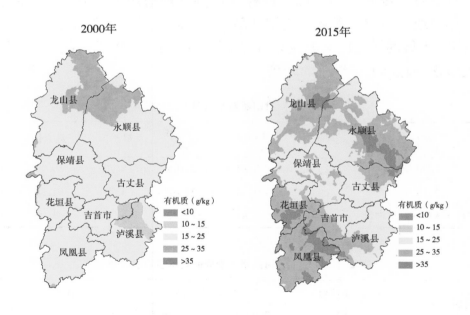

图 2-2　湘西州植烟土壤有机质含量时空分布示意图

级的面积下降至 45.32%。综上，2015 年土壤有机质含量 "高" 和 "极高" 等级的面积显著增加，分别增加了 32.21 和 8.94 个百分点；而 "低" 和 "适宜" 等级则大幅下降，分别下降了 3.42 和 37.73 个百分点。15 年来湘西州植烟土壤有机质含量呈大幅增加的趋势，这可能与有机物料投入的增加有关。

表 2-9　不同时期土壤有机质各等级面积统计及变化

| 有机质等级 | 有机质分级（g/kg） | 面积比例（%） | | 2015 年较 2000 年变化（百分点） |
| --- | --- | --- | --- | --- |
| | | 2000 年 | 2015 年 | |
| 极低 | <10 | — | — | 0.00 |
| 低 | 10~15 | 3.52 | 0.10 | −3.42 |
| 适宜 | 15~25 | 83.05 | 45.32 | −37.73 |
| 高 | 25~35 | 13.43 | 45.64 | +32.21 |
| 极高 | >35 | — | 8.94 | +8.94 |

## 三、小结

植烟土壤酸碱度呈两极分化趋势，弱酸性（pH 值 5.5~7.0）植烟土壤有小幅减少，酸性和碱性土壤均有一定幅度的增加，目前植烟土壤整体呈弱酸性，适合烤烟生产，但需要关注部分酸性和碱性的植烟土壤。

植烟土壤有机质含量呈增加趋势，有机质含量适宜的植烟土壤面积有较大幅度减少，有机质 "高" 和 "极高" 的土壤面积均有一定幅度的增加，目前整体呈 "适宜" — "极高"，较适合烤烟生产，但须适当控制高有机质区域的氮肥投入。

## 第二节　植烟土壤大量元素的时空变化和丰缺评价

土壤是优质烟叶生产的重要基础之一，它对于烟叶品质的影响仅次于品种和气候。土壤是作物矿质元素的主要来源，土壤矿质营养元素参与作物多个生理代谢过程和多种化合物的合成，其供应状况直接影响作物的生长发育、产量和品质。氮素是限制烟草生长和品质产量的首要因素，缺氮会导致烟株生长缓慢，发育不良；而氮素过量会导致烤烟生长过旺，成熟延迟且落黄不好，影响烤后烟叶品质，严重的甚至造成黑暴烟，失去商品价值。磷是烟草必需的大量元素之一，在光合作用、呼吸作用、Krebs 循环和氮代谢过程中起着重要的生理功能，磷含量一般占烟株干重的 0.15%～0.60%，参与多种化学成分的合成。土壤磷素含量是土壤肥力的主要指标之一，其含量高低和有效性对植物生长发育有重要影响。钾是烤烟吸收量最多的矿质元素，一般是氮素的 1.4 倍、磷素的 3.5 倍。钾是烟株体内多种酶的激活剂，促进烟株的碳水化合物代谢、氮代谢、脂肪代谢、蛋白质代谢，调节气孔开放，维持细胞膨压，促进物质运输和机械组织发育，提高烟株抗逆性。此外，钾还是烤烟重要的品质指标之一，在《中国烟草种植区划》中钾及其派生指标钾氯比在烤烟化学成分评价指标体系中的累计权重达 0.17。

## 一、材料与方法

### （一）土壤样品的采集

研究共收集 2 个时期耕地土壤有效磷数据，分别在 2000 年和 2015 年取样，时间跨度 15 年。第一期数据源于 2000 年湘西州第一次植烟土壤普查资料；第二期数据于 2015 年在土壤冬翻前，选取 1 亩以上的田块进行取样测定。首先选取田块，用手持式 GPS 定位，记录田块中心的经纬度和海拔，根据采样田块的形状，采取五点取样法或 "W" 形取样法，用土钻采集耕作层土壤（0～20cm），每个田块确保采集 5 点以上，并用四分法取大约 500g 土样带回实验室风干、过筛备用。土样经核对编号后，经风干、磨细、过筛后制成待测样品，进行土壤养分含量的测定，具体测定方法参照鲁如坤的方法。2000年土壤样品为 446 个，数据来源于湘西州烟草公司档案。2015 年取样为 1 242个，相对 2000 年，2015 年取样点是区域匹配，且取样点更多。

### （二）评价标准

参照前人的研究结果，并结合当地实际情况，制定了湘西州烟区养分指标的评价标准，具体见表 2-10。

表 2-10　植烟土壤养分评价标准

| 项　目 | 级　别 | | | | |
|---|---|---|---|---|---|
| | 极低 | 低 | 中等（适宜） | 高 | 极高 |
| 全氮（g/kg） | <0.5 | 0.5～1.0 | 1.0～2.0 | 2.0～3.0 | >3.0 |
| 全磷（g/kg） | <0.5 | 0.5～1.0 | 1.0～1.5 | 1.5～2.0 | >2.0 |
| 全钾（g/kg） | <10 | 10～15 | 15～20 | 20～30 | >30 |

（续表）

| 项　目 | 级　别 | | | | |
|---|---|---|---|---|---|
| | 极低 | 低 | 中等（适宜） | 高 | 极高 |
| 碱解氮（mg/kg） | <60 | 60~110 | 110~180 | 180~240 | >240 |
| 有效磷（mg/kg） | <5 | 5~10 | 10~20 | 20~30 | >30 |
| 速效钾（mg/kg） | <80 | 80~160 | 160~240 | 240~350 | >350 |

注：“适宜”适用于全氮、碱解氮 2 项指标的等级评价。“中等”适用于全钾、速效钾、全磷、有效磷等其他指标的等级评价。

## （三）数据分析

同本章第一节。

## 二、结果与分析

### （一）湘西植烟土壤全氮的时空变异

1. 植烟土壤全氮的基本统计特征

湘西州植烟土壤全氮含量描述性统计结果见表 2-11，湘西州植烟土壤全氮含量均值为 1.30g/kg，处于适宜水平，变幅 0.36~4.47g/kg，变异系数为 35.48%，属中等变异，经检验基本符合正态分布。湘西州植烟土壤全氮含量适宜的样本占 61.11%，全氮含量偏低的占 9.90%，全氮含量偏高的占 28.98%。从各植烟县情况来看，7 个植烟县的土壤全氮含量均为中等程度变异，全氮均值在 1.25~2.36g/kg，其中最高的是花垣，最低的是古丈县，不同县域植烟土壤全氮含量差异达极显著水平。各县植烟土壤全氮含量值适宜样本比例差异较大，适宜比例从高到低依次为泸溪、保靖、凤凰、龙山、古丈、永顺、花垣。

表 2-11　湘西州植烟土壤全氮及其分布状况（2015）　（单位：g/kg）

| 县名 | 样本数 | 均值 | 标准差 | 变异系数（%） | 最小值 | 最大值 | 土壤全氮分布频率（%） | | | | |
|---|---|---|---|---|---|---|---|---|---|---|---|
| | | | | | | | 极低 | 低 | 适宜 | 高 | 极高 |
| 保靖 | 102 | 1.30 | 0.40 | 30.85 | 0.50 | 2.41 | 0.00 | 21.57 | 73.53 | 4.90 | 0.00 |
| 凤凰 | 155 | 1.72 | 0.48 | 27.96 | 0.78 | 3.59 | 0.00 | 3.23 | 71.61 | 23.87 | 1.29 |
| 古丈 | 95 | 1.25 | 0.44 | 35.40 | 0.39 | 2.38 | 2.11 | 31.58 | 60.00 | 6.32 | 0.00 |
| 花垣 | 160 | 2.36 | 0.61 | 25.68 | 0.67 | 4.22 | 0.00 | 1.25 | 26.25 | 55.00 | 17.50 |
| 龙山 | 300 | 1.58 | 0.47 | 29.75 | 0.45 | 2.89 | 0.33 | 11.00 | 70.33 | 18.33 | 0.00 |

（续表）

| 县名 | 样本数 | 均值 | 标准差 | 变异系数（%） | 最小值 | 最大值 | 土壤全氮分布频率（%） | | | | |
|---|---|---|---|---|---|---|---|---|---|---|---|
| | | | | | | | 极低 | 低 | 适宜 | 高 | 极高 |
| 泸溪 | 70 | 1.43 | 0.44 | 30.71 | 0.36 | 2.88 | 1.43 | 14.29 | 74.29 | 10.00 | 0.00 |
| 永顺 | 360 | 1.86 | 0.61 | 32.52 | 0.49 | 4.47 | 0.28 | 4.44 | 58.61 | 33.61 | 3.06 |
| 全州 | 1 242 | 1.72 | 0.61 | 35.48 | 0.36 | 4.47 | 0.40 | 9.50 | 61.11 | 25.68 | 3.30 |

### 2. 植烟土壤全氮的年代变化

不同时期湘西州植烟土壤全氮状况见表2-12。15年来土壤全氮略有增加，2015年土壤全氮均值较2000年增加了0.31g/kg，增幅为21.39%，从"适宜"等级变为"高"等级。全氮的变异系数提高了14.91%。极小值下降了0.30g/kg，而极大值变化较大，上升1.75g/kg。极差由2000年的2.06g/kg上升到2015年的4.11g/kg，增加了2.05g/kg。表明土壤全氮均值虽变化较小，但其变异却有所增大。进一步对湘西州植烟土壤全氮的等级分布情况进行分析，由表2-13可见与2000年相比，2015年土壤全氮"极低"和"低"的样品比例分别增加了0.40和5.24个百分点，相应地"适宜"等级的土壤样品比例下降了29.92个百分点，"高"和"极高"等级的样品比例增加了20.98和3.30个百分点。表明土壤全氮含量有增加的趋势，且变异在变大。

**表2-12　不同时期湘西州植烟土壤全氮含量状况**　（单位：g/kg）

| 指标 | 平均值 | 标准差 | 变异系数（%） | 最小值 | 最大值 | 极差 |
|---|---|---|---|---|---|---|
| 2000年 | 1.41 | 0.29 | 20.57 | 0.66 | 2.72 | 2.06 |
| 2015年 | 1.72 | 0.61 | 35.48 | 0.36 | 4.47 | 4.11 |
| 2015年较2000年增量 | 0.31 | 0.32 | 14.91 | -0.30 | 1.75 | 2.05 |

**表2-13　不同时期湘西州土壤样品全氮等级分布变化**

| 全氮等级 | 全氮分级（g/kg） | 样品比例（%） | | 2015年较2000年增量（百分点） |
|---|---|---|---|---|
| | | 2000年 | 2015年 | |
| 极低 | <0.5 | 0.00 | 0.40 | 0.40 |
| 低 | 0.5~1.0 | 4.26 | 9.50 | 5.24 |
| 适宜 | 1.0~2.0 | 91.03 | 61.11 | -29.92 |

（续表）

| 全氮等级 | 全氮分级（g/kg） | 样品比例（%） | | 2015 年较 2000 年增量（百分点） |
|---|---|---|---|---|
| | | 2000 年 | 2015 年 | |
| 高 | 2.0~3.0 | 4.71 | 25.68 | 20.98 |
| 极高 | >3.0 | 0.00 | 3.30 | 3.30 |

### 3. 土壤全氮的时空分布变化

采用普通克里格插值法获取 2015 年湘西州植烟土壤全氮含量空间分布图（图 2-3），并利用 ArcGIS 软件自带的 Arctool box 模块统计土壤全氮含量空间分布图不同等级的面积。2015 年湘西州植烟土壤全氮含量分级面积与 2000 年相比发生一定变化（图 2-3 和表 2-14）。2000 年土壤全氮含量总体较适宜，全氮含量"适宜"的植烟土壤面积高达 95.66%，"低"和"高"的植烟土壤面积比例分别仅为 4.20% 和 0.14%。2015 年植烟土壤全氮含量较 2000 年有较大变化的趋势，"高"等级由原来的零星分布增加至 10.91%，相应地"适宜"等级的面积下降至 86.93%，"低"等级下降至 2.16%。综上，2015 年土壤全氮含量"高"和"极高"等级的面积显著增加，分别增加了 10.80% 和 35.67%；而"低"和"适宜"等级则呈下降趋势，分别下降了 2.04% 和 8.73%。15 年来湘西州植烟土壤全氮含量大幅增加，这与烤烟连作过程中氮肥的持续投入有关。

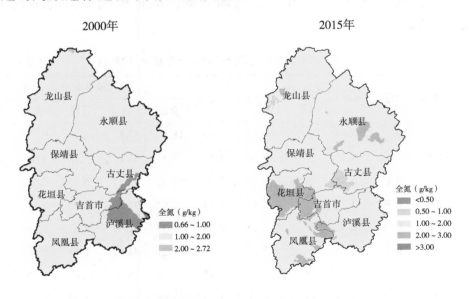

**图 2-3 湘西州植烟土壤全氮含量时空分布示意图**

表 2-14　不同时期土壤全氮各等级面积统计及变化

| 全氮等级 | 全氮分级（g/kg） | 面积比例（%） | | 2015 年较 2000 年增量（%） |
| --- | --- | --- | --- | --- |
| | | 2000 年 | 2015 年 | |
| 极低 | <0.5 | 0.00 | 0.00 | 0.00 |
| 低 | 0.5~1.0 | 4.20 | 2.16 | -2.04 |
| 适宜 | 1.0~2.0 | 95.66 | 86.93 | -8.73 |
| 高 | 2.0~3.0 | 0.14 | 10.91 | 10.77 |
| 极高 | >3.0 | 0.00 | 0.00 | 0.00 |

## （二）湘西植烟土壤全磷的时空变异

### 1. 植烟土壤全磷的基本统计特征

湘西州植烟土壤全磷含量描述性统计结果见表 2-15，湘西州植烟土壤全磷含量均值为 0.76g/kg，处于低水平，变幅 0.15~3.23g/kg，变异系数为 43.34%，属中等变异，经检验基本符合正态分布。湘西州植烟土壤全磷含量适宜的样本仅占 13.69%，全磷含量偏低的占 83.90%，全磷含量丰富（高和极高）的仅占 2.42%。从各植烟县情况来看，7 个植烟县的土壤全磷含量均为中等程度变异，全磷均值在 0.53~0.86g/kg，其中最高的是龙山县，最低的是泸溪县，不同县域植烟土壤全磷含量差异达极显著水平。各县植烟土壤全磷含量值适宜样本比例均较低，适宜比例最高的是龙山县，最低的是泸溪县。

表 2-15　湘西州植烟土壤全磷及其分布状况（2015）　　　　（单位：g/kg）

| 县名 | 样本数 | 均值 | 标准差 | 变异系数（%） | 最小值 | 最大值 | 土壤全磷分布频率（%） | | | | |
| --- | --- | --- | --- | --- | --- | --- | --- | --- | --- | --- | --- |
| | | | | | | | 极低 | 低 | 适宜 | 高 | 极高 |
| 保靖 | 102 | 0.75 | 0.34 | 45.83 | 0.23 | 2.36 | 18.63 | 67.65 | 11.76 | 0.00 | 1.96 |
| 凤凰 | 155 | 0.72 | 0.18 | 24.97 | 0.34 | 1.47 | 7.10 | 85.81 | 7.10 | 0.00 | 0.00 |
| 古丈 | 95 | 0.60 | 0.42 | 70.08 | 0.15 | 2.49 | 47.37 | 43.16 | 5.26 | 0.00 | 4.21 |
| 花垣 | 160 | 0.80 | 0.17 | 20.77 | 0.47 | 1.58 | 0.63 | 92.50 | 6.25 | 0.63 | 0.00 |
| 龙山 | 300 | 0.86 | 0.34 | 39.68 | 0.17 | 2.03 | 14.33 | 52.33 | 29.67 | 3.00 | 0.67 |
| 泸溪 | 70 | 0.53 | 0.19 | 36.51 | 0.23 | 1.27 | 54.29 | 44.29 | 1.43 | 0.00 | 0.00 |
| 永顺 | 360 | 0.76 | 0.37 | 48.38 | 0.18 | 3.23 | 14.72 | 70.28 | 11.67 | 0.83 | 2.50 |
| 全州 | 1 242 | 0.76 | 0.33 | 43.34 | 0.15 | 3.23 | 16.91 | 66.99 | 13.69 | 1.05 | 1.37 |

## 2. 植烟土壤全磷的年代变化

不同时期湘西州植烟土壤全磷状况见表 2-16。15 年间土壤全磷略有增加，2015 年土壤全磷均值较 2000 年增加了 0.18g/kg，增幅为 31.58%，一直处于"低"等级。全磷的变异系数提高了 12.59 个百分点。极小值下降了 0.10g/kg，而极大值变化较大，上升 1.61g/kg。极差由 2000 年的 1.37g/kg 上升到 2015 年的 3.08g/kg，增加了 1.71g/kg。表明土壤全磷均值虽变化较小，但其变异却有所增大。进一步对湘西州植烟土壤全磷的等级分布情况进行分析，由表 2-17 可知，与 2000 年相比，2015 年土壤全磷"极低"的样品比例减少了 18.15 个百分点，"低"和"适宜"等级的土壤样品比例分别增加了 4.74 和 11.22 个百分点，"高"和"极高"等级的样品比例有小幅增加。表明土壤全磷含量呈增加趋势，同时变异也在变大。

**表 2-16　不同时期湘西州植烟土壤全磷含量状况**　　　　　　（单位：g/kg）

| 指标 | 平均值 | 标准差 | 变异系数（%） | 最小值 | 最大值 | 极差 |
|---|---|---|---|---|---|---|
| 2000 年 | 0.57 | 0.18 | 30.76 | 0.25 | 1.62 | 1.37 |
| 2015 年 | 0.76 | 0.33 | 43.34 | 0.15 | 3.23 | 3.08 |
| 2015 年较 2000 年增量 | 0.18 | 0.15 | 12.59 | -0.10 | 1.61 | 1.71 |

**表 2-17　不同时期湘西州土壤样品全磷等级分布变化**

| 全磷等级 | 全磷分级（g/kg） | 样品比例（%） | | 2015 年较 2000 年增量（百分点） |
|---|---|---|---|---|
| | | 2000 年 | 2015 年 | |
| 极低 | <0.5 | 35.06 | 16.91 | -18.15 |
| 低 | 0.5~1.0 | 62.25 | 66.99 | 4.74 |
| 适宜 | 1.0~1.5 | 2.47 | 13.69 | 11.22 |
| 高 | 1.5~2.0 | 0.22 | 1.05 | 0.82 |
| 极高 | >2.0 | 0.00 | 1.37 | 1.37 |

## 3. 土壤全磷的时空分布变化

采用普通克里格插值法获取 2015 年湘西州植烟土壤全磷含量空间分布图（图 2-4），并利用 ArcGIS 软件自带的 Arctool box 模块统计土壤全磷含量空间分布图不同等级的面积。两个时期土壤全磷含量空间分布规律均不明显，2015 年湘西州植烟土壤全磷含量分级面积与 2000 年相比发生了一定变化（图 2-4 和表 2-18）。2000 年土壤全磷含量总体较偏低，"适宜""高"

和"极高"的植烟土壤面积比例为 0;"高"等级的植烟土壤面积比例仅有零星分布,占 0.19%;"低"和"极低"等级的植烟土壤面积比例分别高达71.06%和28.94%。2015 年植烟土壤全磷含量较 2000 年有增加趋势,新增了 2000 年未出现的"适宜"和"高"等级,面积占比分别为 2.64%和0.17%,"极低"等级减少了 18.69%,相应地"低"等级的面积增加了15.88%。15 年来,湘西州植烟土壤全磷含量呈增加趋势,这与磷肥持续投入有关,但仍有大量植烟土壤全磷缺乏。

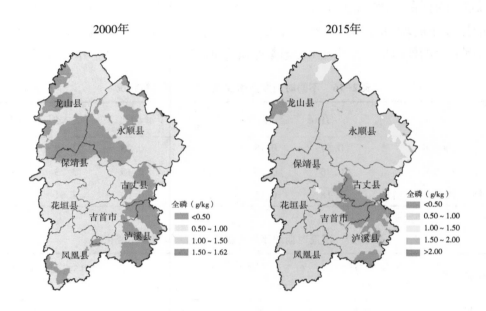

**图 2-4　湘西州植烟土壤全磷含量时空分布示意图**

**表 2-18　不同时期土壤全磷各等级面积统计及变化**

| 全磷等级 | 全磷分级（g/kg） | 面积比例（%） | | 2015 年较 2000 年增量（百分点） |
| --- | --- | --- | --- | --- |
| | | 2000 年 | 2015 年 | |
| 极低 | <0.5 | 28.94 | 10.25 | −18.69 |
| 低 | 0.5~1.0 | 71.06 | 86.94 | 15.88 |
| 适宜 | 1.0~1.5 | 0.00 | 2.64 | 2.64 |
| 高 | 1.5~2.0 | 0.00 | 0.17 | 0.17 |
| 极高 | >2.0 | 0.00 | 0.00 | 0.00 |

## （三）湘西植烟土壤全钾的时空变异

### 1. 植烟土壤全钾的基本统计特征

湘西州植烟土壤全钾含量描述性统计结果见表 2-19，湘西州植烟土壤全钾含量均值为 19.56g/kg，处于中等水平，变幅 8.33~61.30g/kg，变异系数为 37.41%，属中等变异，经检验基本符合正态分布。湘西州植烟土壤全钾含量适宜的样本占 32.69%，全钾含量偏低的占 30.35%，全钾含量偏高的占 30.96%。从各植烟县情况来看，7 个植烟县的土壤全钾含量均为中等程度变异，全钾均值在 15.45~25.25g/kg，其中最高的是凤凰，最低的是永顺县，不同县域植烟土壤全钾含量差异达极显著水平。各县植烟土壤全钾含量值适宜样本比例差异较大，中等以上比例最高的是永顺，最低的是花垣。

表 2-19　湘西州植烟土壤全钾及其分布状况（2015）　　　（单位：g/kg）

| 县名 | 样本数 | 均值 | 标准差 | 变异系数（%） | 最小值 | 最大值 | 土壤全钾分布频率（%） | | | | |
|---|---|---|---|---|---|---|---|---|---|---|---|
| | | | | | | | 极低 | 低 | 中等 | 高 | 极高 |
| 保靖 | 102 | 20.29 | 10.67 | 52.59 | 8.33 | 61.30 | 4.90 | 36.27 | 25.49 | 14.71 | 18.63 |
| 凤凰 | 155 | 25.25 | 8.97 | 35.51 | 10.00 | 50.60 | 0.00 | 11.61 | 21.94 | 33.55 | 32.90 |
| 古丈 | 95 | 17.81 | 5.85 | 32.87 | 8.97 | 43.50 | 1.05 | 32.63 | 40.00 | 22.11 | 4.21 |
| 花垣 | 160 | 22.90 | 8.03 | 35.08 | 13.70 | 51.20 | 0.00 | 5.63 | 44.38 | 27.50 | 22.50 |
| 龙山 | 300 | 20.36 | 4.89 | 24.04 | 9.48 | 40.30 | 1.33 | 9.33 | 38.33 | 46.00 | 5.00 |
| 泸溪 | 70 | 18.24 | 3.58 | 19.63 | 13.20 | 34.40 | 0.00 | 12.86 | 68.57 | 15.71 | 2.86 |
| 永顺 | 360 | 15.48 | 4.60 | 29.73 | 8.93 | 38.30 | 2.22 | 63.06 | 20.56 | 11.94 | 2.22 |
| 全州 | 1 242 | 19.56 | 7.32 | 37.41 | 8.33 | 61.30 | 1.45 | 28.90 | 32.69 | 26.09 | 10.87 |

### 2. 植烟土壤全钾的年代变化

不同时期湘西州植烟土壤全钾状况见表 2-20。15 年间土壤全钾略有增加，2015 年土壤全钾均值较 2000 年增加了 1.33g/kg，增幅为 7.26%，保持在"适宜"等级。全钾的变异系数提高了 0.45 个百分点。极小值增加了 3.93g/kg，而极大值变化较大，上升 26.40g/kg。极差由 2000 年的 30.50g/kg 上升到 2015 年的 52.97g/kg，增加了 22.47g/kg。表明土壤全钾均值虽变化较小，但其变异却有所增大。进一步对湘西州植烟土壤全钾的等级分布情况进行分析，由表 2-20 可见，与 2000 年相比，2015 年土壤全钾"极低"和"低"的样品比例分别下降了 4.41 和 4.82 个百分点，相应地"适宜"等级的土壤样品比例提高了 9.50 个百分点，"高"等级的样品比例下降了 3.89 个百分点，"极高"等级的样品比例增加了 3.61 个百分点（表 2-21）。

表 2-20　不同时期湘西州植烟土壤全钾含量状况　　　　　　　（单位：g/kg）

| 指标 | 平均值 | 标准差 | 变异系数（%） | 最小值 | 最大值 | 极差 |
|---|---|---|---|---|---|---|
| 2000 年 | 18.23 | 6.74 | 36.97 | 4.40 | 34.90 | 30.50 |
| 2015 年 | 19.56 | 7.32 | 37.41 | 8.33 | 61.30 | 52.97 |
| 2015 年较 2000 年增量 | 1.33 | 0.58 | 0.45 | 3.93 | 26.40 | 22.47 |

表 2-21　不同时期湘西州土壤样品全钾等级分布变化

| 全钾等级 | 全钾分级（g/kg） | 样品比例（%） | | 2015 年较 2000 年增量（百分点） |
|---|---|---|---|---|
| | | 2000 年 | 2015 年 | |
| 极低 | <10 | 5.85 | 1.45 | -4.41 |
| 低 | 10~15 | 33.72 | 28.90 | -4.82 |
| 适宜 | 15~20 | 23.19 | 32.69 | 9.50 |
| 高 | 20~30 | 29.98 | 26.09 | -3.89 |
| 极高 | >30 | 7.26 | 10.87 | 3.61 |

## 3. 土壤全钾的时空分布变化

采用普通克里格插值法获取 2015 年湘西州植烟土壤全钾含量空间分布图（图 2-5），并利用 ArcGIS 软件自带的 Arctool box 模块统计土壤全钾含量空间分布图不同等级的面积。两个时期土壤全钾含量空间分布规律均不明显，2015 年湘西州植烟土壤全钾含量分级面积与 2000 年相比发生了小幅变

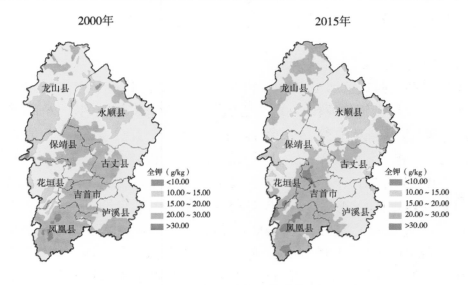

图 2-5　湘西州植烟土壤全钾含量时空分布示意图

化（图2-5和表2-22）。2000年土壤全钾含量总体较丰富，"适宜"的植烟土壤面积为49.42%，"极高"和"极低"等级的植烟土壤面积仅有零星分布，"低"和"高"等级的植烟土壤面积比例分别为14.90%和34.83%。2015年植烟土壤全钾含量各等级分布面积有小幅变化，2000年出现的"极低"等级在2015年未有分布，"低"和"高"等级分别下降了2.09和0.66个百分点，"适宜"和"高"等级分别增加了1.47和1.53个百分点。综上，15年来湘西州植烟土壤全钾含量基本保持稳定。

表2-22 不同时期土壤全钾各等级面积统计及变化

| 全钾等级 | 全钾分级 （g/kg） | 面积比例（%） | | 2015年较2000年 增量（百分点） |
| --- | --- | --- | --- | --- |
| | | 2000年 | 2015年 | |
| 极低 | <10 | 0.25 | 0.00 | -0.25 |
| 低 | 10~15 | 14.90 | 12.82 | -2.09 |
| 适宜 | 15~20 | 49.42 | 50.89 | 1.47 |
| 高 | 20~30 | 34.83 | 34.17 | -0.66 |
| 极高 | >30 | 0.60 | 2.12 | 1.53 |

## （四）湘西植烟土壤碱解氮的时空变异

### 1. 植烟土壤碱解氮的基本统计特征

湘西州植烟土壤碱解氮含量描述性统计结果见表2-23，湘西州植烟土壤碱解氮含量均值为147.01mg/kg，为适宜水平，变幅29.70~366.80mg/kg，变异系数为30.26%，属中等变异，经检验基本符合正态分布。湘西州植烟土壤碱解氮含量适宜的样本占59.74%，碱解氮含量偏低的样品占19.88%，碱解氮含量偏高的占20.37%。从各植烟县情况来看，7个植烟县的土壤碱解氮含量均为中等程度变异，碱解氮均值在126.13~159.15mg/kg，其中最高的是凤凰，最低的是古丈县，不同县域植烟土壤碱解氮含量差异达极显著水平。各县植烟土壤碱解氮含量值适宜样本比例差异较大，在46.32%~71.57%，适宜比例从高到低依次为保靖、凤凰、永顺、龙山、花垣、泸溪、古丈。

表2-23 湘西州植烟土壤碱解氮及其分布状况（2015） （单位：mg/kg）

| 县名 | 样本数 | 均值 | 标准差 | 变异系数 （%） | 最小值 | 最大值 | 土壤碱解氮分布频率（%） | | | | |
| --- | --- | --- | --- | --- | --- | --- | --- | --- | --- | --- | --- |
| | | | | | | | 极低 | 低 | 适宜 | 高 | 极高 |
| 保靖 | 102 | 136.15 | 36.10 | 26.52 | 42.60 | 262.50 | 1.96 | 18.63 | 71.57 | 6.86 | 0.98 |

（续表）

| 县名 | 样本数 | 均值 | 标准差 | 变异系数（%） | 最小值 | 最大值 | 土壤碱解氮分布频率（%） | | | | |
|---|---|---|---|---|---|---|---|---|---|---|---|
| | | | | | | | 极低 | 低 | 适宜 | 高 | 极高 |
| 凤凰 | 155 | 159.15 | 42.73 | 26.85 | 68.50 | 366.80 | 0.00 | 7.74 | 65.81 | 23.23 | 3.23 |
| 古丈 | 95 | 126.13 | 45.25 | 35.88 | 42.60 | 245.80 | 2.11 | 38.95 | 46.32 | 11.58 | 1.05 |
| 花垣 | 160 | 163.78 | 44.29 | 27.04 | 49.10 | 286.90 | 1.25 | 6.88 | 57.50 | 29.38 | 5.00 |
| 龙山 | 300 | 152.92 | 43.84 | 28.67 | 51.40 | 269.40 | 1.00 | 15.67 | 59.67 | 20.00 | 3.67 |
| 泸溪 | 70 | 129.21 | 43.58 | 33.73 | 29.70 | 227.50 | 1.43 | 38.57 | 47.14 | 12.86 | 0.00 |
| 永顺 | 360 | 141.47 | 43.16 | 30.51 | 29.90 | 328.70 | 3.89 | 19.44 | 60.83 | 14.44 | 1.39 |
| 全市 | 1 242 | 147.01 | 44.49 | 30.26 | 29.70 | 366.80 | 1.93 | 17.95 | 59.74 | 17.87 | 2.50 |

## 2. 植烟土壤碱解氮的年代变化

不同时期湘西州植烟土壤碱解氮含量状况见表2-24。15年间土壤碱解氮略有上升，2015年土壤碱解氮均值较2000年上升了27.41mg/kg，上升幅度达22.92%，一直处于适宜水平。碱解氮的变异系数由2000年的20.25%上升到2015年的30.26%，增加了10.01个百分点。极小值变化较大，下降了31.30mg/kg，而极大值变化较小，上升了127.50mg/kg。极差由2000年的178.30mg/kg上升到2015年的337.10mg/kg，增加了158.80mg/kg。表明不仅土壤碱解氮含量均值变化较大，而且其变异也大幅增大。进一步对湘西州植烟土壤碱解氮的等级分布情况进行分析，由表2-25可见，与2000年相比，2015年土壤碱解氮"极低"等级的样品增加了1.93个百分点，碱解氮含量"低"和"适宜"等级的土壤样品比例分别下降了19.26和0.57个百分点，相应地碱解氮含量"高"和"极高"等级的土壤样品比例分别增加了15.41和2.50个百分点，表明烟区土壤碱解氮偏高的土壤样品比例大幅增加。

表 2-24  不同时期湘西州植烟土壤碱解氮含量状况　　　　（单位：mg/kg）

| 指标 | 平均值 | 标准差 | 变异系数（%） | 最小值 | 最大值 | 极差 |
|---|---|---|---|---|---|---|
| 2000年 | 119.60 | 24.22 | 20.25 | 61.00 | 239.30 | 178.30 |
| 2015年 | 147.01 | 44.49 | 30.26 | 29.70 | 366.80 | 337.10 |
| 2015年较2000年增量 | 27.41 | 20.27 | 10.01 | -31.30 | 127.50 | 158.80 |

表 2-25　不同时期湘西州土壤碱解氮等级分布变化

| 碱解氮等级 | 碱解氮分级 (mg/kg) | 样品比例（%） | | 2015 年较 2000 年增量（百分点） |
| --- | --- | --- | --- | --- |
| | | 2000 年 | 2015 年 | |
| 极低 | <60 | 0.00 | 1.93 | 1.93 |
| 低 | 60~110 | 37.22 | 17.95 | -19.26 |
| 适宜 | 110~180 | 60.31 | 59.74 | -0.57 |
| 高 | 180~240 | 2.47 | 17.87 | 15.41 |
| 极高 | >240 | 0.00 | 2.50 | 2.50 |

### 3. 土壤碱解氮的时空分布变化

采用普通克里格插值法获取 2015 年湘西州植烟土壤碱解氮含量空间分布图（图 2-6），并利用 ArcGIS 软件自带的 Arctool box 模块统计土壤碱解氮含量空间分布图不同等级的面积。两个时期土壤碱解氮含量空间分布规律均不明显，2015 年湘西植烟土壤碱解氮含量分级面积与 2000 年相比发生了一定变化（图 2-6 和表 2-26）。2000 年土壤碱解氮含量总体为"适宜"和"低"，"适宜"等级的植烟土壤面积为 56.54%，"低"等级的植烟土壤面积为 43.39%，"高"等级的植烟土壤面积比例仅为 0.07%。2015 年植烟土壤碱解氮含量较 2000 年有增加的趋势，"高"和"适宜"等级为主要面积，分别增加至 6.00% 和 86.06%，相应地"低"等级的面积下降至 7.94%。综

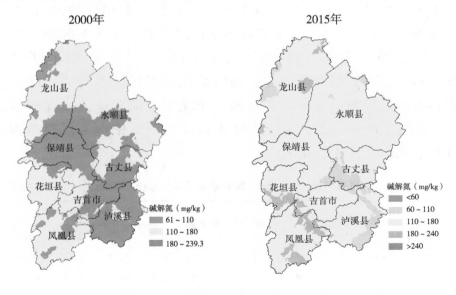

图 2-6　湘西州植烟土壤碱解氮含量时空分布示意图

上，2015 年土壤碱解氮含量变得更适于烤烟生产，"适宜"和"高"等级的面积显著增加，分别增加了 5.93 和 29.53 个百分点；而"低"等级则大幅下降，比 2000 年下降了 35.45 个百分点。15 年来湘西州植烟土壤碱解氮含量增加，这可能与氮肥投入的增加有关。

表 2-26　不同时期土壤碱解氮各等级面积统计及变化

| 碱解氮等级 | 碱解氮分级（mg/kg） | 面积比例（%） | | 2015 年较 2000 年变化（百分点） |
|---|---|---|---|---|
| | | 2000 年 | 2015 年 | |
| 极低 | <60 | — | — | 0.00 |
| 低 | 60~110 | 43.39 | 7.94 | −35.45 |
| 适宜 | 110~180 | 56.54 | 86.06 | 29.53 |
| 高 | 180~240 | 0.07 | 6.00 | 5.93 |
| 极高 | >240 | — | — | 0.00 |

## （五）湘西植烟土壤有效磷的时空变异

### 1. 植烟土壤有效磷的基本统计特征

湘西州植烟土壤有效磷含量描述性统计结果见表 2-27，湘西州植烟土壤有效磷含量均值为 38.15mg/kg，为极高水平，变幅 0.84~234.00mg/kg，变异系数为 90.06%，属中等变异，经检验基本符合正态分布。湘西州植烟土壤有效磷含量适宜的样本占 19.32%，有效磷含量偏低的占 10.39%，有效磷含量偏高的占 64.17%。从各植烟县情况来看，土壤有效磷含量除保靖县为强变异外，其余均为中等程度变异，有效磷均值为 27.52~51.87mg/kg，其中最高的是龙山，最低的是保靖县，不同县域植烟土壤有效磷含量差异达极显著水平。各县植烟土壤有效磷含量值适宜样本比例差异较大，在 13.75%~32.90%，适宜比例从高到低依次为凤凰、泸溪、永顺、保靖、龙山、古丈、花垣。

表 2-27　湘西州植烟土壤有效磷及其分布状况（2015）　　　　　（单位：mg/kg）

| 县名 | 样本数 | 均值 | 标准差 | 变异系数（%） | 最小值 | 最大值 | 土壤有效磷分布频率（%） | | | | |
|---|---|---|---|---|---|---|---|---|---|---|---|
| | | | | | | | 极低 | 低 | 适宜 | 高 | 极高 |
| 保靖 | 102 | 27.52 | 36.34 | 132.03 | 0.84 | 218.30 | 14.71 | 24.51 | 18.63 | 15.69 | 26.47 |
| 凤凰 | 155 | 28.88 | 23.34 | 80.83 | 1.80 | 156.30 | 2.58 | 6.45 | 32.90 | 26.45 | 31.61 |
| 古丈 | 95 | 28.91 | 27.39 | 94.74 | 1.08 | 160.80 | 14.74 | 14.74 | 14.74 | 15.79 | 40.00 |
| 花垣 | 160 | 38.64 | 23.10 | 59.78 | 5.85 | 120.60 | 0.00 | 5.63 | 13.75 | 23.13 | 57.50 |

（续表）

| 县名 | 样本数 | 均值 | 标准差 | 变异系数（%） | 最小值 | 最大值 | 土壤有效磷分布频率（%） | | | | |
|------|--------|------|--------|--------------|--------|--------|------|------|------|------|------|
| | | | | | | | 极低 | 低 | 适宜 | 高 | 极高 |
| 龙山 | 300 | 51.87 | 43.84 | 84.52 | 0.89 | 234.00 | 6.67 | 8.33 | 15.33 | 9.33 | 60.33 |
| 泸溪 | 70 | 24.06 | 20.43 | 84.93 | 4.52 | 125.20 | 1.43 | 28.57 | 21.43 | 24.29 | 24.29 |
| 永顺 | 360 | 38.68 | 32.77 | 84.70 | 0.99 | 186.40 | 6.11 | 7.22 | 20.28 | 18.89 | 47.50 |
| 全市 | 1 242 | 38.15 | 34.36 | 90.06 | 0.84 | 234.00 | 6.12 | 10.39 | 19.32 | 17.87 | 46.30 |

### 2. 植烟土壤有效磷年代变化

不同时期湘西州植烟土壤有效磷状况见表 2-28。15 年间土壤有效磷含量大幅增加，2015 年土壤有效磷均值较 2000 年增加了 30.90mg/kg，增幅高达 425.62%，由"低"水平变为"适宜"水平。有效磷的变异系数由 2000 年的 85.09%上升到 2015 年的 90.06%，增加了 4.97 个百分点。极小值变化较小，增加了 0.54mg/kg，而极大值变化较大，增加了 181.40mg/kg。极差由 2000 年的 52.30mg/kg 上升到 2015 年的 233.16mg/kg，增加了 180.86mg/kg。表明土壤有效磷含量均值虽变化较低，但其变异却变化不大。进一步对湘西州植烟土壤有效磷的等级分布情况进行分析，由表 2-29 可见，与 2000 年相比，2015 年土壤有效磷"极低"和"低"的样品比例分别下降了 37.60 和 26.16 个百分点，相应地"适宜""高"和"极高"等级的土壤样品比例分别增加了 3.40、15.18 和 45.18 个百分点，表明烟区土壤有效磷含量偏高的土壤样品比例大幅增加。

**表 2-28　不同时期湘西州植烟土壤有效磷含量状况**　（单位：mg/kg）

| 指标 | 平均值 | 标准差 | 变异系数（%） | 最小值 | 最大值 | 极差 |
|------|--------|--------|--------------|--------|--------|------|
| 2000 年 | 7.26 | 6.18 | 85.09 | 0.30 | 52.60 | 52.30 |
| 2015 年 | 38.15 | 34.36 | 90.06 | 0.84 | 234.00 | 233.16 |
| 2015 年较 2000 年增量 | 30.90 | 28.18 | 4.97 | 0.54 | 181.40 | 180.86 |

**表 2-29　不同时期湘西州土壤样品有效磷等级分布变化**

| 有效磷等级 | 有效磷分级（mg/kg） | 样品比例（%） | | 2015 年较 2000 年增量（百分点） |
|------------|---------------------|--------------|--------------|-------------------------------|
| | | 2000 年 | 2015 年 | |
| 极低 | <5 | 43.72 | 6.12 | -37.60 |
| 低 | 5~10 | 36.55 | 10.39 | -26.16 |

（续表）

| 有效磷等级 | 有效磷分级（mg/kg） | 样品比例（%） | | 2015年较2000年增量（百分点） |
|---|---|---|---|---|
| | | 2000年 | 2015年 | |
| 适宜 | 10~20 | 15.92 | 19.32 | 3.40 |
| 高 | 20~30 | 2.69 | 17.87 | 15.18 |
| 极高 | >30 | 1.12 | 46.30 | 45.18 |

3. 土壤有效磷的时空分布变化

采用普通克里格插值法获取2015年湘西州植烟土壤有效磷含量空间分布图（图2-7），并利用ArcGIS软件自带的Arctool box模块统计土壤有效磷含量空间分布图不同等级的面积。两个时期土壤有效磷含量空间分布规律均不明显，2015年湘西州植烟土壤有效磷含量分级面积与2000年相比发生一定变化（图2-7和表2-29）。2000年土壤有效磷含量总体较低，"低"和"极低"的植烟土壤面积高达分别为58.64%和27.49%，"适宜"和"高"的植烟土壤面积比例分别仅为13.39%和0.47%。2015年植烟土壤有效磷含量较2000年有大幅增加的趋势，新增了大量2000年未出现的"极高"等级面积，高达55.30%，"高"等级亦由原来的零星分布增加至26.46%，"适宜"等级的面积亦小幅增加至16.75%。综上，2015年土壤有效磷含量"高"和"极高"等级的面积显著增加，分别增加了25.98和

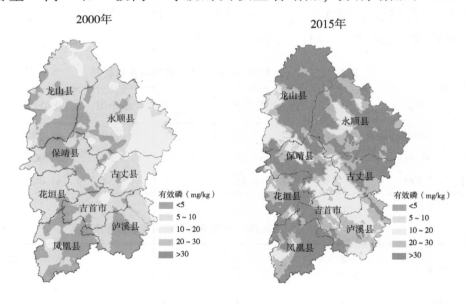

图2-7 湘西州植烟土壤有效磷含量空间分布示意图

55.30 个百分点；而"极低"和"低"等级则大幅下降，分别比 2000 年下降了 27.49 和 57.14 个百分点。15 年来湘西州植烟土壤有效磷含量大幅增加，这与磷肥的持续投入及磷素的长期积累有关（表 2-30）。

表 2-30　不同时期土壤有效磷各等级面积统计及变化

| 有效磷等级 | 有效磷分级（mg/kg） | 面积比例（%） | | 2015 年较 2000 年变化（百分点） |
| --- | --- | --- | --- | --- |
| | | 2000 年 | 2015 年 | |
| 极低 | <5 | 27.49 | 0.00 | -27.49 |
| 低 | 5~10 | 58.64 | 1.49 | -57.14 |
| 适宜 | 10~20 | 13.39 | 16.75 | 3.36 |
| 高 | 20~30 | 0.47 | 26.46 | 25.98 |
| 极高 | >30 | — | 55.30 | 55.30 |

### （六）湘西植烟土壤速效钾的时空变异

#### 1. 植烟土壤速效钾的基本统计特征

湘西州植烟土壤速效钾含量描述性统计结果见表 2-31，湘西州植烟土壤速效钾含量均值为 219.34mg/kg，为适宜水平，变幅 28.00~1296.90mg/kg，变异系数为 67.22%，属中等变异，经检验基本符合正态分布。湘西州植烟土壤速效钾含量适宜的样本占 23.03%，有效钾偏低的占 42.51%，有效钾偏高的占 34.46%。从各植烟县情况来看，7 个植烟县的土壤速效钾含量均为中等程度变异，有效钾均值在 141.47~249.4mg/kg，其中最高的是永顺，最低的是泸溪县，不同县域植烟土壤速效钾含量差异达极显著水平。各县植烟土壤速效钾含量值适宜样本比例差异较大，在 11.58%~26.94%，适宜比例从高到低依次为永顺、花垣、龙山、凤凰、保靖、泸溪、古丈。

表 2-31　湘西州植烟土壤速效钾及其分布状况（2015）　　　　　（单位：mg/kg）

| 县名 | 样本数 | 均值 | 标准差 | 变异系数（%） | 最小值 | 最大值 | 土壤速效钾分布频率（%） | | | | |
| --- | --- | --- | --- | --- | --- | --- | --- | --- | --- | --- | --- |
| | | | | | | | 极低 | 低 | 适宜 | 高 | 极高 |
| 保靖 | 102 | 179.55 | 143.72 | 80.04 | 35.90 | 947.00 | 20.59 | 37.25 | 16.67 | 18.63 | 6.86 |
| 凤凰 | 155 | 164.37 | 109.21 | 66.44 | 35.00 | 625.00 | 18.06 | 40.65 | 23.23 | 12.90 | 5.16 |
| 古丈 | 95 | 191.97 | 159.42 | 83.04 | 39.40 | 850.00 | 27.37 | 29.47 | 11.58 | 15.79 | 15.79 |
| 花垣 | 160 | 244.07 | 136.11 | 55.77 | 59.40 | 800.10 | 5.63 | 28.13 | 25.63 | 20.63 | 20.00 |
| 龙山 | 300 | 238.86 | 151.60 | 63.47 | 35.90 | 834.50 | 9.00 | 29.00 | 24.33 | 15.67 | 22.00 |

（续表）

| 县名 | 样本数 | 均值 | 标准差 | 变异系数（%） | 最小值 | 最大值 | 土壤速效钾分布频率（%） | | | | |
|---|---|---|---|---|---|---|---|---|---|---|---|
| | | | | | | | 极低 | 低 | 适宜 | 高 | 极高 |
| 泸溪 | 70 | 141.47 | 94.72 | 66.95 | 44.40 | 564.30 | 37.14 | 30.00 | 15.71 | 15.71 | 1.43 |
| 永顺 | 360 | 249.40 | 154.47 | 61.94 | 28.00 | 1 296.90 | 6.11 | 24.17 | 26.94 | 25.28 | 17.50 |
| 全市 | 1 242 | 219.34 | 147.44 | 67.22 | 28.00 | 1 296.90 | 12.80 | 29.71 | 23.03 | 19.00 | 15.46 |

## 2. 植烟土壤速效钾年代变化

不同时期湘西州植烟土壤速效钾状况见表2-32。15年间土壤速效钾大幅上升，2015年土壤速效钾均值较2000年上升了54.72mg/kg，增幅度达33.24%，一直为适宜水平。速效钾的变异系数由2000年的34.45%上升到2015年的67.22%，增加了32.77个百分点。极小值和极大值变化较大，其中极小值下降了35.00mg/kg，极大值上升911.90mg/kg。极差由2000年的322.00mg/kg上升到2015年的1 268.90mg/kg，增加了946.90mg/kg。表明不仅土壤速效钾含量大幅增加，其变异亦大幅增大。进一步对湘西州植烟土壤速效钾的等级分布情况进行分析，由表2-33可见，与2000年相比，2015年土壤速效钾"极低"样品比例分别增加了11.46个百分点，"低"和"适宜"的等级分别下降了21.86和14.19个百分点，"高"和"极高"等级的土壤样品比例分别增加了9.81和15.01个百分点，表明土壤速效钾含量增加明显。

表2-32 不同时期湘西州植烟土壤速效钾含量状况 （单位：mg/kg）

| 指标 | 平均值 | 标准差 | 变异系数（%） | 最小值 | 最大值 | 极差 |
|---|---|---|---|---|---|---|
| 2000年 | 164.62 | 56.71 | 34.45 | 63.00 | 385.00 | 322.00 |
| 2015年 | 219.34 | 147.44 | 67.22 | 28.00 | 1 296.90 | 1 268.90 |
| 2015年较2000年增量 | 54.72 | 90.73 | 32.77 | -35.00 | 911.90 | 946.90 |

表2-33 不同时期湘西州土壤样品速效钾等级分布变化

| 速效钾等级 | 速效钾分级（mg/kg） | 样品比例（%） | | 2015年较2000年增量（百分点） |
|---|---|---|---|---|
| | | 2000年 | 2015年 | |
| 极低 | <80 | 1.35 | 12.80 | 11.46 |
| 低 | 80~160 | 51.57 | 29.71 | -21.86 |

（续表）

| 速效钾等级 | 速效钾分级（mg/kg） | 样品比例（%） | | 2015 年较 2000 年增量（百分点） |
| --- | --- | --- | --- | --- |
| | | 2000 年 | 2015 年 | |
| 适宜 | 160~240 | 37.22 | 23.03 | -14.19 |
| 高 | 240~350 | 9.19 | 19.00 | 9.81 |
| 极高 | >350 | 0.45 | 15.46 | 15.01 |

**3. 土壤速效钾的时空分布变化**

采用普通克里格插值法获取 2015 年湘西州植烟土壤速效钾含量空间分布图（图2-8），并利用 ArcGIS 软件自带的 Arctool box 模块统计土壤速效钾含量空间分布图不同等级的面积。两个时期土壤速效钾含量空间分布规律均不明显，2015 年湘西州植烟土壤速效钾含量分级面积与 2000 年相比发生了一定变化（图2-9 和表2-34）。2000 年土壤速效钾含量总体较偏低，"适宜"的植烟土壤面积仅为 40.93%，"高"等级的植烟土壤面积比例仅有零星分布 0.19%，"低"等级的植烟土壤面积比例高达 58.88%。2015 年植烟土壤速效钾含量较 2000 年有增加趋势，新增了 2000 年未出现的"极高"等级，面积为 0.89%，"高"等级亦由原来的零星分布增加至 19.70%，"适宜"等级面积变化不大，相应地"低"等级的面积下降至 34.98%。综上，2015 年土壤速效钾含量"极低""适宜""高"和"极高"等级的面积均

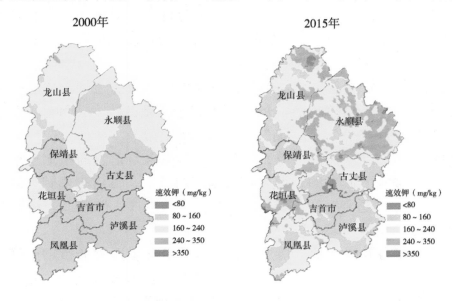

图 2-8　湘西州植烟土壤速效钾含量时空分布示意图

有不同程度的增加，分别增加了 0.60、2.90、19.51 和 0.89 个百分点；而"低"等级则大幅下降，比 2000 年下降了 23.91 个百分点。15 年来湘西州植烟土壤速效钾含量呈增加趋势，这与钾肥投入增加有关，但仍有大量植烟土壤缺钾。

表 2-34　不同时期土壤速效钾各等级面积统计及变化

| 速效钾等级 | 速效钾分级（mg/kg） | 面积比例（%） | | 2015 年较 2000 年变化（百分点） |
| --- | --- | --- | --- | --- |
| | | 2000 年 | 2015 年 | |
| 极低 | <80 | — | 0.60 | 0.60 |
| 低 | 80~160 | 58.88 | 34.98 | -23.91 |
| 适宜 | 160~240 | 40.93 | 43.83 | 2.90 |
| 高 | 240~350 | 0.19 | 19.70 | 19.51 |
| 极高 | >350 | — | 0.89 | 0.89 |

## 三、小结

植烟土壤全氮含量呈增加趋势，全氮含量适宜的植烟土壤有较大幅度减少，全氮"高"和"极高"的土壤均有小幅度的增加，目前整体呈"适宜"—"高"，较适合烤烟生产，但须适当控制高全氮区域的氮肥投入。

植烟土壤全磷含量呈增加趋势，全磷含量适宜的植烟土壤有较大幅度增加，全磷"极低"的土壤均有大幅下降，目前总体呈"极低"—"适宜"。

植烟土壤全钾含量呈增加趋势，全钾含量适宜的植烟土壤有一定幅度增加，全钾"低"和"极低"的土壤均有小幅度的减少，目前土壤全钾整体呈"低"—"适宜"—"高"，较适合烤烟生产。

植烟土壤碱解氮含量呈增加趋势，碱解氮含量适宜的植烟土壤有小幅度增加，碱解氮"低"的土壤均有大幅度的减少，目前土壤碱解氮整体分布在"低"—"适宜"—"高"，较适合烤烟生产，但须适当控制高碱解氮区域的氮肥投入。

植烟土壤有效磷含量呈增加趋势，有效磷含量适宜的植烟土壤有小幅度增加，有效磷"低"和"极低"的土壤均有大幅度的减少，目前土壤有效磷整体分布在"适宜"—"极高"，较适合烤烟生产，但须适当控制高有效磷区域的磷肥的投入。

植烟土壤速效钾含量呈增加趋势，速效钾含量"中等"和"低"的植烟土壤有大幅减少，速效钾"高"和"极高"的土壤均有一定幅度的增加，目前土壤速效钾在各等级范围内均有一定分布，总体上较适合烤烟生产，但须进行差异化管理，对低钾区域应加强钾肥施用。

# 第三节  植烟土壤中量元素的时空变化和丰缺评价

土壤是作物中量元素的主要来源，土壤中量元素参与作物多个生理代谢过程和多种化合物的合成，其供应状况直接影响作物的生长发育、产量和品质。对烤烟而言，钙、镁、硫既是重要的营养元素，也是品质元素。含钙量过高的烟叶常过厚、粗糙、僵硬，商品价值低；烟叶含有适量的镁，有利于烟叶燃烧，可以使燃烧后的烟灰不易散落；当土壤有效硫含量过高时，烤烟的产量下降，烤烟的燃烧性、香气质、香气量和吃味均受到不同程度的影响。因此，研究烟区中量元素的空间分布及其影响因子对烟区土壤中量元素合理管理，以及含钙、含镁和含硫肥料在烤烟上的科学施用具有重要指导意义。

## 一、材料与方法

### （一）土壤样品采集

研究共收集 2 个时期耕地土壤有效磷数据，分别在 2000 年和 2015 年取样，时间跨度 15 年。第一期数据源于 2000 年湘西州第一次植烟土壤普查资料；第二期数据于 2015 年在土壤冬翻前，选取 1 亩以上的田块进行取样测定。首先选取田块，用手持式 GPS 定位，记录田块中心的经纬度和海拔，根据采样田块的形状，采取五点取样法或"W"形取样法，用土钻采集耕作层土壤（0～20cm），每个田块确保采集 5 点以上，并用四分法取大约 500g 土样带回实验室风干、过筛备用。土样经核对编号后，经风干、磨细、过筛后制成待测样品，进行土壤养分含量测定，具体测定方法参照鲁如坤的方法。2000 年土壤样品为 446 个，数据来源于湘西州烟草公司档案。2015 年样品数为 1 242个，相对 2000 年，2015 年取样点是区域匹配，且取样点更多。

### （二）评价标准

参照前人的研究结果，并结合当地实际情况，制定了湘西州烟区养分指标的评价标准，见表 2-35。

表 2-35　植烟土壤养分评价标准

| 项　目 | 级　别 | | | | |
| --- | --- | --- | --- | --- | --- |
| | 极低 | 低 | 中等（适宜） | 高 | 极高 |
| 交换性钙（cmol/kg） | <3 | 3~6 | 6~10 | 10~18 | >18 |
| 交换性镁（cmol/kg） | <0.5 | 0.5~1.0 | 1.0~1.5 | 1.5~2.8 | >2.8 |
| 有效硫（mg/kg） | <5 | 5~10 | 10~20 | 20~40 | >40 |

## （三）数据分析

同本章第一节。

## 二、结果与分析

### （一）湘西植烟土壤交换性钙的时空变异

#### 1. 植烟土壤交换性钙的基本统计特征

湘西州植烟土壤交换性钙含量描述性统计结果见表 2-36，湘西州植烟土壤交换性钙含量均值为 10.33cmol/kg，处于高水平，变幅 0.25~37.21cmol/kg，变异系数为 74.32%，属中等变异，经检验基本符合正态分布。湘西州植烟土壤交换性钙含量适宜的样本占 30.52%，交换性钙含量偏低的占 31.64%，交换性钙含量偏高的占 37.84%。从各植烟县情况来看，7 个植烟县的土壤交换性钙含量均为中等程度变异，交换性钙均值在 6.99~12.71g/kg，其中最高的是永顺，最低的是古丈县，不同县域植烟土壤交换性钙含量差异达极显著水平。各县植烟土壤交换性钙含量值适宜样本比例差异较大，适宜比例最高的是凤凰县，最低的是永顺县。

表 2-36　湘西州植烟土壤交换性钙及其分布状况（2015）　（单位：cmol/kg）

| 县名 | 样本数 | 均值 | 标准差 | 变异系数（%） | 最小值 | 最大值 | 土壤交换性钙分布频率（%） | | | | |
| --- | --- | --- | --- | --- | --- | --- | --- | --- | --- | --- | --- |
| | | | | | | | 极低 | 低 | 适宜 | 高 | 极高 |
| 保靖 | 102 | 12.29 | 7.62 | 62.01 | 1.63 | 33.54 | 7.84 | 7.84 | 29.41 | 40.20 | 14.71 |
| 凤凰 | 155 | 11.00 | 7.07 | 64.31 | 1.49 | 37.09 | 1.29 | 16.77 | 41.29 | 27.10 | 13.55 |
| 古丈 | 95 | 6.99 | 5.17 | 74.00 | 1.44 | 32.74 | 21.05 | 32.63 | 29.47 | 11.58 | 5.26 |
| 花垣 | 160 | 7.47 | 5.42 | 72.57 | 0.28 | 36.10 | 11.88 | 38.75 | 33.13 | 10.63 | 5.63 |
| 龙山 | 300 | 8.57 | 6.07 | 70.76 | 0.25 | 35.74 | 15.67 | 23.33 | 29.33 | 25.33 | 6.33 |
| 泸溪 | 70 | 12.43 | 8.52 | 68.55 | 3.31 | 35.65 | 0.00 | 22.86 | 27.14 | 32.86 | 17.14 |

（续表）

| 县名 | 样本数 | 均值 | 标准差 | 变异系数 (%) | 最小值 | 最大值 | 土壤交换性钙分布频率（%） | | | | |
|------|--------|------|--------|--------------|--------|--------|------|------|------|------|------|
| | | | | | | | 极低 | 低 | 适宜 | 高 | 极高 |
| 永顺 | 360 | 12.71 | 9.19 | 72.33 | 0.95 | 37.21 | 7.22 | 16.11 | 26.94 | 28.33 | 21.39 |
| 全州 | 1 242 | 10.33 | 7.68 | 74.32 | 0.25 | 37.21 | 9.82 | 21.82 | 30.52 | 25.12 | 12.72 |

## 2. 植烟土壤交换性钙的年代变化

不同时期湘西州植烟土壤交换性钙状况见表 2-37。15 年间土壤交换性钙略有增加，2015 年土壤交换性钙均值较 2000 年增加了 2.27cmol/kg，增幅为 28.16%，从"适宜"等级变为"高"等级。交换性钙的变异系数提高了 30.56%。极小值下降了 0.95cmol/kg，而极大值上升了 13.13cmol/kg。极差由 2000 年的 22.88cmol/kg 上升到 2015 年的 36.96cmol/kg，增加了 14.08cmol/kg。表明土壤交换性钙均值虽变化较小，但其变异却有所增大。进一步对湘西州植烟土壤交换性钙的等级分布情况进行分析，由表 2-38 可见与 2000 年相比，2015 年土壤交换性钙"适宜"和"低"的样品比例分别减少了 13.61 和 6.96 个百分点，相应地"高"和"极高"等级的土壤样品比例增加了 1.38 和 11.52 个百分点，值得注意的是"极低"的样品比例亦增加了 7.66 个百分点。表明土壤交换性钙含量有两极分化的趋势，变异在变大。

表 2-37　不同时期湘西州植烟土壤交换性钙含量状况　　（单位：cmol/kg）

| 指标 | 平均值 | 标准差 | 变异系数 (%) | 最小值 | 最大值 | 极差 |
|------|--------|--------|--------------|--------|--------|------|
| 2000 年 | 8.06 | 3.53 | 43.77 | 1.20 | 24.08 | 22.88 |
| 2015 年 | 10.33 | 7.68 | 74.32 | 0.25 | 37.21 | 36.96 |
| 2015 年较 2000 年增量 | 2.27 | 4.15 | 30.56 | -0.95 | 13.13 | 14.08 |

表 2-38　不同时期湘西州土壤样品交换性钙等级分布变化

| 交换性钙等级 | 交换性钙分级 (cmol/kg) | 样品比例（%） | | 2015 年较 2000 年增量（百分点） |
|------|--------|--------|--------|--------|
| | | 2000 年 | 2015 年 | |
| 极低 | <3 | 2.16 | 9.82 | 7.66 |
| 低 | 3~6 | 28.78 | 21.82 | -6.96 |
| 适宜 | 6~10 | 44.12 | 30.52 | -13.61 |

（续表）

| 交换性钙等级 | 交换性钙分级（cmol/kg） | 样品比例（%） | | 2015年较2000年增量（百分点） |
|---|---|---|---|---|
| | | 2000年 | 2015年 | |
| 高 | 10~18 | 23.74 | 25.12 | 1.38 |
| 极高 | >18 | 1.20 | 12.72 | 11.52 |

3. 土壤交换性钙的时空分布变化

采用普通克里格插值法获取2015年湘西州植烟土壤交换性钙含量空间分布图（图2-9），并利用ArcGIS软件自带的Arctool box模块统计土壤交换性钙含量空间分布图不同等级的面积。两个时期土壤交换性钙含量空间分布规律均不明显，2015年湘西州植烟土壤交换性钙含量分级面积与2000年相比发生了一定变化（图2-9和表2-39）。2000年土壤交换性钙含量面积分布以"适宜"和"高"为主，分别占73.11%和24.35%；"低"等级的植烟土壤面积比例仅占2.53%。2015年植烟土壤交换性钙分布较2000年较大变化，新增了2000年未出现的"极高"等级，面积为2.20%，"高"等级分布面积增加了21.03个百分点，"适宜"等级面积下降了29.72%，相应地"低"等级和"极低"的面积分别增加了5.81和0.68个百分点。综上，2015年土壤交换性钙含量"低"和"极低"，"高"和"极高"等级的面积均有不同程度的增加，说明15年来湘西州植烟土壤交换性钙含量呈

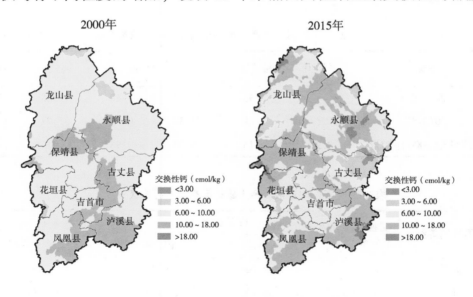

图2-9　湘西州植烟土壤交换性钙含量空间分布示意图

增加趋势的同时也呈现出两极分化的趋势。

表 2-39　不同时期土壤交换性钙各等级面积统计及变化

| 交换性钙等级 | 交换性钙分级（cmol/kg） | 面积比例（%） | | 2015 年较 2000 年增量（百分点） |
|---|---|---|---|---|
| | | 2000 年 | 2015 年 | |
| 极低 | <3 | 0.00 | 0.68 | 0.68 |
| 低 | 3~6 | 2.53 | 8.34 | 5.81 |
| 适宜 | 6~10 | 73.11 | 43.39 | −29.72 |
| 高 | 10~18 | 24.35 | 45.39 | 21.03 |
| 极高 | >18 | 0.00 | 2.20 | 2.20 |

## （二）湘西植烟土壤交换性镁的时空变异

### 1. 植烟土壤交换性镁的基本统计特征

湘西州植烟土壤交换性镁含量描述性统计结果见表 2-40，湘西州植烟土壤交换性镁含量均值为 1.77cmol/kg，处于高水平，变幅 0.02 ~ 7.53cmol/kg，变异系数为 82.77%，属中等变异，经检验基本符合正态分布。湘西州植烟土壤交换性镁含量适宜的样本占 18.52%，交换性镁含量偏低的占 40.50%，交换性镁含量偏高的占 40.99%。从各植烟县情况来看，7个植烟县的土壤交换性镁含量均为中等程度变异，交换性镁均值在 0.82 ~ 2.41cmol/kg，其中最高的是保靖县，最低的是古丈县，不同县域植烟土壤交换性镁含量差异达极显著水平。各县植烟土壤交换性镁含量值适宜样本比例差异较大，适宜比例最高的是花垣，最低的是保靖。

表 2-40　湘西州植烟土壤交换性镁及其分布状况（2015）　　（单位：cmol/kg）

| 县名 | 样本数 | 均值 | 标准差 | 变异系数（%） | 最小值 | 最大值 | 土壤交换性镁分布频率（%） | | | | |
|---|---|---|---|---|---|---|---|---|---|---|---|
| | | | | | | | 极低 | 低 | 适宜 | 高 | 极高 |
| 保靖 | 102 | 2.41 | 2.04 | 84.73 | 0.28 | 7.53 | 8.82 | 26.47 | 14.71 | 14.71 | 35.29 |
| 凤凰 | 155 | 1.82 | 1.21 | 66.41 | 0.28 | 5.93 | 3.87 | 24.52 | 22.58 | 29.68 | 19.35 |
| 古丈 | 95 | 0.82 | 0.74 | 90.76 | 0.11 | 6.08 | 32.63 | 43.16 | 15.79 | 6.32 | 2.11 |
| 花垣 | 160 | 1.58 | 1.22 | 77.64 | 0.17 | 6.10 | 15.00 | 25.63 | 25.00 | 18.75 | 15.63 |
| 龙山 | 300 | 1.70 | 1.40 | 82.63 | 0.02 | 6.01 | 17.00 | 27.33 | 15.33 | 19.00 | 21.33 |
| 泸溪 | 70 | 0.97 | 0.34 | 34.86 | 0.50 | 2.17 | 0.00 | 65.71 | 24.29 | 10.00 | 0.00 |

（续表）

| 县名 | 样本数 | 均值 | 标准差 | 变异系数（%） | 最小值 | 最大值 | 土壤交换性镁分布频率（%） | | | | |
|---|---|---|---|---|---|---|---|---|---|---|---|
| | | | | | | | 极低 | 低 | 适宜 | 高 | 极高 |
| 永顺 | 360 | 2.13 | 1.60 | 74.78 | 0.15 | 6.79 | 8.33 | 21.39 | 17.22 | 23.89 | 29.17 |
| 全州 | 1 242 | 1.77 | 1.47 | 82.77 | 0.02 | 7.53 | 12.16 | 28.34 | 18.52 | 19.89 | 21.10 |

**2. 植烟土壤交换性镁的年代变化**

不同时期湘西州植烟土壤交换性镁状况见表2-41。15年间土壤交换性镁略有增加，2015年土壤交换性镁均值较2000年增加了0.38cmol/kg，增幅为27.34%，从"适宜"等级变为"高"等级。交换性镁的变异系数提高了17.34个百分点。极小值下降了0.23cmol/kg，而极大值上升3.37cmol/kg。极差由2000年的3.91cmol/kg上升到2015年的7.51cmol/kg，增加了3.60cmol/kg。表明土壤交换性镁均值虽变化较小，但其变异却有所增大。进一步对湘西州植烟土壤交换性镁的等级分布情况进行分析，由表2-42可见，与2000年相比，2015年土壤交换性镁"适宜"和"低"的样品比例分别减少了7.42和9.81个百分点，相应地"高"和"极高"等级的土壤样品比例增加了1.43和10.12个百分点，值得注意的是"极低"的样品比例亦增加了5.67个百分点。表明土壤交换性镁含量有两极分化的趋势，变异在变大。

**表2-41 不同时期湘西州植烟土壤交换性镁含量状况** （单位：cmol/kg）

| 指标 | 平均值 | 标准差 | 变异系数（%） | 最小值 | 最大值 | 极差 |
|---|---|---|---|---|---|---|
| 2000年 | 1.39 | 0.91 | 65.44 | 0.25 | 4.16 | 3.91 |
| 2015年 | 1.77 | 1.47 | 82.77 | 0.02 | 7.53 | 7.51 |
| 2015年较2000年增量 | 0.38 | 0.56 | 17.34 | -0.23 | 3.37 | 3.60 |

**表2-42 不同时期湘西州土壤样品交换性镁等级分布变化**

| 交换性镁等级 | 交换性镁分级（cmol/kg） | 样品比例（%） | | 2015年较2000年增量（百分点） |
|---|---|---|---|---|
| | | 2000年 | 2015年 | |
| 极低 | <0.5 | 6.48 | 12.16 | 5.67 |
| 低 | 0.5~1.0 | 38.15 | 28.34 | -9.81 |
| 适宜 | 1.0~1.5 | 25.94 | 18.52 | -7.42 |
| 高 | 1.5~2.8 | 18.45 | 19.89 | 1.43 |
| 极高 | >2.8 | 10.97 | 21.10 | 10.12 |

### 3. 土壤交换性镁的时空分布变化

采用普通克里格插值法获取 2015 年湘西州植烟土壤交换性镁含量空间分布图（图 2-10），并利用 ArcGIS 软件自带的 Arctool box 模块统计土壤交换性镁含量空间分布图不同等级的面积。两个时期土壤交换性镁含量空间分布规律均不明显，2015 年湘西州植烟土壤交换性镁含量分级面积与 2000年相比发生了一定的变化（图 2-10 和表 2-43）。2000 年土壤交换性镁"适宜"的植烟土壤面积仅为 46.89%，"高"等级的植烟土壤面积比例为25.92%，"低"和"极低"等级的植烟土壤面积比例分别为 27.06% 和0.13%。2015 年植烟土壤交换性镁分布较 2000 年较大变化，"适宜"等级面积下降了 24.73%，"高"和"极高"分别增加了 9.13% 和 9.80%，相应地"低"等级和"极低"的面积分别增加了 4.62% 和 1.18%。综上，2015年土壤交换性钙含量"低"和"极低"，"高"和"极高"等级的面积均有不同程度的增加，说明 15 年来湘西州植烟土壤交换性镁含量呈增加趋势的同时，也呈现出两极分化的趋势。

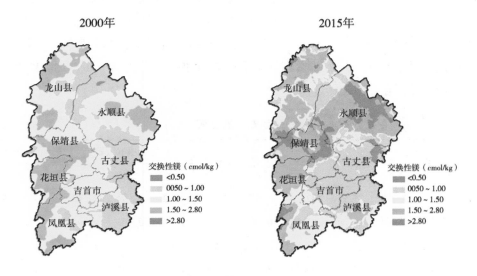

**图 2-10　湘西州植烟土壤交换性镁含量空间分布示意图**

**表 2-43　不同时期土壤交换性镁各等级面积统计及变化**

| 交换性镁等级 | 交换性镁分级（cmol/kg） | 面积比例（%） | | 2015 年较 2000 年增量（百分点） |
| --- | --- | --- | --- | --- |
| | | 2000 年 | 2015 年 | |
| 极低 | <0.5 | 0.13 | 1.31 | 1.18 |
| 低 | 0.5~1.0 | 27.06 | 31.68 | 4.62 |

（续表）

| 交换性镁等级 | 交换性镁分级（cmol/kg） | 面积比例（%） | | 2015年较2000年增量（百分点） |
|---|---|---|---|---|
| | | 2000年 | 2015年 | |
| 适宜 | 1.0~1.5 | 46.89 | 22.15 | -24.73 |
| 高 | 1.5~2.8 | 25.92 | 35.05 | 9.13 |
| 极高 | >2.8 | 0.00 | 9.80 | 9.80 |

### （三）湘西植烟土壤有效硫的时空变异

#### 1. 植烟土壤有效硫的基本统计特征

湘西州植烟土壤有效硫含量描述性统计结果见表2-43，湘西州植烟土壤有效硫含量均值为34.93mg/kg，处于高水平，变幅4.59~555.15mg/kg，变异系数为129.68%，属强变异，经检验基本符合正态分布。湘西州植烟土壤有效硫含量适宜的样本占36.88%，有效硫含量偏低的占20.61%，有效硫含量偏高的占42.51%。从各植烟县情况来看，7个植烟县的土壤有效硫含量均为中等程度变异，有效硫均值为16.48~58.04mg/kg，其中最高的是花垣，最低的是泸溪县，不同县域植烟土壤有效硫含量差异达极显著水平。各县植烟土壤有效硫含量值适宜样本比例差异较大，适宜比例最高的是凤凰县，最低的是花垣县。

**表2-44　湘西州植烟土壤有效硫含量及其分布状况（2015）**　（单位：mg/kg）

| 县名 | 样本数 | 均值 | 标准差 | 变异系数（%） | 最小值 | 最大值 | 土壤有效硫分布频率（%） | | | | |
|---|---|---|---|---|---|---|---|---|---|---|---|
| | | | | | | | 极低 | 低 | 适宜 | 高 | 极高 |
| 保靖 | 102 | 17.89 | 21.97 | 122.86 | 5.34 | 116.99 | 0.00 | 52.94 | 27.45 | 10.78 | 8.82 |
| 凤凰 | 155 | 18.06 | 16.26 | 90.05 | 6.48 | 119.65 | 0.00 | 29.03 | 46.45 | 18.71 | 5.81 |
| 古丈 | 95 | 43.54 | 51.33 | 117.91 | 5.94 | 229.44 | 0.00 | 30.53 | 28.42 | 8.42 | 32.63 |
| 花垣 | 160 | 58.04 | 48.48 | 83.53 | 9.47 | 270.86 | 0.00 | 1.25 | 21.25 | 27.50 | 50.00 |
| 龙山 | 300 | 37.57 | 45.13 | 120.13 | 8.63 | 437.99 | 0.00 | 3.00 | 46.33 | 24.33 | 26.33 |
| 泸溪 | 70 | 16.48 | 22.22 | 134.85 | 5.14 | 164.62 | 0.00 | 44.29 | 38.57 | 12.86 | 4.29 |
| 永顺 | 360 | 35.86 | 52.77 | 147.15 | 4.59 | 555.15 | 0.83 | 23.06 | 36.39 | 15.56 | 24.17 |
| 全州 | 1 242 | 34.93 | 45.30 | 129.68 | 4.59 | 555.15 | 0.24 | 20.37 | 36.88 | 18.52 | 23.99 |

#### 2. 植烟土壤有效硫年代变化

不同时期湘西州植烟土壤有效硫状况见表2-45。15年间土壤有效硫略有增加，2015 年土壤有效硫均值较 2000 年增加了 7.38mg/kg，增幅为 26.79%，一直处于"高"等级。有效硫的变异系数提高了 66.37%，由中等强度变异变为强变异。极小值增加了 0.79mg/kg，而极大值变化较大，上升 429.65mg/kg。极差由 2000 年的 121.70mg/kg 上升到 2015 年的 550.56mg/kg，增加了 428.86mg/kg。表明土壤有效硫均值在变大的同时，其变异也有所增大。进一步对湘西州植烟土壤有效硫的等级分布情况进行分析，由表 2-44 可见与 2000 年相比，2015 年土壤有效硫"极低"样品比例减少了 0.43 个百分点，相应地"低"和"适宜"等级的土壤样品比例增加了 10.50 和 4.81 个百分点，"高"等级的样品比例减少了 17.80 个百分点，极高"等级"的比例增加了 2.92 个百分点。表明土壤有效硫含量有两极分化的趋势，变异在变大。

表 2-45　不同时期湘西州植烟土壤有效硫含量状况　　　　（单位：mg/kg）

| 指标 | 平均值 | 标准差 | 变异系数（%） | 最小值 | 最大值 | 极差 |
|---|---|---|---|---|---|---|
| 2000 年 | 27.55 | 17.44 | 63.31 | 3.80 | 125.50 | 121.70 |
| 2015 年 | 34.93 | 45.30 | 129.68 | 4.59 | 555.15 | 550.56 |
| 2015 年较 2000 年增量 | 7.38 | 27.85 | 66.37 | 0.79 | 429.65 | 428.86 |

表 2-46　不同时期湘西州土壤样品有效硫等级分布变化

| 有效硫等级 | 有效硫分级（mg/kg） | 样品比例（%） | | 2015 年较 2000 年增量（百分点） |
|---|---|---|---|---|
| | | 2000 年 | 2015 年 | |
| 极低 | <5 | 0.67 | 0.24 | -0.43 |
| 低 | 5~10 | 9.87 | 20.37 | 10.50 |
| 适宜 | 10~20 | 32.06 | 36.88 | 4.81 |
| 高 | 20~40 | 36.32 | 18.52 | -17.80 |
| 极高 | >40 | 21.08 | 23.99 | 2.92 |

### 3. 土壤有效硫的时空分布变化

采用普通克里格插值法获取 2015 年湘西州植烟土壤有效硫含量空间分布图（图 2-11），并利用 ArcGIS 软件自带的 Arctool box 模块统计土壤有效硫含量空间分布图不同等级的面积。两个时期土壤有效硫含量空间分布规律均不明显，2015 年湘西州植烟土壤有效硫含量分级面积与 2000 年相比，发生了一定的变化（图 2-11 和表 2-47）。2000 年土壤有效硫含量总体较偏低，"适宜"的植烟土壤面积仅为 16.25%，"高"和"极高"等级面积分别达 70.01% 和 13.37%，"低"等级的面积仅占 0.37%。2015 年植烟土壤有效硫分布较 2000 年较大变化，"低"和"适宜"等级面积增加了 3.50% 和 14.00%，"高"等级面积减少了 26.55%，"极高"等级的面积增加了 9.05%。综上，说明 15 年来湘西州植烟土壤有效硫含量呈增加趋势的同时也呈现出两极分化的趋势，这与持续投入钾肥的同时带入相伴硫酸根离子有关。

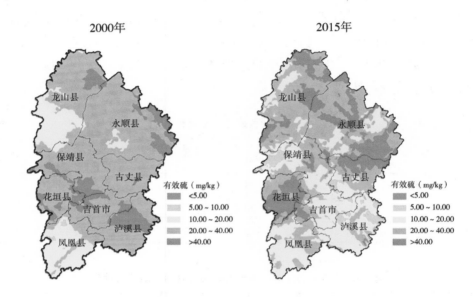

**图 2-11　湘西州植烟土壤有效硫含量时空分布示意图**

**表 2-47　不同时期土壤有效硫各等级面积统计及变化**

| 有效硫等级 | 有效硫分级（mg/kg） | 面积比例（%） | | 2015 年较 2000 年增量（百分点） |
| --- | --- | --- | --- | --- |
| | | 2000 年 | 2015 年 | |
| 极低 | <5 | 0.00 | 0.00 | 0.00 |
| 低 | 5~10 | 0.37 | 3.87 | 3.50 |
| 适宜 | 10~20 | 16.25 | 30.25 | 14.00 |
| 高 | 20~40 | 70.01 | 43.45 | −26.55 |
| 极高 | >40 | 13.37 | 22.42 | 9.05 |

## 三、小结

植烟土壤交换性钙含量呈增加趋势，交换性钙含量适宜的植烟土壤有小幅度增加，交换性钙"中等"的土壤有一定幅度的减少，"高"和"极高"的土壤有所增加，目前土壤交换性钙整体分布在"中等"—"高"，较适合烤烟生产。

植烟土壤交换性镁含量呈增加趋势，交换性镁含量适宜的植烟土壤有小幅度增加，交换性镁"中等"的土壤有一定幅度的减少，"高"和"极高"的土壤有所增加，目前土壤交换性镁整体分布在"中等"—"高"，较适合烤烟生产。

植烟土壤有效硫含量略有增加，有效硫"低""中等"和"极高"等级的土壤有所增加，"高"等级的样品有一定幅度减少，目前土壤有效硫整体分布在"中等"—"极高"，较适合烤烟生产，但须适当控制高有效硫区域的含硫肥料的投入。

## 第四节　植烟土壤微量元素的时空变化和丰缺评价

微量元素为烟草正常生长所必需，它们参与烟株的光合作用、呼吸作用、氧化还原等重要生理生化过程，同时参与多种化合物的合成（洪瑜等，2016）。土壤微量元素的供应不足会直接影响烤烟的生长、产量、品质和抗病能力。研究表明，在微量元素缺乏的烟区土壤上合理施用微肥，可明显促进烟株的生长发育，烟叶落黄早，成熟度好，产量高，品质优良，香气质与香气量得到明显改善。同时由于烟草需要微量元素较少，施用不当不仅容易造成烟株微量元素中毒，而且会造成重金属污染。因而探明土壤有效态微量元素分布状况，科学划分其含量区域，为烟区土壤养分精准分区管理与施肥决策提供科学依据，为充分发挥烟田土壤生产潜力，保护植烟土壤生态环境，提高烟叶品质，实现烟叶生产的可持续发展提供技术支撑。

### 一、材料与方法

#### （一）土壤样品采集

研究共收集 2 个时期耕地土壤微量元素数据，分别在 2000 年和 2015 年取样，时间跨度 15 年。第一期源于 2000 年湘西州第一次植烟土壤普查资料；第二期数据于 2015 年在土壤冬翻前，选取 1 亩以上的田块进行取样测定。首先选取田块，用手持式 GPS 定位，记录田块中心的经纬度和海拔，根据采样田块的形状，采取五点取样法或"W"形取样法，用土钻采集耕作层土壤（0~20cm），每个田块确保采集 5 点以上，并用四分法取大约

500g 土样带回实验室风干、过筛备用。土样经核对编号后，经风干、磨细、过筛后制成待测样品，进行土壤养分含量测定，具体测定方法参照鲁如坤的方法。2000 年土壤样品为 446 个，数据来源于湘西州烟草公司档案。2015 年取样数为 1 242 个，相对 2000 年，2015 年取样点是区域匹配，且取样点更多。

（二）评价标准

参照前人的研究结果，并结合当地实际情况，制定了湘西州烟区养分指标的评价标准，见表 2-48。

表 2-48　植烟土壤养分评价标准

| 项　目 | 级　别 | | | | |
|---|---|---|---|---|---|
| | 极低 | 低 | 中等（适宜） | 高 | 极高 |
| 有效硼（mg/kg） | <0.15 | 0.15~0.30 | 0.30~0.60 | 0.60~1.00 | >1.00 |
| 有效锌（mg/kg） | <0.5 | 0.5~1.0 | 1.0~2.0 | 2.0~4.0 | >4.0 |
| 有效铁（mg/kg） | <2.5 | 2.5~4.5 | 4.5~10.0 | 10~60.0 | >60.0 |
| 有效铜（mg/kg） | <0.2 | 0.2~0.5 | 0.5~1.0 | 1.0~3.0 | >3.0 |
| 有效锰（mg/kg） | <5 | 5~10 | 10~20 | 20~40 | >40 |
| 有效钼（mg/kg） | <0.05 | 0.05~0.10 | 0.10~0.15 | 0.15~0.20 | >0.20 |
| 水溶性氯（mg/kg） | <5 | 5~10 | 10~20 | 20~30 | >30 |

（三）数据分析

同本章第一节。

## 二、结果与分析

### （一）湘西植烟土壤有效铁的时空变异

1. 植烟土壤有效铁的基本统计特征

湘西州植烟土壤有效铁含量描述性统计结果见表 2-49，湘西州植烟土壤有效铁含量均值为 74.13mg/kg，处于极高水平，变幅 3.66 ~ 432.90mg/kg，变异系数为 86.91%，属中等变异，经检验基本符合正态分布。湘西州植烟土壤有效铁含量适宜的样本仅占 3.70%，有效铁含量偏低的占 0.16%，有效铁含量偏高的占 96.13%。从各植烟县情况来看，7 个植烟县的土壤有效铁含量均为中等程度变异，有效铁均值为 30.81 ~ 111.21mg/kg，其中最高的是泸溪县，最低的是保靖县，不同县域植烟土壤有效铁含量差异达极显著水平。各县植烟土壤有效铁含量值适宜样本比例差异较大，适宜比例最高的是保靖县，最低的是花垣县。

表2-49　湘西州植烟土壤有效铁含量及其分布状况（2015）　　（单位：mg/kg）

| 县名 | 样本数 | 均值 | 标准差 | 变异系数（%） | 最小值 | 最大值 | 土壤有效铁分布频率（%） | | | | |
| --- | --- | --- | --- | --- | --- | --- | --- | --- | --- | --- | --- |
| | | | | | | | 极低 | 低 | 适宜 | 高 | 极高 |
| 保靖 | 102 | 30.81 | 28.56 | 92.72 | 5.50 | 173.60 | 0.00 | 0.00 | 11.76 | 75.49 | 12.75 |
| 凤凰 | 155 | 108.34 | 81.30 | 75.04 | 9.90 | 432.90 | 0.00 | 0.00 | 1.29 | 34.84 | 63.87 |
| 古丈 | 95 | 72.36 | 61.23 | 84.61 | 7.90 | 270.40 | 0.00 | 0.00 | 1.05 | 57.89 | 41.05 |
| 花垣 | 160 | 109.40 | 64.86 | 59.28 | 13.60 | 347.30 | 0.00 | 0.00 | 0.00 | 26.25 | 73.75 |
| 龙山 | 300 | 62.69 | 50.83 | 81.08 | 5.10 | 304.00 | 0.00 | 0.00 | 1.33 | 59.67 | 39.00 |
| 泸溪 | 70 | 111.21 | 71.11 | 63.95 | 9.60 | 316.30 | 0.00 | 0.00 | 1.43 | 32.86 | 65.71 |
| 永顺 | 360 | 58.80 | 55.78 | 94.86 | 3.66 | 294.10 | 0.00 | 0.56 | 7.22 | 59.44 | 32.78 |
| 全州 | 1 242 | 74.13 | 64.43 | 86.91 | 3.66 | 432.90 | 0.00 | 0.16 | 3.70 | 51.85 | 44.28 |

### 2. 植烟土壤有效铁的年代变化

不同时期湘西州植烟土壤有效铁状况见表2-50。15年间土壤有效铁大幅增加，2015年土壤有效铁均值较2000年增加了47.10mg/kg，增幅为174.25%，从"高"等级变为"极高"等级。有效铁的变异系数提高了2.28个百分点。极小值下降了2.94mg/kg，而极大值变化较大，上升221.40mg/kg。极差由2000年的204.90mg/kg上升到2015年的429.24mg/kg，增加了224.34mg/kg。表明土壤有效铁均值在增加的同时，其变异也有所增大。进一步对湘西州植烟土壤有效铁的等级分布情况进行分析，由表2-51可见与2000年相比，2015年土壤有效铁"低"的样品比例小幅增加了0.16百分点，"适宜"和"高"等级的土壤样品比例分别下降了1.23和37.16个百分点，"极高"等级的样品比例增加了38.23个百分点。表明土壤有效铁含量等级分布整体向高等级变化。

表2-50　不同时期湘西州植烟土壤有效铁含量状况　　（单位：mg/kg）

| 指标 | 平均值 | 标准差 | 变异系数（%） | 最小值 | 最大值 | 极差 |
| --- | --- | --- | --- | --- | --- | --- |
| 2000年 | 27.03 | 22.88 | 84.64 | 6.60 | 211.50 | 204.90 |
| 2015年 | 74.13 | 64.43 | 86.91 | 3.66 | 432.90 | 429.24 |
| 2015年较2000年增量 | 47.10 | 41.55 | 2.28 | -2.94 | 221.40 | 224.34 |

表 2-51　不同时期湘西州土壤样品有效铁等级分布变化

| 有效铁等级 | 有效铁分级（mg/kg） | 样品比例（%） | | 2015年较2000年增量（百分点） |
|---|---|---|---|---|
| | | 2000年 | 2015年 | |
| 极低 | <2.5 | 0.00 | 0.00 | 0.00 |
| 低 | 2.5~4.5 | 0.00 | 0.16 | 0.16 |
| 适宜 | 4.5~10 | 4.93 | 3.70 | -1.23 |
| 高 | 10~60 | 89.01 | 51.85 | -37.16 |
| 极高 | >60 | 6.05 | 44.28 | 38.23 |

### 3. 土壤有效铁的时空分布变化

采用普通克里格插值法获取 2015 年湘西州植烟土壤有效铁含量空间分布图（图 2-12），并利用 ArcGIS 软件自带的 Arctool box 模块统计土壤有效铁含量空间分布图不同等级的面积。2015 年湘西州植烟土壤有效铁含量分级面积与 2000 年相比发生一定变化（图 2-12 和表 2-52），两个时期土壤有效铁含量"适宜"及以下的等级均无分布。2000 年土壤有效铁含量"高"的植烟土壤面积为 93.44%，"极高"等级的植烟土壤面积比例仅为 6.56%。2015 年植烟土壤有效铁含量较 2000 年有增加趋势，"极高"等级由原来的零星分布增加至 60.02%，"高"等级下降至 39.98%。综上，2015 年土壤有效铁含量"极高"等级的面积大幅增加，增加了 53.46 个百分点；

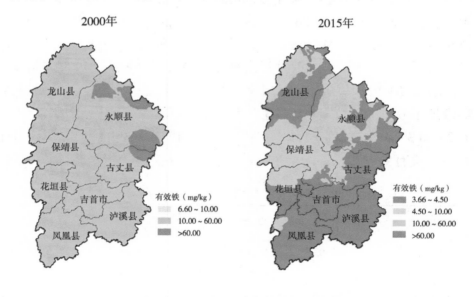

图 2-12　湘西州植烟土壤有效铁含量时空分布示意图

而"高"等级则大幅下降，比 2000 年下降了 53.46 个百分点，说明 53.46%的面积由"高"变为"极高"。15 年来湘西州植烟土壤有效铁含量呈大幅增加趋势，可能与土壤酸化导致土壤中的固定态的铁元素变为有效态铁元素有关，可能也与肥料带入铁元素有关。

表 2-52　不同时期土壤有效铁各等级面积统计及变化

| 有效铁等级 | 有效铁分级（mg/kg） | 面积比例（%） | | 2015 年较 2000 年增量（百分点） |
| --- | --- | --- | --- | --- |
| | | 2000 年 | 2015 年 | |
| 极低 | <2.5 | 0.00 | 0.00 | 0.00 |
| 低 | 2.5~4.5 | 0.00 | 0.00 | 0.00 |
| 适宜 | 4.5~10 | 0.00 | 0.00 | 0.00 |
| 高 | 10~60 | 93.44 | 39.98 | -53.46 |
| 极高 | >60 | 6.56 | 60.02 | 53.46 |

## （二）湘西植烟土壤有效锰的时空变异

### 1. 植烟土壤有效锰的基本统计特征

湘西州植烟土壤有效锰含量描述性统计结果见表 2-53，湘西州植烟土壤有效锰含量均值为 38.20mg/kg，处于高水平，变幅 1.79~343.50mg/kg，变异系数为 106.81%，属强变异，经检验基本符合正态分布。湘西州植烟土壤有效锰含量适宜的样本占 24.32%，有效锰含量偏低的占 17.47%，含量偏高的占 58.21%。从各植烟县情况来看，7 个植烟县的土壤有效锰含量均为中等程度变异，有效锰均值在 14.55~50.14mg/kg，其中最高的是花垣，最低的是泸溪县，不同县域植烟土壤有效锰含量差异达极显著水平。各县植烟土壤有效锰含量值适宜样本比例差异较大，适宜比例最高的是泸溪县，最低的是古丈县。

表 2-53　湘西州植烟土壤有效锰含量及其分布状况（2015）　　（单位：mg/kg）

| 县名 | 样本数 | 均值 | 标准差 | 变异系数（%） | 最小值 | 最大值 | 土壤有效锰分布频率（%） | | | | |
| --- | --- | --- | --- | --- | --- | --- | --- | --- | --- | --- | --- |
| | | | | | | | 极低 | 低 | 适宜 | 高 | 极高 |
| 保靖 | 102 | 24.20 | 24.03 | 99.28 | 1.79 | 121.30 | 7.84 | 23.53 | 27.45 | 27.45 | 13.73 |
| 凤凰 | 155 | 28.47 | 27.69 | 97.27 | 2.29 | 211.00 | 3.23 | 23.23 | 18.06 | 34.19 | 21.29 |
| 古丈 | 95 | 36.44 | 38.07 | 104.48 | 1.97 | 182.60 | 11.58 | 17.89 | 15.79 | 25.26 | 29.47 |
| 花垣 | 160 | 50.14 | 50.78 | 101.29 | 4.98 | 254.70 | 0.63 | 11.25 | 23.13 | 28.13 | 36.88 |

（续表）

| 县名 | 样本数 | 均值 | 标准差 | 变异系数（%） | 最小值 | 最大值 | 土壤有效锰分布频率（%） | | | | |
|---|---|---|---|---|---|---|---|---|---|---|---|
| | | | | | | | 极低 | 低 | 适宜 | 高 | 极高 |
| 龙山 | 300 | 38.26 | 34.75 | 90.81 | 3.60 | 277.40 | 0.67 | 13.00 | 25.33 | 27.33 | 33.67 |
| 泸溪 | 70 | 14.55 | 10.40 | 71.53 | 2.89 | 50.00 | 14.29 | 24.29 | 40.00 | 17.14 | 4.29 |
| 永顺 | 360 | 46.07 | 48.83 | 106.00 | 3.07 | 343.50 | 0.83 | 7.22 | 25.00 | 30.56 | 36.39 |
| 全州 | 1 242 | 38.20 | 40.80 | 106.81 | 1.79 | 343.50 | 3.22 | 14.25 | 24.32 | 28.50 | 29.71 |

### 2. 植烟土壤有效锰的年代变化

不同时期湘西州植烟土壤有效锰状况见表2-54。15年间土壤有效锰略有增加，2015年土壤有效锰均值较2000年下降了8.03mg/kg，降幅为17.37%，从"极高"等级变为"高"等级。有效锰的变异系数提高了45.67%，由中等变异变为强变异。极小值下降了0.67mg/kg，而极大值变化较大，上升196.50mg/kg。极差由2000年的144.54mg/kg上升到2015年的341.71mg/kg，增加了197.17mg/kg。表明土壤有效锰均值虽变化较小，但其变异却有所增大。进一步对湘西州植烟土壤有效锰的等级分布情况进行分析，由表2-55可见，与2000年相比，2015年土壤有效锰"极低""低"和"适宜"的样品比例分别增加了2.99、12.63和12.28个百分点，相应地"高"和"极高"等级的土壤样品比例下降了10.85和17.05个百分点。

表 2-54 不同时期湘西州植烟土壤有效锰含量状况 （单位：mg/kg）

| 指标 | 平均值 | 标准差 | 变异系数（%） | 最小值 | 最大值 | 极差 |
|---|---|---|---|---|---|---|
| 2000年 | 46.23 | 28.27 | 61.14 | 2.46 | 147.00 | 144.54 |
| 2015年 | 38.20 | 40.80 | 106.81 | 1.79 | 343.50 | 341.71 |
| 2015年较2000年增量 | -8.03 | 12.54 | 45.67 | -0.67 | 196.50 | 197.17 |

表 2-55 不同时期湘西州土壤样品有效锰等级分布变化

| 有效锰等级 | 有效锰分级（mg/kg） | 样品比例（%） | | 2015年较2000年增量（百分点） |
|---|---|---|---|---|
| | | 2000年 | 2015年 | |
| 极低 | <5 | 0.23 | 3.22 | 2.99 |
| 低 | 5~10 | 1.62 | 14.25 | 12.63 |
| 适宜 | 10~20 | 12.04 | 24.32 | 12.28 |

（续表）

| 有效锰等级 | 有效锰分级（mg/kg） | 样品比例（%） | | 2015年较2000年增量（百分点） |
|---|---|---|---|---|
| | | 2000年 | 2015年 | |
| 高 | 20~40 | 39.35 | 28.50 | -10.85 |
| 极高 | >40 | 46.76 | 29.71 | -17.05 |

### 3. 土壤有效锰的时空分布变化

采用普通克里格插值法获取 2015 年湘西州植烟土壤有效锰含量空间分布图（图 2-13），并利用 ArcGIS 软件自带的 Arctool box 模块统计土壤有效锰含量空间分布图不同等级的面积。两个时期土壤有效锰含量空间分布规律均不明显，2015 年湘西植烟土壤有效锰含量分级面积与 2000 年相比发生了一定变化（图 2-13 和表 2-56）。2000 年土壤有效锰含量总体较高，"适宜"的植烟土壤面积仅为 0.17%，"高"和"较高"等级的植烟土壤面积比例分别高达 28.39% 和 71.43%。2015 年植烟土壤有效锰含量较 2000 年有下降趋势，新增了 2000 年未出现的"低"等级，面积为 0.45%，"适宜"等级亦由原来的零星分布增加至 19.84%，"高"等级面积增加至 44.32%，相应地"极高"等级的面积下降至 35.39%。综上，2015 年土壤有效锰含量"低""适宜"和"高"等级的面积均有不同程度的增加，分别增加了 0.45、19.67 和 15.92 个百分点；而"极高"等级则大幅下降，比 2000 年

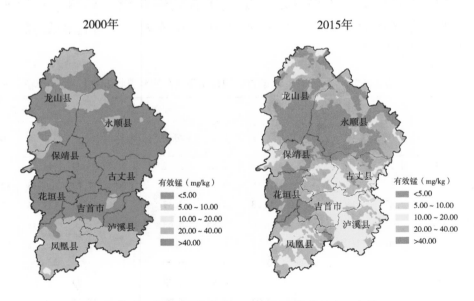

**图 2-13 湘西州植烟土壤有效锰含量时空分布示意图**

下降了 36.05 个百分点。

表 2-56　不同时期土壤有效锰各等级面积统计及变化

| 有效锰等级 | 有效锰分级（mg/kg） | 面积比例（%） | | 2015 年较 2000 年增量（百分点） |
|---|---|---|---|---|
| | | 2000 年 | 2015 年 | |
| 极低 | <5 | 0.00 | 0.00 | 0.00 |
| 低 | 5~10 | 0.00 | 0.45 | 0.45 |
| 适宜 | 10~20 | 0.17 | 19.84 | 19.67 |
| 高 | 20~40 | 28.39 | 44.32 | 15.92 |
| 极高 | >40 | 71.43 | 35.39 | −36.05 |

## （三）湘西植烟土壤有效铜的时空变异

### 1. 植烟土壤有效铜的基本统计特征

湘西州植烟土壤有效铜含量描述性统计结果见表 2-57，湘西州植烟土壤有效铜含量均值为 1.89mg/kg，处于高水平，变幅 0.03~14.60mg/kg，变异系数为 78.38%，属中等变异，经检验基本符合正态分布。湘西州植烟土壤有效铜含量适宜的样本占 21.01%，有效铜含量偏低的占 10.14%，有效铜含量偏高的占 68.84%。从各植烟县情况来看，7 个植烟县的土壤有效铜含量均为中等程度变异，有效铜均值在 1.26~3.25mg/kg，其中最高的是凤凰县，最低的保靖县，不同县域植烟土壤有效铜含量差异达极显著水平。各县植烟土壤有效铜含量值适宜样本比例差异较大，适宜比例最高的是保靖，最低的是花垣县。

表 2-57　湘西州植烟土壤有效铜含量及其分布状况（2015）　　　（单位：mg/kg）

| 县名 | 样本数 | 均值 | 标准差 | 变异系数（%） | 最小值 | 最大值 | 土壤有效铜分布频率（%） | | | | |
|---|---|---|---|---|---|---|---|---|---|---|---|
| | | | | | | | 极低 | 低 | 适宜 | 高 | 极高 |
| 保靖 | 102 | 1.26 | 0.86 | 68.56 | 0.09 | 4.81 | 3.92 | 11.76 | 35.29 | 43.14 | 5.88 |
| 凤凰 | 155 | 3.25 | 1.71 | 52.72 | 0.19 | 9.34 | 0.65 | 0.00 | 7.74 | 39.35 | 52.26 |
| 古丈 | 95 | 1.47 | 2.07 | 140.73 | 0.13 | 14.60 | 7.37 | 24.21 | 32.63 | 23.16 | 12.63 |
| 花垣 | 160 | 2.75 | 1.61 | 58.70 | 0.16 | 10.85 | 0.63 | 0.63 | 6.88 | 54.38 | 37.50 |
| 龙山 | 300 | 1.61 | 1.08 | 67.21 | 0.17 | 8.14 | 0.33 | 5.00 | 25.67 | 57.67 | 11.33 |
| 泸溪 | 70 | 2.60 | 1.45 | 55.66 | 0.21 | 6.85 | 0.00 | 4.29 | 7.14 | 50.00 | 38.57 |
| 永顺 | 360 | 1.30 | 0.80 | 61.79 | 0.03 | 4.55 | 2.78 | 13.33 | 24.72 | 57.22 | 1.94 |
| 全州 | 1 242 | 1.89 | 1.48 | 78.38 | 0.03 | 14.60 | 1.93 | 8.21 | 21.01 | 50.56 | 18.28 |

## 2. 植烟土壤有效铜的年代变化

不同时期湘西州植烟土壤有效锰状况见表2-58。15年间土壤有效铜略有增加，2015年土壤有效铜均值较2000年增加了0.84mg/kg，增幅为80%，一直处于"高"水平，有效铜的变异系数提高了16.40个百分点，极小值下降了0.25mg/kg，而极大值变化较大，上升6.66mg/kg，极差由2000年的7.66mg/kg上升到2015年的14.57mg/kg，增加了6.91mg/kg。表明土壤有效铜均值在增加的同时，其变异也有所增大。进一步对湘西州植烟土壤有效养分的等级分布情况进行了分析（表2-59），与2000年相比，2015年土壤有效铜"适宜"等级的样品比例减少了32.35个百分点。同时，"极低""低""高"和"极高"等级的样品比例分别增加了1.93、1.49、12.00和16.93个百分点，表明烟区土壤有效铜含量增加的同时，呈现出两极分化的特点。

表2-58　不同时期湘西州植烟土壤有效铜含量状况　　（单位：mg/kg）

| 指标 | 平均值 | 标准差 | 变异系数（%） | 最小值 | 最大值 | 极差 |
| --- | --- | --- | --- | --- | --- | --- |
| 2000年 | 1.05 | 0.65 | 61.98 | 0.28 | 7.94 | 7.66 |
| 2015年 | 1.89 | 1.48 | 78.38 | 0.03 | 14.60 | 14.57 |
| 2015年较2000年增量 | 0.84 | 0.83 | 16.40 | -0.25 | 6.66 | 6.91 |

表2-59　不同时期湘西州土壤样品有效铜等级分布变化

| 有效铜等级 | 有效铜分级（mg/kg） | 样品比例（%） 2000年 | 样品比例（%） 2015年 | 2015年较2000年增量（百分点） |
| --- | --- | --- | --- | --- |
| 极低 | <0.20 | 0.00 | 1.93 | 1.93 |
| 低 | 0.20~0.50 | 6.73 | 8.21 | 1.49 |
| 适宜 | 0.50~1.00 | 53.36 | 21.01 | -32.35 |
| 高 | 1.00~3.00 | 38.57 | 50.56 | 12.00 |
| 极高 | >3.00 | 1.35 | 18.28 | 16.93 |

## 3. 土壤有效铜的时空分布变化

采用普通克里格插值法获取2015年湘西州植烟土壤微量元素含量空间分布图（图2-14），并利用ArcGIS软件自带的Arctool box模块统计不同等级的面积。两个时期土壤微量元素含量空间分布规律均不明显，2015年湘西州植烟土壤微量元素分级面积与2000年相比发生了较大变化（图2-14

和表 2-60）。2000 年土壤有效铜含量总体较偏高，"适宜"和"高"等级的植烟土壤面积所占比例分别为 56.97% 和 43.02%，"低"等级的植烟土壤仅占 0.01%，2015 年植烟土壤有效铜含量较 2000 年有较大幅度增加，新增了 2000 年未出现的"极高"等级，面积为 10.94%，"高"等级面积增加至 76.96%，相应地"适宜"等级面积由原先的 56.97% 下降到 11.96%，"低"等级面积变化不大。

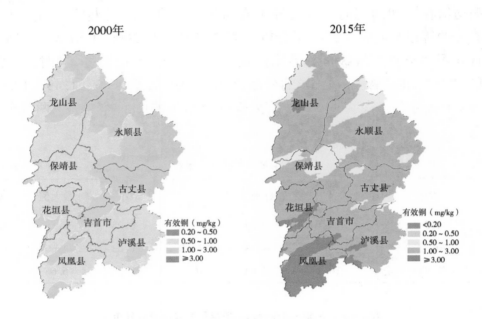

**图 2-14　湘西州植烟土壤有效铜含量空间分布示意图**

**表 2-60　不同时期土壤有效铜各等级面积统计及变化**

| 有效铜等级 | 有效铜分级（mg/kg） | 面积比例（%） | | 2015 年较 2000 年增量（百分点） |
|---|---|---|---|---|
| | | 2000 年 | 2015 年 | |
| 极低 | <0.20 | — | — | 0.00 |
| 低 | 0.20~0.50 | 0.01 | 0.14 | +0.13 |
| 适宜 | 0.50~1.00 | 56.97 | 11.96 | -45.01 |
| 高 | 1.00~3.00 | 43.02 | 76.96 | +33.94 |
| 极高 | >3.00 | — | 10.94 | +10.94 |

## （四）湘西植烟土壤有效锌时空变异

### 1. 植烟土壤有效锌的基本统计特征

湘西州植烟土壤有效锌含量描述性统计结果见表 2-61，湘西州植烟土壤有效锌含量均值为 3.41mg/kg，处于高水平，变幅 0.06～82.90mg/kg，变异系数为 135.34%，属强变异，经检验基本符合正态分布。湘西州植烟土壤有效锌含量适宜的样本占 26.09%，有效锌含量偏低的占 14.65%，有效锌含量偏高的占 59.26%。从各植烟县情况来看，7 个植烟县的土壤有效锌含量均为中等程度变异，有效锌均值在 2.16～4.83mg/kg，其中最高的是龙山，最低的是泸溪，不同县域植烟土壤有效锌含量差异达极显著水平。各县植烟土壤有效锌含量值适宜样本比例差异较大，适宜比例最高的是泸溪，最低的是花垣县。

**表 2-61　湘西州植烟土壤有效锌含量及其分布状况（2015）**　（单位：mg/kg）

| 县名 | 样本数 | 均值 | 标准差 | 变异系数（%） | 最小值 | 最大值 | 土壤有效锌分布频率（%） | | | | |
|---|---|---|---|---|---|---|---|---|---|---|---|
| | | | | | | | 极低 | 低 | 适宜 | 高 | 极高 |
| 保靖 | 102 | 2.47 | 3.32 | 134.49 | 0.11 | 22.75 | 11.76 | 14.71 | 35.29 | 25.49 | 12.75 |
| 凤凰 | 155 | 2.97 | 1.95 | 65.74 | 0.24 | 10.90 | 0.65 | 3.87 | 32.26 | 40.00 | 23.23 |
| 古丈 | 95 | 2.49 | 3.21 | 129.23 | 0.14 | 28.90 | 7.37 | 18.95 | 29.47 | 29.47 | 14.74 |
| 花垣 | 160 | 4.64 | 4.46 | 96.03 | 0.65 | 43.40 | | 0.63 | 6.88 | 54.38 | 38.13 |
| 龙山 | 300 | 4.83 | 7.44 | 153.98 | 0.13 | 82.90 | 6.00 | 10.67 | 18.00 | 25.33 | 40.00 |
| 泸溪 | 70 | 2.16 | 2.94 | 136.20 | 0.18 | 19.60 | 4.29 | 24.29 | 41.43 | 20.00 | 10.00 |
| 永顺 | 360 | 2.63 | 2.44 | 92.44 | 0.06 | 29.20 | 6.39 | 8.06 | 32.22 | 37.50 | 15.83 |
| 全州 | 1 242 | 3.41 | 4.62 | 135.34 | 0.06 | 82.90 | 5.15 | 9.50 | 26.09 | 34.46 | 24.80 |

### 2. 植烟土壤有效锌的年代变化

15 年来，湘西州植烟土壤微量元素变化较大（表 2-62），2015 年土壤有效锌均值较 2000 年上升了 2.32mg/kg，增幅达 210.91%，从"适宜"水平变为"高"水平，最小值变小，而变异系数、最大值、极差均变大，有效锌含量在大幅增加的同时，其变异也在变大。进一步对湘西州植烟土壤有效锌的等级分布情况进行了分析（表 2-63），与 2000 年相比，2015 年土壤有效锌"极低""低"和"适宜"等级的样品比例分别减少了 0.93、37.57 和 15.13 个百分点。相应地，有效锌含量"高""极高"等级的样品比例分别增加了 29.51 和 24.12 个百分点，表明烟区土壤有效锌偏高的土壤样品比例大幅增加。

**表 2-62　不同时期湘西州植烟土壤有效锌含量状况**　（单位：mg/kg）

| 指标 | 平均值 | 标准差 | 变异系数（%） | 最小值 | 最大值 | 极差 |
|---|---|---|---|---|---|---|
| 2000 年 | 1.10 | 0.64 | 58.49 | 0.13 | 6.50 | 6.37 |

（续表）

| 指标 | 平均值 | 标准差 | 变异系数（%） | 最小值 | 最大值 | 极差 |
|---|---|---|---|---|---|---|
| 2015 年 | 3.41 | 4.62 | 135.34 | 0.06 | 82.90 | 82.84 |
| 2015 年较 2000 年增量 | 2.32 | 3.98 | 76.85 | -0.07 | 76.40 | 76.47 |

表 2-63　不同时期湘西州土壤样品有效锌等级分布变化

| 有效锌等级 | 有效锌分级（mg/kg） | 样品比例（%） | | 2015 年较 2000 年增量（百分点） |
|---|---|---|---|---|
| | | 2000 年 | 2015 年 | |
| 极低 | <0.50 | 6.08 | 5.15 | -0.93 |
| 低 | 0.50~1.00 | 47.07 | 9.50 | -37.57 |
| 适宜 | 1.00~2.00 | 41.22 | 26.09 | -15.13 |
| 高 | 2.00~4.00 | 4.95 | 34.46 | 29.51 |
| 极高 | >4.00 | 0.68 | 24.80 | 24.12 |

### 3. 土壤有效锌的时空分布变化

采用普通克里格插值法获取 2015 年湘西州植烟土壤有效锌含量空间分布图（图 2-15），并利用 ArcGIS 软件自带的 Arctool box 模块统计不同等级的面积。两个时期土壤有效锌含量空间分布规律均不明显，2015 年湘西州

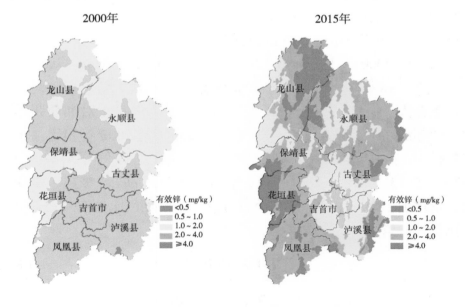

图 2-15　湘西州植烟土壤有效锌含量时空分布示意图

植烟土壤有效锌分级面积与 2000 年相比发生了较大变化（图 2-15 和表 2-64）。2000 年土壤有效锌含量总体为"低"和"适宜","低"等级的植烟土壤面积为 62.54%,"适宜"等级的植烟土壤面积为 37.23%,"极低"和"高"等级的植烟土壤面积比例仅为 0.15% 和 0.08%。2015 年植烟土壤有效锌含量较 2000 年有增加的趋势,"适宜""高"和"极高"等级为主要面积,所占比例分别为 25.50%、50.14% 和 19.59%,"极低"和"低"等级所占比例分别为 0.01% 和 4.76%。2015 年土壤有效锌"高"和"极高"等级面积比例较 2000 年增加明显。

表 2-64　不同时期土壤有效锌各等级面积统计及变化

| 有效锌等级 | 有效锌分级（mg/kg） | 面积比例（%） | | 2015 年较 2000 年增量（百分点） |
| --- | --- | --- | --- | --- |
| | | 2000 年 | 2015 年 | |
| 极低 | <0.50 | 0.15 | 0.01 | −0.14 |
| 低 | 0.50~1.00 | 62.54 | 4.76 | −57.78 |
| 适宜 | 1.00~2.00 | 37.23 | 25.50 | −11.73 |
| 高 | 2.00~4.00 | 0.08 | 50.14 | 50.06 |
| 很高 | >4.00 | — | 19.59 | 19.59 |

### （五）湘西植烟土壤有效硼的时空变异

#### 1. 植烟土壤有效硼的基本统计特征

湘西州植烟土壤有效硼含量描述性统计结果见表 2-65,湘西州植烟土壤有效硼含量均值为 0.64g/kg,处于高水平,变幅 0.10~3.30g/kg,变异系数为 62.54%,属中等变异,经检验基本符合正态分布。湘西州植烟土壤有效硼含量适宜的样本占 48.39%,有效硼含量偏低的占 9.51%,有效硼含量偏高的占 42.10%。从各植烟县情况来看,7 个植烟县的土壤有效硼含量均为中等程度变异,有效硼均值 0.44~0.84mg/kg,其中最高的是龙山县,最低的是泸溪县,不同县域植烟土壤有效硼含量差异达极显著水平。各县植烟土壤有效硼含量值适宜样本比例差异较大,适宜比例最高的是泸溪,最低的是花垣县。

表 2-65　湘西州植烟土壤有效硼含量及其分布状况（2015）　　（单位：mg/kg）

| 县名 | 样本数 | 均值 | 标准差 | 变异系数（%） | 最小值 | 最大值 | 土壤有效硼分布频率（%） | | | | |
| --- | --- | --- | --- | --- | --- | --- | --- | --- | --- | --- | --- |
| | | | | | | | 极低 | 低 | 适宜 | 高 | 极高 |
| 保靖 | 102 | 0.60 | 0.28 | 46.70 | 0.29 | 2.40 | 0.00 | 0.98 | 59.80 | 34.31 | 4.90 |
| 凤凰 | 155 | 0.53 | 0.23 | 44.31 | 0.16 | 1.92 | 0.00 | 6.45 | 63.23 | 27.10 | 3.23 |

（续表）

| 县名 | 样本数 | 均值 | 标准差 | 变异系数（%） | 最小值 | 最大值 | 土壤有效硼分布频率（%） | | | | |
|---|---|---|---|---|---|---|---|---|---|---|---|
| | | | | | | | 极低 | 低 | 适宜 | 高 | 极高 |
| 古丈 | 95 | 0.52 | 0.25 | 48.05 | 0.16 | 1.30 | 0.00 | 10.53 | 62.11 | 22.11 | 5.26 |
| 花垣 | 160 | 0.72 | 0.26 | 35.76 | 0.23 | 1.61 | 0.00 | 1.88 | 31.88 | 53.75 | 12.50 |
| 龙山 | 300 | 0.84 | 0.63 | 75.33 | 0.10 | 3.30 | 1.67 | 12.67 | 32.67 | 26.00 | 27.00 |
| 泸溪 | 70 | 0.44 | 0.14 | 31.44 | 0.13 | 0.90 | 1.43 | 8.57 | 74.29 | 15.71 | 0.00 |
| 永顺 | 360 | 0.58 | 0.27 | 47.51 | 0.10 | 1.91 | 1.11 | 11.11 | 50.56 | 29.17 | 8.06 |
| 全州 | 1 242 | 0.64 | 0.40 | 62.54 | 0.10 | 3.30 | 0.81 | 8.70 | 48.39 | 30.43 | 11.67 |

### 2. 植烟土壤有效硼的年代变化

15年间土壤有效硼大幅增加，2015年土壤有效硼均值较2000年上升了0.43mg/kg，增幅达204.76%，从"低"水平变为"高"水平，有效硼的变异系数提高了30.60个百分点。极小值增加了0.05mg/kg，而极大值变化较大，上升2.82mg/kg。极差由2000年的0.43mg/kg上升到2015年的3.20mg/kg，增加了2.77mg/kg。有效硼元素含量在大幅增加的同时，其变异也在变大（表2-66）。进一步对湘西州植烟土壤有效硼的等级分布情况进行了分析（表2-67），与2000年相比，2015年土壤有效硼"极低"和"低"等级的样品比例分别下降了16.39和64.16个百分点。相应地，土壤有效硼"适宜""高"和"极高"等级的样品比例分别增加了38.43、30.43和11.67个百分点，表明烟区土壤有效硼丰富的土壤样品比例增加明显。

表2-66　不同时期湘西州植烟土壤有效硼含量状况　　（单位：mg/kg）

| 指标 | 平均值 | 标准差 | 变异系数（%） | 最小值 | 最大值 | 极差 |
|---|---|---|---|---|---|---|
| 2000年 | 0.21 | 0.07 | 31.94 | 0.05 | 0.48 | 0.43 |
| 2015年 | 0.64 | 0.40 | 62.54 | 0.10 | 3.30 | 3.20 |
| 2015年较2000年增量 | 0.43 | 0.33 | 30.60 | 0.05 | 2.82 | 2.77 |

表2-67　不同时期湘西州土壤样品有效硼等级分布变化

| 有效硼等级 | 有效硼分级（mg/kg） | 样品比例（%） | | 2015年较2000年增量（百分点） |
|---|---|---|---|---|
| | | 2000年 | 2015年 | |
| 极低 | <0.15 | 17.19 | 0.81 | -16.39 |
| 低 | 0.15~0.30 | 72.85 | 8.70 | -64.16 |

（续表）

| 有效硼等级 | 有效硼分级（mg/kg） | 样品比例（%） | | 2015 年较 2000 年增量（百分点） |
|---|---|---|---|---|
| | | 2000 年 | 2015 年 | |
| 适宜 | 0.30~0.60 | 9.95 | 48.39 | 38.43 |
| 高 | 0.60~1.00 | 0.00 | 30.43 | 30.43 |
| 极高 | >1.00 | 0.00 | 11.67 | 11.67 |

### 3. 土壤有效硼的时空分布变化

采用普通克里格插值法获取 2015 年湘西州植烟土壤有效硼含量空间分布图（图 2-16），并利用 ArcGIS 软件自带的 Arctool box 模块统计不同等级的面积。两个时期土壤微量元素含量空间分布规律均不明显，2015 年湘西州植烟土壤有效硼分级面积与 2000 年相比发生较大变化（图 2-16 和表 2-68）。2000 年土壤有效硼含量总体较低，"极低" 和 "低" 等级的植烟土壤面积分别为 1.64% 和 93.27%，"适宜" 等级的面积比例仅为 5.09%。2015 年植烟土壤有效硼含量较 2000 年有大幅增加的趋势，新增了 2000 年未出现的 "高" 和 "极高" 等级，所占比例分别为 18.39% 和 1.17%，"适宜" 等级面积比例高达 78.36%，"低" 等级面积所占比例大幅下降至 2.08%。

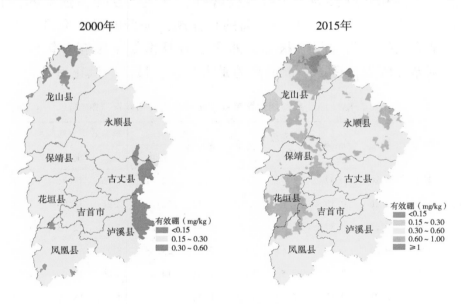

图 2-16　湘西州植烟土壤有效硼含量时空分布示意图

表 2-68　不同时期土壤有效硼各等级面积统计及变化

| 有效硼等级 | 有效硼分级（mg/kg） | 面积比例（%） | | 2015 年较 2000 年增量（百分点） |
| --- | --- | --- | --- | --- |
| | | 2000 年 | 2015 年 | |
| 极低 | <0.15 | 1.64 | — | -1.64 |
| 低 | 0.15~0.30 | 93.27 | 2.08 | -91.19 |
| 适宜 | 0.30~0.60 | 5.09 | 78.36 | 73.27 |
| 高 | 0.60~1.00 | — | 18.39 | 18.39 |
| 很高 | >1.00 | — | 1.17 | 1.17 |

### （六）湘西植烟土壤有效钼的时空变异

#### 1. 植烟土壤有效钼的基本统计特征

湘西州植烟土壤有效钼含量描述性统计结果见表 2-69，湘西州植烟土壤有效钼含量均值为 0.19mg/kg，处于高水平，变幅 0.01~3.29mg/kg，变异系数为 128.20%，属强变异，经检验基本符合正态分布。湘西州植烟土壤有效钼含量适宜的样本占 15.86%，有效钼含量偏低的占 38.65%，有效钼含量偏高的占 45.49%。从各植烟县情况来看，7 个植烟县的土壤有效钼含量除泸溪县和永顺县为中等程度变异外，其他各县均为强变异，有效钼均值在 0.11~0.26mg/kg，其中最高的是保靖，最低的是永顺县，不同县域植烟土壤有效钼含量差异达极显著水平。各县植烟土壤有效钼含量值适宜样本比例差异较大，适宜比例最高的是古丈县，最低的低花垣县。

表 2-69　湘西州植烟土壤有效钼含量及其分布状况（2015）　　　　（单位：mg/kg）

| 县名 | 样本数 | 均值 | 标准差 | 变异系数（%） | 最小值 | 最大值 | 土壤有效钼分布频率（%） | | | | |
| --- | --- | --- | --- | --- | --- | --- | --- | --- | --- | --- | --- |
| | | | | | | | 极低 | 低 | 适宜 | 高 | 极高 |
| 保靖 | 102 | 0.26 | 0.37 | 142.91 | 0.01 | 3.18 | 14.71 | 11.76 | 14.71 | 16.67 | 42.16 |
| 凤凰 | 155 | 0.16 | 0.18 | 114.73 | 0.01 | 1.12 | 16.77 | 32.26 | 18.06 | 7.74 | 25.16 |
| 古丈 | 95 | 0.25 | 0.39 | 153.48 | 0.02 | 2.98 | 5.26 | 22.11 | 32.63 | 3.16 | 36.84 |
| 花垣 | 160 | 0.23 | 0.32 | 136.63 | 0.01 | 3.29 | 29.38 | 8.75 | 6.25 | 7.50 | 48.13 |
| 龙山 | 300 | 0.22 | 0.23 | 103.56 | 0.01 | 1.81 | 14.00 | 16.00 | 14.00 | 14.00 | 42.00 |
| 泸溪 | 70 | 0.25 | 0.17 | 66.02 | 0.05 | 0.74 | 0.00 | 14.29 | 18.57 | 14.29 | 52.86 |
| 永顺 | 360 | 0.11 | 0.09 | 83.42 | 0.01 | 0.58 | 27.22 | 25.56 | 16.11 | 15.00 | 16.11 |
| 全州 | 1 242 | 0.19 | 0.24 | 128.20 | 0.01 | 3.29 | 18.76 | 19.89 | 15.86 | 12.08 | 33.41 |

## 2. 植烟土壤有效钼的年代变化

不同时期湘西州植烟土壤有效钼含量状况见表 2-70。15 年间土壤有效钼略有增加，2015 年土壤有效钼均值较 2000 年下降 0.02mg/kg，降幅为 9.52%，从"极高"等级变为"高"等级。有效钼的变异系数提高了 76.51 个百分点。极小值下降了 0.04mg/kg，而极大值变化较大，上升了 2.59mg/kg。极差由 2000 年的 0.64mg/kg 上升到 2015 年的 3.28mg/kg，增加了 2.64mg/kg。表明土壤有效钼均值虽变化较小，但其变异却有所增大。进一步对湘西州植烟土壤有效钼的等级分布情况进行分析，由表 2-71 可见，与 2000 年相比，2015 年土壤有效钼"极低"和"低"的样品比例分别增加了 18.76 和 5.92 个百分点，相应地"适宜"等级的土壤样品比例下降了 2.15 个百分点，"高"和"极高"等级的样品比例下降了 8.88 和 13.64 个百分点。表明土壤有效钼含量在下降，而且变异在变大。

**表 2-70　不同时期湘西州植烟土壤有效钼含量状况**　　（单位：mg/kg）

| 指标 | 平均值 | 标准差 | 变异系数（%） | 最小值 | 最大值 | 极差 |
|---|---|---|---|---|---|---|
| 2000 年 | 0.21 | 0.11 | 51.69 | 0.05 | 0.70 | 0.64 |
| 2015 年 | 0.19 | 0.24 | 128.20 | 0.01 | 3.29 | 3.28 |
| 2015 年较 2000 年增量 | -0.02 | 0.13 | 76.51 | -0.04 | 2.59 | 2.64 |

**表 2-71　不同时期湘西州土壤样品有效钼等级分布变化**

| 有效钼等级 | 有效钼分级（mg/kg） | 样品比例（%） | | 2015 年较 2000 年增量（百分点） |
|---|---|---|---|---|
| | | 2000 年 | 2015 年 | |
| 极低 | <0.05 | 0.00 | 18.76 | 18.76 |
| 低 | 0.05~0.10 | 13.97 | 19.89 | 5.92 |
| 适宜 | 0.10~0.15 | 18.01 | 15.86 | -2.15 |
| 高 | 0.15~0.20 | 20.96 | 12.08 | -8.88 |
| 极高 | >0.20 | 47.06 | 33.41 | -13.64 |

## 3. 土壤有效钼的空间分布

采用普通克里格插值法获取 2015 年湘西州植烟土壤有效钼含量空间分布图（2000 年数据较少，且分布不均，故未作图），并利用 ArcGIS 软件自带的 Arctool box 模块统计土壤有效钼含量空间分布图不同等级的面积。2015 年湘西州植烟土壤有效钼含量总体较偏低，"适宜"的植烟土壤面积仅为

28.42%，"高"和"极高"等级的植烟土壤面积比例分别为 18.31%和 39.21%，"低"和"极低"等级的植烟土壤面积比例分别为 12.92%和 1.15%，主要分布在永顺县和凤凰县（图2-17、表2-72）。

2015年

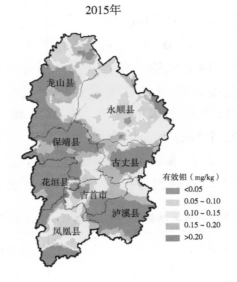

有效钼（mg/kg）
<0.05
0.05 ~ 0.10
0.10 ~ 0.15
0.15 ~ 0.20
>0.20

**图 2-17　湘西州植烟土壤有效钼含量空间分布示意图**

**表 2-72　不同时期土壤有效钼各等级面积统计及变化**

| 有效钼 | 有效钼分级（mg/kg） | 面积比例（%） | |
|---|---|---|---|
| | | 2000 年 | 2015 年 |
| 极低 | <0.05 | — | 1.15 |
| 低 | 0.05~0.10 | — | 12.92 |
| 适宜 | 0.10~0.15 | — | 28.42 |
| 高 | 0.15~0.20 | — | 18.31 |
| 极高 | >0.20 | — | 39.21 |

（七）湘西植烟土壤水溶性氯的时空变异

1. 植烟土壤水溶性氯的基本统计特征

湘西州植烟土壤水溶性氯含量描述性统计结果见表2-73，湘西州植烟土壤水溶性氯含量均值为 2.60mg/kg，处于极低水平，变幅 0.00 ~ 315.83mg/kg，变异系数为 580.45%，属强变异，经检验基本符合正态分布。湘西州植烟土壤水溶性氯含量适宜的样本占 2.33%，水溶性氯含量偏低的占 95.97%，水溶性氯含量偏高的占 1.70%。从各植烟县情况来看，7

个植烟县的土壤水溶性氯含量均为强变异，水溶性氯均值在 1.16 ~
11.00mg/kg，其中最高的是古丈县，最低的是龙山县，不同县域植烟土壤
水溶性氯含量差异达极显著水平。各县植烟土壤水溶性氯含量值适宜样本
比例差异较大，适宜比例最高的是泸溪县，最低的是古丈县。

表 2-73　湘西州植烟土壤水溶性氯含量及其分布状况（2015）（单位：mg/kg）

| 县名 | 样本数 | 均值 | 标准差 | 变异系数（%） | 最小值 | 最大值 | 土壤水溶性氯分布频率（%） | | | | |
|---|---|---|---|---|---|---|---|---|---|---|---|
| | | | | | | | 极低 | 低 | 适宜 | 高 | 极高 |
| 保靖 | 102 | 1.25 | 2.67 | 214.04 | 0.00 | 18.09 | 95.48 | 1.94 | 1.29 | 1.29 | 0.00 |
| 凤凰 | 155 | 1.26 | 3.30 | 262.94 | 0.00 | 26.43 | 87.37 | 3.16 | 1.05 | 2.11 | 6.32 |
| 古丈 | 95 | 11.00 | 40.82 | 370.99 | 0.00 | 270.61 | 97.14 | 1.43 | 0.00 | 1.43 | 0.00 |
| 花垣 | 160 | 1.94 | 4.34 | 223.61 | 0.00 | 33.39 | 97.06 | 0.00 | 2.94 | 0.00 | 0.00 |
| 龙山 | 300 | 1.16 | 4.21 | 363.39 | 0.00 | 62.26 | 96.67 | 0.67 | 2.33 | 0.00 | 0.33 |
| 泸溪 | 70 | 1.20 | 3.14 | 261.29 | 0.00 | 24.35 | 91.25 | 3.75 | 3.75 | 0.63 | 0.63 |
| 永顺 | 360 | 3.11 | 17.21 | 554.11 | 0.00 | 315.83 | 92.50 | 2.78 | 2.78 | 1.11 | 0.83 |
| 全州 | 1 242 | 2.60 | 15.08 | 580.45 | 0.00 | 315.83 | 93.96 | 2.01 | 2.33 | 0.81 | 0.89 |

### 2. 植烟土壤水溶性氯的年代变化

不同时期湘西州植烟土壤水溶性氯含量状况见表 2-74。15 年间土壤水
溶性氯略有增加，2015 年土壤水溶性氯均值较 2000 年下降了 5.11mg/kg，
变幅为 66.28%，从"低"等级变为"极低"等级。水溶性氯的变异系数提
高了 517.22 个百分点。极小值下降了 1.20mg/kg，而极大值变化较大，上
升了 263.13mg/kg。极差由 2000 年的 51.50mg/kg 上升到 2015 年的
315.83mg/kg，增加了 264.33mg/kg。表明土壤水溶性氯均值虽变化较小，
但其变异却有所增大。进一步对湘西州植烟土壤水溶性氯的等级分布情况
进行分析，由表 2-75 可见，与 2000 年相比，2015 年土壤水溶性氯"极低"
的样品比例增加了 73.02 个百分点，相应地"低"和"适宜"等级的土壤
样品比例下降了 60.15 和 13.21 个百分点，"高"和"极高"等级的样品比
例变幅较小。表明土壤水溶性氯含量有两极分化的趋势，变异在变大。

表 2-74　不同时期湘西州植烟土壤水溶性氯含量状况（单位：mg/kg）

| 指标 | 平均值 | 标准差 | 变异系数（%） | 最小值 | 最大值 | 极差 |
|---|---|---|---|---|---|---|
| 2000 年 | 7.71 | 4.87 | 63.23 | 1.20 | 52.70 | 51.50 |

（续表）

| 指标 | 平均值 | 标准差 | 变异系数（%） | 最小值 | 最大值 | 极差 |
|---|---|---|---|---|---|---|
| 2015 年 | 2.60 | 15.08 | 580.45 | 0.00 | 315.83 | 315.83 |
| 2015 年较 2000 年增量 | -5.11 | 10.21 | 517.22 | -1.20 | 263.13 | 264.33 |

表 2-75　不同时期湘西州土壤样品水溶性氯等级分布变化

| 水溶性氯等级 | 水溶性氯分级（mg/kg） | 样品比例（%） | | 2015 年较 2000 年增量（百分点） |
|---|---|---|---|---|
| | | 2000 年 | 2015 年 | |
| 极低 | <5.00 | 20.95 | 93.96 | 73.02 |
| 低 | 5.00~10.00 | 62.16 | 2.01 | -60.15 |
| 适宜 | 10.00~20.00 | 15.54 | 2.33 | -13.21 |
| 高 | 20.00~30.00 | 0.45 | 0.81 | 0.35 |
| 极高 | >30.00 | 0.90 | 0.89 | -0.02 |

### 3. 土壤水溶性氯的时空分布变化

采用普通克里格插值法获取 2015 年湘西州植烟土壤水溶性氯含量空间分布图（图 2-18），并利用 ArcGIS 软件自带的 Arctool box 模块统计土壤水溶性氯含量空间分布图不同等级的面积。2015 年湘西州植烟土壤水溶性氯含量分级面积与 2000 年相比发生了一定变化（图 2-18 和表 2-76）。2000

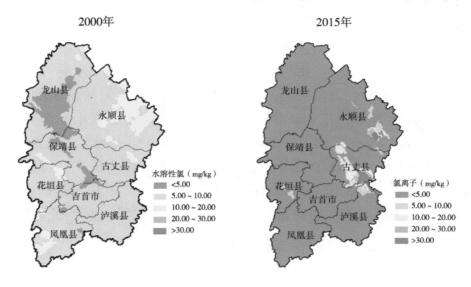

图 2-18　湘西州植烟土壤水溶性氯含量时空分布示意图

年土壤水溶性氯"适宜"的面积仅为 9.09%，"低"和"极低"等级的植烟土壤面积分别达 81.74% 和 9.17%，"高"和"极高"等级空缺。2015 年植烟土壤水溶性氯含量新增了 2000 年未出现的"高"和"极高"等级，面积分别为 0.67% 和 1.05%，"适宜"和"低"等级面积下降至 1.73% 和 2.25%，相应地"极低"等级的面积增加至 94.29%。综上，2015 年土壤水溶性氯含量"低"和"适宜"等级的面积均有不同程度的下降，分别下降了 79.49 和 7.35 个百分点；而"极低"等级则大幅增加，比 2000 年增加了 85.12 个百分点。15 年来湘西州植烟土壤水溶性氯含量呈大幅下降趋势，这与烟区控制含氯肥料的投入有较大关系。

表 2-76　不同时期土壤水溶性氯各等级面积统计及变化

| 水溶性氯等级 | 水溶性氯分级（mg/kg） | 面积比例（%） | | 2015 年较 2000 年增量（百分点） |
|---|---|---|---|---|
| | | 2000 年 | 2015 年 | |
| 极低 | <5.00 | 9.17 | 94.29 | 85.12 |
| 低 | 5.00~10.00 | 81.74 | 2.25 | −79.49 |
| 适宜 | 10.00~20.00 | 9.09 | 1.73 | −7.35 |
| 高 | 20.00~30.00 | 0.00 | 0.67 | 0.67 |
| 极高 | >30.00 | 0.00 | 1.05 | 1.05 |

## 三、小结

植烟土壤有效铁含量呈增加趋势，有效铁含量"高"的植烟土壤有大幅度下降，有效铁"极高"的土壤有大幅度的增加，目前土壤有效铁整体分布在"高"—"极高"，较适合烤烟生产。

植烟土壤有效锰含量呈下降趋势，有效锰含量"中等"的植烟土壤有一定幅度增加，有效锰"高"和"极高"的土壤有大幅度的减少，目前土壤有效锰整体分布在"中等"—"极高"，较适合烤烟生产。

植烟土壤有效铜含量呈增加趋势，有效铜含量"中等"的植烟土壤有一定幅度减少，有效铜"高"和"极高"的土壤均有大幅度增加，目前土壤有效铜整体分布在"中等"—"高"—"极高"，较适合烤烟生产。

植烟土壤有效锌含量呈增加趋势，有效锌"低"和"中等"的土壤有大幅度的减少，有效锌含量"高"和"极高"的土壤有大幅增加，目前土壤有效锌整体分布在"中等"—"高"—"极高"，较适合烤烟生产，但须适当减少高有效锌区域的硫酸锌的施用，防止烟株锌中毒。

植烟土壤有效硼含量呈增加趋势，有效硼"低"的土壤均有大幅度的减少，有效硼含量"中等"和"高"的植烟土壤有大幅度增加，目前土壤有效硼整体分布在"中等"—"高"，较适合烤烟生产，仍需时刻关注土壤有效硼动态变化，对不同区域实行差异化管理。

植烟土壤有效钼含量呈下降趋势，有效钼含量"低"和"极低"的植烟土壤有小幅度增加，有效钼"高"和"极高"的土壤有大幅度的减少，目前土壤有效钼整体在各个等级均有分布，较适合烤烟生产，需时刻关注土壤有效钼动态变化，对不同区域实行差异化管理。

植烟土壤水溶性氯含量呈下降趋势，水溶性氯含量"低"的植烟土壤有大幅度减少，水溶性氯"极低"的土壤均有大幅度的增加，目前土壤水溶性氯整体分布在"极低"，可在基肥中配以少量含氯肥料，以利于烟叶品质的提高。

# 第三章 湘西植烟土壤养分的分区及营养诊断

## 第一节 湘西植烟土壤养分管理分区研究

适宜的土壤环境条件是生产优质烟叶的基础，植烟土壤的养分状况会直接影响烤烟对矿质营养元素的吸收，进而影响烤烟的生长发育、品质及风格。充分了解土壤养分状况是制定烤烟施肥管理方案的首要前提，科学的施肥管理方案是保护植烟土壤环境和保障烤烟优质适产的重要基础。近年来，国内植烟土壤养分状况分析及评价与土壤养分管理分区成为研究热点，而湘西州是湖南省典型浓香型优质烟区之一，却少有报道对其土壤养分管理分区进行研究。鉴于此，本研究通过 GPS 和模糊 $c$ 均值聚类相结合的方法，对湘西州植烟土壤主要养分状况及管理分区进行研究，掌握湘西州植烟土壤养分区域特点和分区状况，以期为湘西州烟区土壤养分分区管理提供科学参考。

### 一、材料与方法

#### （一）区域自然概况

湘西州位于湖南省西北部，是湖南省烟草种植大州，位于东经109°10′～110°22.5′，北纬27°44.5′～29°38′，地处湘、鄂、黔、渝4个省市交界处。湘西州地貌形态的总体轮廓是以山原山地为主，兼有丘陵和小平原，并向西北突出的弧形山区地貌。湘西州属亚热带季风湿润气候，具有明显的大陆性气候特征，四季分明，水热同季，降水充沛。年均降水量1 300～1 500mm，年平均气温 12～16℃，7月平均气温 24～27℃，1月平均气温 1.7～4.3℃，无霜期达 240~288d。土壤类型主要有黄壤、黄棕壤及紫砂壤等。

（二）样品采集与分析

2015 年 3 月，采用 GPS 技术在湘西州 7 个植烟县的基本烟田进行定点取样，共取样 1 242 个。采用五点取样法或"W"形取样法进行取样，随后用四分法保留大约 1kg 土样带回实验室进行检测。取回的土壤样品经风干、研磨及过筛后，进行土壤养分含量测定。土壤有机质采用重铬酸钾-硫酸法；土壤全氮采用半微量凯氏法；土壤碱解氮采用碱解扩散法；土壤有效磷采用碳酸氢钠钼蓝比色法；土壤速效钾采用乙酸铵浸提-火焰光度计法。具体测定方法参照《土壤农业化学分析方法》。

（三）评价标准

参照前人的研究结果，并结合当地实际情况，制定了湘西州烟区养分指标的评价标准，见表 3-1。

表 3-1　植烟土壤养分评价标准

| 项 目 | 级 别 | | | | |
|---|---|---|---|---|---|
| | 极低 | 低 | 中等（适宜） | 高 | 极高 |
| 有机质（旱土）（g/kg） | <10 | 10~15 | 15~25 | 25~35 | >35 |
| 全氮（g/kg） | <0.5 | 0.5~1.0 | 1.0~2.0 | 2.0~3.0 | >3.0 |
| 碱解氮（mg/kg） | <60 | 60~110 | 110~180 | 180~240 | >240 |
| 有效磷（mg/kg） | <5 | 5~10 | 10~20 | 20~30 | >30 |
| 速效钾（mg/kg） | <80 | 80~160 | 160~240 | 240~350 | >350 |

（四）数据分析

模糊 $c$ 均值聚类（FCM）是用隶属度确定每个数据点属于某个类别程度的一种非监督的聚类方法，在土壤、地形和遥感等数据的分类中应用较多。聚类过程引入模糊性能指数（FPI）和归一化分类熵（NCE）2 项参数对农田管理分区数（模糊类别数）进行定量化表达和聚类有效性检验。具体计算公式如下：

$$FPI = 1 - \frac{c}{(c-1)}\left[1 - \sum_{k=1}^{n}\sum_{i=1}^{c}\frac{(u_{ik})^2}{n}\right]$$

$$NCE = \frac{1}{c-n}\left[\sum_{k=1}^{n}\sum_{i=1}^{c}u_{ik}\log_a(u_{ik})\right]$$

FPI 数值在 0 到 1 之间。FPI 越小，表示聚类时共用数据少，类别划分越明显，聚类效果越好。NCE 越小则模糊 $c$ 分区的分解量越大，分类效果越好。FPI 和 NCE 同时达到最小值时的聚类数为最佳分类数。

模糊 $c$-均值聚类在 Matlab 软件中完成。多元统计分析利用 SPSS 19.0 软件完成。

## 二、结果与分析

### （一）植烟土壤养分指标描述性统计

湘西州植烟土壤主要养分含量基本特征如表 3-2 所示。从土壤养分含量均值来看，土壤有机质、全氮、碱解氮、有效磷和速效钾含量均值分别为 28.55g/kg、1.72g/kg、147.01mg/kg、38.15mg/kg 和 219.34mg/kg，其中有机质含量偏高，全氮、碱解氮和速效钾含量均为中等水平，有效磷含量极高；从土壤养分含量的标准差和变化范围来看，各指标的含量变化幅度较大，最小值与最大值相差极大；从变异系数来看，各项养分指标的变异系数在 30%~100%，均为中等变异。各项养分指标通过 K-S 检验、峰度检验和偏度检验表明，有机质、全氮、碱解氮和速效钾服从正态分布，有效磷经对数转换后服从正态分布。

表 3-2 土壤主要养分描述性统计

| 指标 | 样本数 | 平均数 | 标准差 | 变异系数（%） | 最小值 | 最大值 |
|---|---|---|---|---|---|---|
| 有机质（g/kg） | 1 242 | 28.55 | 10.68 | 37.42 | 3.73 | 91.30 |
| 全氮（g/kg） | 1 242 | 1.72 | 0.61 | 35.48 | 0.36 | 4.47 |
| 碱解氮（mg/kg） | 1 242 | 147.01 | 44.49 | 30.26 | 29.70 | 366.80 |
| 有效磷（mg/kg） | 1 242 | 38.15 | 34.36 | 90.06 | 0.84 | 234.00 |
| 速效钾（mg/kg） | 1 242 | 219.34 | 147.44 | 67.22 | 28.00 | 1 296.90 |

### （二）植烟土壤养分指标相关性分析

土壤养分指标的相关分析结果见表 3-3，表中各养分指标均相互呈极显著正相关关系，选取有机质、全氮、碱解氮、有效磷和速效钾作为养分管理分区指标。

表 3-3　土壤主要养分的相关分析

| 指标 | 有机质<br>（g/kg） | 全氮<br>（g/kg） | 碱解氮<br>（mg/kg） | 有效磷<br>（mg/kg） | 速效钾<br>（mg/kg） |
|------|------|------|------|------|------|
| 有机质 | 1 | | | | |
| 全氮 | 0.749** | 1 | | | |
| 碱解氮 | 0.712** | 0.600** | 1 | | |
| 有效磷 | 0.206** | 0.153** | 0.267** | 1 | |
| 速效钾 | 0.129** | 0.156** | 0.139** | 0.564** | 1 |

注：** 表示在 0.01 水平（双侧）上显著相关。

### （三）湘西植烟土壤肥力分区

利用 Matlab 软件对土壤养分数据进行模糊 $c$ 均值聚类分析，运算参数设置如下：最大迭代次数为 300，收敛阈值为 0.000 1，模糊指数为 1.30，最大分区数为 6，最小分区数为 2，NCE 和 FPI 同时达到较小值时的分区数为最佳分区数。图 3-1 的 NCE 和 FPI 在分区数为 3 个时都同时达到较小值，研究区的最佳分区数为 3 个。考虑到分区的连续性、行政区域的完整性和实际种植情况，获得湘西州植烟土壤养分管理分区图（图 3-2）。各分区所包括的乡镇见表 3-4，进一步对分区结果进行验证，以分区为单位对各养分指标进行统计，结果见表 3-5，18 项主要养分指标中的 11 项在分区间差异达显著或极显著水平，表明分区合理有效。第一分区的特点是适氮、超高磷、高钾，第二分区的特点是适氮、适磷、低钾，第三分区的特点是适氮、高磷、钾素适宜。

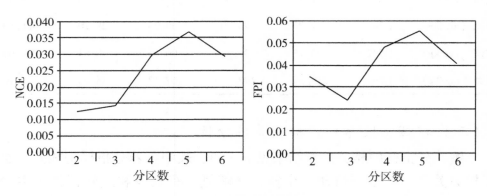

图 3-1　评价指标随分区数的变化

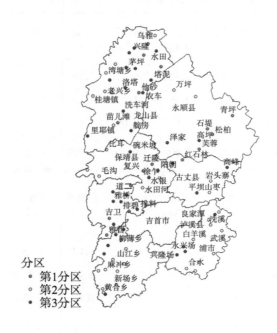

分区
- 第1分区
○ 第2分区
● 第3分区

**图3-2　土壤肥力分区示意图**

**表3-4　各分区所包括乡镇及土壤肥力特点**

| 分区 | 包括乡镇 | 特点 |
|---|---|---|
| 第一分区 | 长乐、茨岩塘、大安、芙蓉、复兴、禾库乡、红石林、吉卫、猛必、苗儿滩、排碧、迁陵、青坪、石堤、松柏、他砂、雅西 | 适氮、超高磷、高钾、镁丰富、硫过高、锌过高、硼丰富 |
| 第二分区 | 阿拉镇、白羊溪、比耳、茨岩乡、达岚、都里乡、桂塘镇、合水、河蓬、黄合乡、吉信镇、贾坝乡、贾市乡、老兴乡、良家潭、落潮井乡、麻冲乡、毛沟、浦市、千工坪乡、山江乡、山枣、石榴坪、水田河、涂乍、湾塘乡、万坪、乌鸦、武溪、洗洛乡、洗溪、新场乡、岩头寨、野竹坪 | 适氮、适磷、低钾、镁适宜、硫适宜、锌丰富、硼中等 |
| 第三分区 | 八什坪、补抽、茶田乡、道二、靛房、董马库、断龙、高峰、高坪、红岩溪、花垣、腊尔山乡、里耶镇、两林乡、柳薄乡、洛塔、麻栗场、茅坪、米良乡、农车、排料、平坝、水田、水银、塔泥、桶车、碗米坡、洗车河、小章乡、兴隆、兴隆场、雅桥、阳朝、永兴场、泽家、召市镇 | 适氮、高磷、适钾、镁丰富、硫丰富、锌丰富、硼中等 |

表3-5　植烟土壤养分分区统计和多重比较

| 所属分区 | pH值（水） | 有机质（g/kg） | 碱解氮（mg/kg） | 有效磷（mg/kg） | 速效钾（mg/kg） | 全氮（g/kg） | 全磷（g/kg） | 全钾（g/kg） | 交换性钙[cmol(1/2Ca)/kg] |
|---|---|---|---|---|---|---|---|---|---|
| 1 | 6.06 | 29.67 | 152.67 | 54.60 | 290.32 | 1.79 | 0.88 | 18.88 | 10.35 |
| 2 | 6.19 | 24.27 | 131.01 | 20.05 | 111.26 | 1.40 | 0.58 | 20.76 | 10.89 |
| 3 | 6.06 | 27.93 | 147.52 | 34.61 | 194.05 | 1.67 | 0.72 | 19.86 | 9.85 |
| 差异显著性（P值） | 0.695 | 0.005 | 0.013 | 0.000 | 0.000 | 0.002 | 0.000 | 0.472 | 0.585 |

| 所属分区 | 交换性镁[cmol(1/2Mg)/kg] | 有效铁（mg/kg） | 有效锰（mg/kg） | 有效铜（mg/kg） | 有效锌（mg/kg） | 有效硼（mg/kg） | 有效钼（mg/kg） | 有效硫（mg/kg） | 阳离子交换量[cmol(+)/kg] |
|---|---|---|---|---|---|---|---|---|---|
| 1 | 2.04 | 71.30 | 46.63 | 1.69 | 5.06 | 0.83 | 0.15 | 43.49 | 19.93 |
| 2 | 1.35 | 91.57 | 20.07 | 2.36 | 2.40 | 0.42 | 0.19 | 17.49 | 16.51 |
| 3 | 1.64 | 74.06 | 40.35 | 2.05 | 3.20 | 0.60 | 0.23 | 30.68 | 18.62 |
| 差异显著性（P值） | 0.054 | 0.181 | 0.000 | 0.133 | 0.001 | 0.000 | 0.063 | 0.000 | 0.005 |

## 三、小结

采用模糊 $c$ 均值聚类法，对湘西州植烟土壤肥力指标进行分区，结果表明：湘西州植烟土壤按肥力高低可分为 3 个分区，各分区特点：第一分区的特点是适氮、超高磷、高钾；第二分区的特点是适氮、适磷、低钾；第三分区的特点是适氮、高磷、钾素适宜。18 项主要养分指标中的 11 项在分区间差异达显著或极显著水平，表明肥力分区合理有效。

由于湘西州烟区地形地貌复杂，海拔落差较大，因而形成包含完整县域行政区域的有效分区较难实现，因而在本次分区过程中，以乡镇为单位进行分区，不考虑分区的连续性和县域行政区域的完整性，虽分区的工作量加大，但对于烤烟养分管理无疑更具指导意义。

## 第二节　基于 DRIS 法的烤烟营养诊断研究

营养诊断与施肥建议综合法（DRIS）是由南非研究者 Beaufils 提出的一种植物营养诊断方法，此法能够反映出各种营养元素的丰缺状况和需求次序，不仅能诊断限制植物产量的营养元素，而且还可指出营养元素间的平衡状况及需求程度，且判定结果不受叶龄、叶位的限制，可以避免仅凭某一种或几种元素含量的高低做出丰缺判断的片面性。DRIS 法在植物营养诊断上比传统的临界值法具有更大的优越性。鉴于此，本研究利用 DRIS 营养诊断技术，通过对湘西州烤烟叶片养分含量的测定和相关性分析，为平衡施肥、增加烤烟产量、改善烟叶品质提供依据。

## 一、材料与方法

### （一）试验地点与供试材料

本试验在湖南省湘西自治州花垣县道二植烟乡镇开展。试验材料为云烟 87。

### （二）试验设计

根据株高、叶片数等田间长势指标，在每个植烟县分别选取无病虫害的 9 个低产田块和 9 个高产植烟田块（种植株行距为 50cm×120cm，每个田块均记录面积，经纬度信息、海拔信息，拍摄圆顶期长相，并于烟叶采烤结束后采集田块土样）。

### （三）样品的采集与元素测定

叶片样品于烟叶种植后的 60~70d（圆顶期）进行采集，在每块田地采摘 25 片左右烟叶（选择长势尽量相同的烟株烟叶进行采摘），采摘回来的烟叶测量单叶重、叶长、叶宽，之后将烟叶烘干，利用粉碎机磨成粉后带回实验室进行相关元素的测定与分析。

烤后烟叶样品经 $H_2SO_4$-$H_2O_2$ 消解后，氮含量采用凯氏定氮法测定，磷含量采用钒钼黄比色法测定，钾含量采用火焰光度计法测定；用 $HNO_3$-$HClO_4$ 消解后，利用等离子光谱仪（ICP）测定 Ca、Mg、Fe、Mn、Cu、Zn；用 $HNO_3$-$HClO_4$ 消解后，采用甲亚胺比色法测定 B；采用分光度法测定钼；采用离子色谱法测定氯。

### （四）数据分析

DRIS 指数是表示植物某一营养元素的需要程度。负指数表示植物需要这一元素，负指数的绝对值越大表示需要程度越大；相反，正指数越大表示植物对这一营养元素需要程度越小，或不需要，甚至过剩，当指数为零或接近于零时，则表明该元素与其他元素处于相对平衡之中，但并不一定表明不需要它。当元素间的相对平衡因施肥或其他因素的影响而受到破坏时，该元素的 DRIS 指数就会向正或负的方向发展，所有元素的指数绝对值的代数和愈大，则说明元素之间愈不平衡。被诊断的所有元素的 DRIS 指数的代数和应为零。采用 SPSS 和 Excel 软件，对相关数据进行处理和统计分析。

## 二、结果分析

### （一）DRIS 指数法计算方法

偏函数 $f(X/Y)$ 表示 $(X/Y)_{低}$ 偏离 $(X/Y)_{高}$ 的程度。其表达公式为：

$$f(X/Y) = \left[(X/Y)_{低}/(X/Y)_{高}-1\right] \times 1000/C.V., \quad (X/Y)_{低} \geqslant (X/Y)_{高}$$
$$(3-3)$$

$$f(X/Y) = \left[1-(X/Y)_{高}/(X/Y)_{低}\right] \times 1000/C.V., \quad (X/Y)_{低} < (X/Y)_{高}$$
$$(3-4)$$

式中：$X$、$Y$ 为任意 2 种养分浓度；$(X/Y)_{低}$ 和 $(X/Y)_{高}$ 分别为低产组和高产组烟叶叶片 $X$、$Y$ 养分浓度比值；$f(X/Y)$ 为偏函数；$C.V.$ 为 $(X/Y)$ 高的变异系数。DRIS 指数表示作物对某一营养元素的需求强度。$X$ 指数若考察的元素为 $X/Y$ 中的 $X$ 时，取 $f(X/Y)$，若考察的元素为 $X/Y$ 中的 $Y$ 时，取 $-f(X/Y)$，则 $X$ 指数表达公式为：$X$ 指数 $= \left[f(X/A) + f(X/B) + \cdots -f(H/X) -f(I/X) \cdots\right]/n$；式中：$n$ 为偏函数 $f()$ 的个数，$A$、$B$、$H$、$I\cdots$ 为所考察的元素。所有元素 DRIS 指数绝对值的代数和称为养分不平衡指数，用 NII 表示（NII 为各 DRIS 指数绝对值之和），NII 越大，说明烟株营养元素间越不平衡。

### （二）烟叶 DRIS 营养诊断指标体系建立

1. 不同表现形式的参数统计检验

本研究对湖南省湘西州花垣县 9 块高产田地和 9 块低产田地圆顶期烟叶叶片 N、P、K、Cu、Zn、Fe、Mn、Ca、Mg、Mo、S、B、Cl 元素含量进行测定，对每种不同的元素计算两两相互比值，如 N/P、N/K、N/Cu⋯Cl/B 等共 156 种形式，并求出其平均值、标准差、变异系数、方差、低产组与高产组的方差比。同时每组参数（如 N/P、P/N）选择低产组与高产组的方差比较大的一项作为其中的重要参数。此时高产组叶片的平均含量为最佳养分含量比例。通过计算，得到了湖南湘西州花垣烟叶 DRIS 诊断的重要参数（表 3-6）。

从表 3-6 可以看出，通过计算，选择方差比较大的比值作为重要参数，共选出如下 78 种形式。大部分表现形式的变异系数表现出高产组>低产组，说明不同元素浓度的平衡度高产组比低产组要低。统计分析表明，N、P、K、Fe、Mn、Ca、S、B 元素浓度表现出高产组＞低产组，Cu、Zn、Mg、Mo、Cl 元素浓度表现出高产组＜低产组。

表 3-6　高产组和低产组 DRIS 诊断参数

| 养分形式 | 低产组 | | | | 高产组 | | | | 方差比 |
|---|---|---|---|---|---|---|---|---|---|
| | 平均值 | 标准差 | 变异系数 | 方差 | 平均值 | 标准差 | 变异系数 | 方差 | |
| N | 18.70 | 4.37 | 0.230 | 19.12 | 20.04 | 5.54 | 0.277 | 30.91 | 0.62 |
| P | 2.259 | 0.96 | 0.425 | 0.922 | 2.64 | 1.31 | 0.50 | 1.72 | 0.54 |
| K | 16.63 | 4.28 | 0.250 | 18.39 | 17.30 | 6.07 | 0.35 | 36.87 | 0.49 |
| Cu | 14.16 | 3.59 | 0.253 | 12.86 | 13.20 | 2.325 | 0.176 | 5.405 | 2.37 |
| Zn | 34.42 | 9.67 | 0.281 | 93.41 | 32.00 | 9.68 | 0.302 5 | 93.7 | 0.99 |
| Fe | 45.60 | 14.12 | 0.309 | 199.486 | 72.61 | 47.009 | 0.006 | 47.009 | 4.24 |
| Mn | 93.39 | 56.83 | 0.610 | 3 230.00 | 170.75 | 197.45 | 1.156 | 38 986.5 | 0.082 |
| Ca | 11.64 | 1.69 | 0.145 | 2.86 | 13.21 | 2.22 | 0.168 | 4.92 | 0.58 |
| Mg | 0.81 | 0.065 | 0.080 | 0.004 | 0.743 4 | 0.182 | 0.245 | 0.033 | 0.121 |
| Mo | 0.87 | 0.212 | 0.243 | 0.044 9 | 0.83 | 0.186 | 0.224 | 0.034 | 1.32 |
| S | 74.86 | 6.76 | 0.090 | 45.72 | 78.43 | 6.89 | 0.078 9 | 47.56 | 0.96 |
| B | 16.34 | 2.10 | 0.128 | 4.41 | 18.07 | 2.68 | 0.148 | 7.18 | 0.61 |
| Cl | 55.72 | 17.63 | 0.316 | 310.96 | 55.17 | 18.50 | 0.335 | 342.25 | 0.91 |
| N/K | 1.16 | 0.25 | 0.220 | 0.066 | 1.20 | 0.353 | 0.294 | 0.125 | 0.528 |
| N/Mn | 0.23 | 0.072 | 0.315 | 0.000 5 | 0.20 | 0.073 | 0.362 | 0.005 | 1.00 |
| N/Ca | 1.64 | 0.43 | 0.260 | 0.185 | 1.50 | 0.378 | 0.251 | 0.143 | 1.29 |
| N/Mo | 22.27 | 6.15 | 0.276 | 37.81 | 20.00 | 4.11 | 0.21 | 16.89 | 2.23 |
| P/N | 0.13 | 0.07 | 0.560 | 0.005 | 0.14 | 0.09 | 0.64 | 0.01 | 0.50 |
| K/P | 9.47 | 6.56 | 0.690 | 43.03 | 7.51 | 2.60 | 0.346 | 6.76 | 6.36 |
| K/Mn | 0.21 | 0.08 | 0.380 | 0.006 4 | 0.167 | 0.133 | 0.795 | 0.017 | 0.376 |
| Cu/N | 0.78 | 0.18 | 0.234 | 0.033 | 0.70 | 0.106 | 0.156 | 0.011 | 3.00 |
| Cu//P | 8.68 | 7.05 | 0.810 | 49.70 | 6.32 | 3.14 | 0.49 | 9.85 | 5.05 |
| Cu/K | 0.89 | 0.29 | 0.330 | 0.08 | 0.826 | 0.237 | 0.287 | 0.056 | 1.43 |
| Cu/Fe | 0.34 | 0.127 | 0.373 | 0.016 | 0.30 | 0.203 | 0.677 | 0.041 | 0.39 |
| Cu/Mn | 0.17 | 0.057 | 0.336 | 0.003 2 | 0.10 | 0.057 | 0.571 | 0.003 | 1.07 |
| Cu/Ca | 1.25 | 0.37 | 0.295 | 0.136 | 1.00 | 0.239 9 | 0.239 | 0.057 | 2.38 |

（续表）

| 养分形式 | 低产组 | | | | 高产组 | | | | 方差比 |
|---|---|---|---|---|---|---|---|---|---|
| | 平均值 | 标准差 | 变异系数 | 方差 | 平均值 | 标准差 | 变异系数 | 方差 | |
| Cu/Mo | 16.53 | 2.89 | 0.175 | 8.404 | 16.479 | 2.69 | 0.164 | 7.285 | 1.15 |
| Cu/S | 0.19 | 0.055 | 0.29 | 0.003 | 0.169 | 0.032 | 0.189 | 0.001 | 3.00 |
| Cu/B | 0.89 | 0.256 | 0.288 | 0.065 | 0.752 | 0.192 | 0.255 | 0.036 | 1.81 |
| Cu/Cl | 0.29 | 0.146 | 0.506 | 0.021 | 0.277 | 0.127 | 0.46 | 0.016 | 1.31 |
| Zn/N | 1.87 | 0.393 | 0.21 | 0.154 | 1.60 | 0.265 | 0.165 | 0.07 | 2.20 |
| Zn/P | 21.06 | 18.68 | 0.89 | 348.94 | 14.95 | 7.06 | 0.47 | 49.84 | 7.00 |
| Zn/K | 2.15 | 0.61 | 0.29 | 0.38 | 1.93 | 0.53 | 0.27 | 0.281 | 1.35 |
| Zn/Cu | 1.47 | 0.45 | 0.307 | 0.205 | 2.40 | 0.536 | 0.223 | 0.287 | 0.714 |
| Zn/Fe | 0.81 | 0.267 | 0.33 | 0.07 | 0.70 | 0.546 | 0.779 | 0.298 | 0.234 |
| Zn/Mn | 0.42 | 0.126 | 0.3008 | 0.0158 | 0.3 | 0.114 | 0.383 | 0.0129 | 1.22 |
| Zn/Ca | 3.00 | 0.856 | 0.285 | 0.732 | 2.40 | 0.57 | 0.238 | 0.325 | 2.25 |
| Zn/Mo | 39.37 | 2.223 | 0.056 | 4.94 | 39.085 | 2.75 | 0.07 | 7.56 | 0.65 |
| Zn/B | 2.14 | 0.643 | 0.3006 | 0.413 | 1.79 | 0.531 | 0.295 | 0.282 | 1.46 |
| Fe/N | 2.52 | 0.94 | 0.373 | 0.884 | 3.80 | 3.005 | 0.791 | 0.03 | 29.47 |
| Fe/P | 25.58 | 17.51 | 0.68 | 306.00 | 34.24 | 28.92 | 0.84 | 836.00 | 0.36 |
| Fe/K | 2.87 | 1.07 | 0.37 | 1.14 | 4.69 | 3.62 | 0.442 | 13.10 | 0.087 |
| Fe/Mn | 0.57 | 0.23 | 0.403 | 0.0529 | 2.03 | 0.35 | 0.171 | 0.12 | 0.44 |
| Mn/P | 63.12 | 81.80 | 1.30 | 6691.00 | 74.87 | 75.75 | 1.01 | 5738.00 | 1.16 |
| Ca/P | 6.77 | 4.74 | 0.70 | 22.47 | 6.25 | 2.80 | 0.44 | 7.84 | 2.86 |
| Ca/K | 0.75 | 0.21 | 0.28 | 0.044 | 0.836 | 0.244 | 0.292 | 0.059 | 0.745 |
| Ca/Fe | 0.27 | 0.07 | 0.27 | 0.0049 | 0.30 | 0.152 | 0.507 | 0.023 | 0.213 |
| Ca/Mn | 0.15 | 0.045 | 0.306 | 0.002 | 0.10 | 0.043 | 0.425 | 0.0018 | 1.11 |
| Ca/Mo | 14.28 | 4.83 | 0.338 | 23.30 | 16.37 | 3.26 | 0.19 | 10.64 | 2.189 |
| Mg/N | 0.05 | 0.01 | 0.22 | 0.0001 | 0.04 | 0.01 | 0.35 | 0.0001 | 1.00 |
| Mg/P | 0.46 | 0.28 | 0.59 | 0.078 | 0.356 | 0.201 | 0.564 | 0.04 | 1.95 |
| Mg/K | 0.052 | 0.014 | 0.27 | 0.0002 | 0.047 | 0.016 | 0.348 | 0.002 | 1.00 |
| Mg/Cu | 0.06 | 0.0168 | 0.282 | 0.000282 | 0.05 | 0.02 | 0.35 | 0.0001 | 2.82 |
| Mg/Zn | 0.03 | 0.008 | 0.266 | 0.000064 | 0.058 | 0.02 | 0.33 | 0.00008 | 0.08 |
| Mg/Fe | 0.02 | 0.006 | 0.308 | 0.000036 | 0.02 | 0.02 | 0.83 | 0.0002 | 0.18 |
| Mg/Mn | 0.0104 | 0.003 | 0.288 | 0.000009 | 0.007 | 0.003 | 0.48 | 0.000009 | 1.00 |

（续表）

| 养分形式 | 低产组 | | | | 高产组 | | | | 方差比 |
|---|---|---|---|---|---|---|---|---|---|
| | 平均值 | 标准差 | 变异系数 | 方差 | 平均值 | 标准差 | 变异系数 | 方差 | |
| Mg/Ca | 0.072 | 0.015 | 0.218 | 0.000 225 | 0.059 | 0.019 | 0.33 | 0.0003 | 0.75 |
| Mg/Mo | 1.008 | 0.341 | 0.337 | 0.116 | 0.014 | 0.005 | 0.40 | 0.000 003 | 38 666 |
| Mg/S | 0.011 | 0.001 59 | 0.145 | 0.000 001 | 0.009 | 0.002 | 0.20 | 0.000 006 | 0.17 |
| Mg/B | 0.050 6 | 0.008 | 0.158 | 0.000 064 | 0.04 | 0.01 | 0.31 | 0.000 1 | 0.64 |
| Mg/Cl | 0.015 9 | 0.004 4 | 0.76 | 0.000 016 | 0.015 | 0.005 | 0.38 | 0.000 02 | 0.80 |
| Mo/P | 0.52 | 0.43 | 0.83 | 0.18 | 0.378 | 0.20 | 0.50 | 0.04 | 4.50 |
| Mo/K | 0.055 | 0.015 | 0.27 | 0.000 23 | 0.049 | 0.017 | 0.35 | 0.000 29 | 0.79 |
| Mo/Fe | 0.020 4 | 0.006 5 | 0.321 | 0.000 036 | 0.015 | 0.01 | 0.72 | 0.000 1 | 0.36 |
| Mo/Mn | 0.010 7 | 0.003 | 0.28 | 0.000 009 | 0.006 | 0.003 | 0.48 | 0.000 009 | 1.00 |
| S/N | 4.23 | 1.08 | 0.258 | 1.166 | 4.14 | 0.89 | 0.22 | 0.79 | 1.48 |
| S/P | 42.97 | 27.45 | 0.64 | 753.00 | 37.07 | 17.20 | 0.464 | 295.00 | 2.55 |
| S/K | 4.80 | 1.25 | 0.26 | 1.56 | 4.96 | 1.35 | 0.27 | 1.82 | 0.857 |
| S/Zn | 2.35 | 0.723 7 | 0.307 | 0.524 | 2.62 | 0.504 | 0.19 | 0.25 | 2.096 |
| S/Fe | 1.79 | 0.54 | 0.30 | 0.29 | 1.66 | 1.18 | 0.71 | 1.38 | 0.21 |
| S/Mn | 0.956 | 0.282 | 0.295 | 0.079 | 0.73 | 0.29 | 0.39 | 0.08 | 0.987 |
| S/Ca | 6.52 | 0.749 | 0.115 | 0.561 | 6.05 | 0.88 | 0.15 | 0.77 | 0.728 |
| S/Mo | 92.29 | 29.81 | 0.323 | 888.63 | 98.86 | 20.63 | 0.24 | 425.00 | 2.09 |
| S/B | 4.63 | 0.562 | 0.121 | 0.315 | 4.42 | 0.66 | 0.15 | 0.44 | 0.716 |
| B/N | 0.90 | 0.234 | 0.26 | 0.054 | 0.96 | 0.28 | 0.29 | 0.07 | 0.77 |
| B/P | 9.42 | 6.05 | 0.64 | 36.60 | 8.68 | 4.20 | 48.00 | 17.64 | 2.07 |
| B/K | 1.05 | 0.295 | 0.28 | 0.09 | 1.156 | 0.36 | 0.31 | 0.129 | 0.697 |
| B/Fe | 0.39 | 0.114 | 0.293 | 0.012 9 | 0.36 | 0.24 | 0.65 | 0.05 | 0.258 |
| B/Mn | 0.21 | 0.064 | 0.306 | 0.000 4 | 0.166 | 0.01 | 0.40 | 0.000 2 | 2.00 |
| B/Ca | 1.42 | 0.164 | 0.115 | 0.026 | 1.37 | 0.13 | 0.09 | 0.01 | 2.60 |
| B/Mo | 20.32 | 8.09 | 0.398 | 65.45 | 22.73 | 5.89 | 0.26 | 34.60 | 1.89 |
| B/Cl | 0.32 | 0.09 | 0.28 | 0.081 | 0.36 | 0.12 | 0.34 | 0.01 | 8.10 |
| Cl/N | 3.26 | 1.76 | 0.54 | 3.09 | 3.06 | 1.49 | 0.49 | 2.22 | 1.39 |
| Cl/P | 32.16 | 21.38 | 0.66 | 457.00 | 28.71 | 21.28 | 0.74 | 452.00 | 1.01 |
| Cl/K | 3.67 | 1.95 | 0.53 | 3.80 | 3.66 | 1.82 | 0.49 | 3.32 | 1.14 |
| Cl/Zn | 1.83 | 0.97 | 0.53 | 0.95 | 1.98 | 1.08 | 0.55 | 1.16 | 0.818 |
| Cl/Fe | 1.41 | 0.85 | 0.609 | 0.736 | 1.22 | 1.09 | 0.89 | 1.18 | 0.623 |
| Cl/Mn | 0.726 | 0.32 | 0.441 | 0.102 | 0.57 | 0.33 | 0.59 | 0.11 | 0.927 |

（续表）

| 养分形式 | 低产组 | | | | 高产组 | | | | 方差比 |
|---|---|---|---|---|---|---|---|---|---|
| | 平均值 | 标准差 | 变异系数 | 方差 | 平均值 | 标准差 | 变异系数 | 方差 | |
| Cl/Ca | 4.97 | 2.02 | 0.406 | 4.08 | 4.30 | 1.61 | 0.37 | 2.59 | 1.575 |
| Cl/Mo | 71.98 | 39.76 | 0.55 | 1 580.8 | 73.21 | 40.70 | 0.55 | 1 663.00 | 0.95 |
| Cl/S | 0.75 | 0.254 | 0.338 | 0.064 | 0.71 | 0.26 | 0.37 | 0.067 | 0.955 |

注：N、P、K、Ca、Mg 单位为 g/kg，Cu、Zn、Fe、Mn、Mo、S、B、Cl 单位为 mg/kg。

### 2. 叶片营养的 DRIS 诊断

DRIS 诊断法可以判断元素比值的最佳平衡比例，通过式（3-3）、式（3-4）结合 DRIS 高产组和低产组 DRIS 诊断参数（表 3-6），计算出单偏离程度函数 $f(X/Y)$ 统计（表 3-7）和叶片养分 DRIS 诊断指数及施肥顺序（表 3-8）。由表 3-7 可知，选出的 78 种重要参数中，$f(X/Y)$ 为正值的有 56 种，$f(X/Y)$ 为负值的有 22 种。说明施用的肥料中不仅有施用肥料量过多，也有施用肥料量过少。$f(X/Y)$ 越接近与 0，表明该元素与其他元素越处于相对平衡。

由表 3-8 可以看出，试验地烟叶不平衡指数（NII）为 39 690.67，说明烟叶之间营养元素肥料施用非常不平衡，烟叶需肥顺序为 Mn>Mo>Fe>Ca>B>P>S>N>Cl>K>Cu>Zn>Mg，Mn、Mo、Fe、Ca、B、P、S 元素含量相对缺乏，N、Cl、K、Cu、Zn、Mg 元素含量相对充足。叶片 DRIS 诊断指数表明，Mn 的负值最大，为 -14 481，说明 Mn 元素极其缺乏，是产量增长的主要限制因素，Mo、Fe、Ca、B、P、S 的值均小于 0，说明这些元素都比较缺乏；Mg 的正值最大，为 18 556，说明 Mg 元素含量极其充足，N、Cl、K、Cu、Zn 均大于 0，说明烟叶中这些营养元素都比较充沛。因此，应该注重 Mo、Fe、Ca、B、P、S 这些元素的补充，同时也要注重其他营养元素的比率平衡。S 的值为 -1.498，是最接近于 0 的元素，与其他营养元素处于相对平衡状态。其余的营养元素都位于 0 的两边，有些值甚至相差很大，所以需要协调施肥，不然营养过剩反而会对烟叶产生毒害作用。

表 3-7　单偏离程度函数 $f(X/Y)$ 统计

| 比值参数 | $f(X/Y)$ | 比值参数 | $f(X/Y)$ | 比值参数 | $f(X/Y)$ | 比值参数 | $f(X/Y)$ |
|---|---|---|---|---|---|---|---|
| N/K | −66.313 | Zn/Cu | 2 288.28 | Mg/Zn | 437.06 | S/B | 303.68 |
| N/Mn | 414.364 6 | Zn/Fe | 201.72 | Mg/Fe | 210.33 | B/N | −225.22 |
| N/Ca | 371.85 | Zn/Mn | 1 044.38 | Mg/Mn | 25 325.00 | B/P | 1.776 |

（续表）

| 比值参数 | $f(X/Y)$ | 比值参数 | $f(X/Y)$ | 比值参数 | $f(X/Y)$ | 比值参数 | $f(X/Y)$ |
|---|---|---|---|---|---|---|---|
| N/Mo | 540.48 | Zn/Ca | 1 050.42 | Mg/Ca | 669.72 | B/K | −325.65 |
| P/N | −120.292 | Zn/Mo | 106.01 | Mg/Mo | 174 622.00 | B/Fe | −839.09 |
| K/P | 754.29 | Zn/B | 1142.53 | Mg/S | 320.87 | B/Mn | 510.77 |
| K/Mn | 338.94 | Fe/N | −1 558.44 | Mg/B | 636.07 | B/Ca | 326.98 |
| Cu/N | 732.60 | Fe/P | −400.18 | Mg/Cl | 228.52 | B/Mo | −467.42 |
| Cu//P | −762.07 | Fe/K | −1 434.72 | Mo/P | 751.32 | B/Cl | −365.49 |
| Cu/K | 732.60 | Fe/Mn | −15 020.00 | Mo/K | 349.85 | Cl/N | 134.21 |
| Cu/Fe | 262.98 | Mn/P | −330.06 | Mo/Fe | 365.64 | Cl/P | 191.41 |
| Cu/Mn | 1 225.90 | Ca/P | 189.09 | Mo/Mn | 142 700.00 | Cl/K | −252.57 |
| Cu/Ca | 1 046.02 | Ca/K | −392.69 | S/N | 101.11 | Cl/Zn | −149.03 |
| Cu/Mo | 22.21 | Ca/Fe | −219.15 | S/P | 343.01 | Cl/Fe | 173.81 |
| Cu/S | 657.46 | Ca/Mn | 1 176.47 | S/K | −123.45 | Cl/Mn | 471.47 |
| Cu/B | 719.65 | Ca/Mo | −735.47 | S/Zn | −597.47 | Cl/Ca | 415.50 |
| Cu/Cl | 102.02 | Mg/N | 712.25 | S/Fe | 110.61 | Cl/Mo | −31.07 |
| Zn/N | 1 022.72 | Mg/P | 550.95 | S/Mn | 784.36 | Cl/S | 153.51 |
| Zn/P | 869.56 | Mg/K | 305.69 | S/Ca | 535.76 | | |
| Zn/K | 422.18 | Mg/Cu | 104.17 | S/Mo | −342.25 | | |

**表 3-8　叶片养分 DRIS 诊断指数及施肥顺序**

| N | P | K | Cu | Zn | Fe | Mn | Ca | Mg | Mo | S | B | Cl | NII 指数 |
|---|---|---|---|---|---|---|---|---|---|---|---|---|---|
| 41.94 | −207.21 | 167.62 | 198.26 | 768.84 | −1 698.19 | −14 481 | −399.81 | 18 556 | −2 686 | −1.498 | −380.47 | 103.83 | 39 690.67 |

需肥顺序：Mn>Mo>Fe>Ca>B>P>S>N>Cl>K>Cu>Zn>Mg

3. 烟叶叶片营养诊断的临界标准

为矫正烟叶营养元素的缺失，本书将营养诊断的标准浓度分为 5 个等级，分别为：过剩↑、偏高↗、平衡→、偏低↘、缺乏↓，将高产组叶片各营养元素含量平均值与标准差相结合，综合判断油茶叶片养分的分级标准。以高产组油茶叶片营养元素 DRIS 诊断平均值作为平衡指标，则营养诊断的标准浓度的计算公式均可用（式 3-5）表示：

偏高值＝平衡值+4/3 标准差

过剩值＝平衡值+8/3 标准差

偏低值＝平衡值–4/3 标准差

缺乏值＝平衡值–8/3 标准差

DRIS 营养诊断的浓度偏离±4/3 标准差为该元素相对适宜浓度范围；偏离 4/3~8/3 标准差为该元素缺乏或相对富集；偏离±8/3 标准差以上为严重缺乏或过量，极易造成缺素或毒害。烟草烟叶养分的分级标准初步拟定结果见表 3–9，各营养元素的适宜范围分别为：N 12.654 ~ 27.42g/kg、P 0.89 ~ 4.39g/kg、K 9.21 ~ 25.39g/kg、Cu 10.1 ~ 16.3mg/kg、Zn 19.1 ~ 44.9mg/kg、Fe 9.95~135.28mg/kg、Mn 170.75~434.01mg/kg、Ca 10.25 ~ 16.17g/kg、Mg 0.500~ 0.986g/kg、Mo 0.582 ~ 1.078mg/kg、S 69.24 ~ 87.62mg/kg、B 14.5~21.64mg/kg、Cl 30.5~79.84mg/kg。因此在进行肥料管理时，要注重肥料的合理搭配，科学施肥。

表 3–9　烟草叶片养分浓度 DRIS 诊断范围等级

| 等级 | N | P | K | Cu | Zn | Fe | Mn | Ca | Mg | Mo | S | B | Cl |
|---|---|---|---|---|---|---|---|---|---|---|---|---|---|
| 过剩↑ | 35.070 | 6.13 | 33.49 | 19.4 | 57.8 | 197.93 | 697.27 | 19.17 | 1.229 | 1.326 | 96.81 | 25.21 | 104.51 |
| 偏高↗ | 27.420 | 4.39 | 25.39 | 16.3 | 44.9 | 135.28 | 434.01 | 16.17 | 0.986 | 1.078 | 87.62 | 21.64 | 79.84 |
| 平衡→ | 20.040 | 2.64 | 17.30 | 13.2 | 32.0 | 72.61 | 170.75 | 13.21 | 0.7434 | 0.830 | 78.43 | 18.07 | 55.17 |
| 偏低↘ | 12.654 | 0.89 | 9.21 | 10.1 | 19.1 | 9.95 | — | 10.25 | 0.500 | 0.582 | 69.24 | 14.50 | 30.50 |
| 缺乏↓ | 5.270 | — | 1.12 | 7.0 | 6.2 | — | — | 7.29 | 0.257 | 0.334 | 60.05 | 10.93 | 5.83 |

注：N、P、K、Ca、Mg 的单位为 g/kg，Cu、Zn、Fe、Mn、Mo、S、B、Cl 的单位为 mg/kg。

## 三、结论与讨论

（1）本研究对湖南省湘西州花垣县 9 块高产和 9 块地产烟叶地烟叶叶片共 13 种元素进行了 DRIS 诊断。结果表明：与低产组相比，高产组之间的营养元素平均含量相差较大，说明烟叶的高产并不仅与肥料的施用有关，也与温度、湿度、阳光、雨水等有关系，需要综合考虑，合理施肥。湖南省湘西州花垣县烟叶叶片中 Mn、Mo、Fe、Ca、B、P、S 元素含量相对缺乏，N、Cl、K、Cu、Zn、Mg 元素含量相对充足。统计分析表明，N、P、K、Fe、Mn、Ca、S、B 元素浓度表现出高产组＞低产组，Cu、Zn、Mg、Mo、Cl 元素浓度表现出高产组＜低产组。通过对烟叶叶片的 DRIS 诊断，科学地反映出了烟叶叶片各养分的平衡状况与需肥强度。

（2）湖南省湘西州花垣县 Mn 与 Mg 含量失调最严重，其中 Mn 的负值最大，为 –14 481，说明 Mn 元素极其缺乏，是产量增长的主要限制因素；

Mg 的正值最大，为 18 556，说明 Mg 的含量极其充沛。另外，烟叶叶片中 Mo、Fe、Ca、B、P、S 的 DRIS 指数均小于 0，说明这些元素都比较缺乏，其余元素的 DRIS 均为正值，说明这些营养元素的供给相对充足。因此，在今后施肥过程中，要注重 Mn、Mo、Fe、Ca、B、P、S 元素的供给，以期得到烟叶的优质、高产。

（3）湖南省湘西州花垣县烟叶叶片养分状况及施肥顺序为：Mn>Mo>Fe>Ca>B>P>S>N>Cl>K>Cu>Zn>Mg。从中可以看出，烟叶对一些微量元素的需求较多，而中量元素与大量元素烟叶需求量较少，说明目前湖南省湘西州花垣县烟叶肥料已经能满足烟叶大量以及中量元素的需求，未来需在肥料中增加一些微量元素的比例，这将更加利于烟叶的高产。

（4）本书利用 DRIS 指数法分析烟叶高产组与低产组叶片营养，可为烟草施肥管理提供依据。本书的 DRIS 营养诊断法仅仅以各养分含量比值为重要参数，实际生产中这种相对平衡状态很难实现：当 2 种元素成等比例同时偏高或偏低时，容易使该元素含量比例处于适宜范围内而产生诊断误差。建议在烟叶生产管理中须将 DRIS 诊断法与土壤分析法、临界值法等方法结合使用，以提高营养诊断的可靠性及精确性。

# 第三节　基于"3414"试验的烤烟营养诊断研究

"3414"试验设计是全国范围内广泛开展的测土配方施肥工作中推荐的主要田间试验方案。通过"3414"方案试验，可运用肥料效应函数法、土壤养分丰缺指标法、养分平衡法等进行施肥量的推荐，构建作物施肥模型，为施肥分区和肥料配方设计提供依据，目前在水稻等其他农作物相关方面的研究已经取得很多进展。本研究开展"3414"试验，采用"3414"方案设计氮、磷、钾 3 种肥料配施水平，应用"3414"的试验结果，通过建立肥料效应模型，确定推荐施肥量，研究在不同施肥条件下烤烟的养分利用率和土壤养分贡献率，并采用三元二次方程和二元一次方程进行拟合，计算最佳施肥量。以期为合理施肥、提高经济效益并减少施肥对环境的负面影响提供科学依据。

## 一、材料与方法

### （一）试验地点

试验在湘西州永顺县石堤乡（第一分区）、凤凰县阿拉镇（第二分区）和花垣县道二（第三分区）进行；烤烟品种为当地常用品种云烟 87。

（二）试验设计

1. 试验处理

在土壤肥力分区的基础上，选择中等肥力的代表性田块各 1 块，采取大田试验方法，采用"3414"设计，试验设 3 因素 4 水平，3 因素为氮、磷、钾因素，每个因素各设 4 个水平，分别为：0 水平指不施肥、1 水平（2 水平×0.5）、2 水平（当地试验设计最佳施肥量）、3 水平（2 水平×1.5）。共 14 个处理，田间排列见表 3-10，施肥水平见表 3-11。小区面积 8.4m×7m＝58.8m$^2$，栽培 98 株烟。

表 3-10　试验处理田间排列

| 处理编号 | 1 | 2 | 3 | 4 | 5 | 6 | 7 |
|---|---|---|---|---|---|---|---|
| 处理 | $N_0P_0K_0$ | $N_0P_2K_2$ | $N_1P_2K_2$ | $N_2P_0K_2$ | $N_2P_1K_2$ | $N_2P_2K_2$ | $N_2P_3K_2$ |
| 处理编号 | 8 | 9 | 10 | 11 | 12 | 13 | 14 |
| 处理 | $N_2P_2K_0$ | $N_2P_2K_1$ | $N_2P_2K_3$ | $N_3P_2K_2$ | $N_1P_1K_2$ | $N_1P_2K_1$ | $N_2P_1K_1$ |

表 3-11　"3414"试验总体养分方案

| 代号 | 处理 | 养分施用量（kg/亩） | | | 每亩基肥用量（kg/亩）（硝态 N/总 N≥20%） | | | 每亩追肥用量（kg/亩）（硝态 N/总 N≥50%） | | |
|---|---|---|---|---|---|---|---|---|---|---|
| | | N | $P_2O_5$ | $K_2O$ | N | $P_2O_5$ | $K_2O$ | N | $P_2O_5$ | $K_2O$ |
| 1 | $N_0P_0K_0$ | 0 | 0 | 0 | 0 | 0 | 0 | 0 | 0 | 0 |
| 2 | $N_0P_2K_2$ | 0 | 7.6 | 22.8 | 0 | 7.6 | 13.68 | 0 | 0 | 9.12 |
| 3 | $N_1P_2K_2$ | 3.8 | 7.6 | 22.8 | 2.28 | 7.6 | 13.68 | 1.52 | 0 | 9.12 |
| 4 | $N_2P_0K_2$ | 7.6 | 0 | 22.8 | 4.56 | 0 | 13.68 | 3.04 | 0 | 9.12 |
| 5 | $N_2P_1K_2$ | 7.6 | 7.6 | 22.8 | 4.56 | 7.6 | 13.68 | 3.04 | 0 | 9.12 |
| 6 | $N_2P_2K_2$ | 7.6 | 7.6 | 22.8 | 4.56 | 7.6 | 13.68 | 3.04 | 0 | 9.12 |
| 7 | $N_2P_3K_2$ | 7.6 | 11.4 | 22.8 | 4.56 | 11.4 | 13.68 | 3.04 | 0 | 9.12 |
| 8 | $N_2P_2K_0$ | 7.6 | 7.6 | 0 | 4.56 | 7.6 | 0 | 3.04 | 0 | 0 |
| 9 | $N_2P_2K_1$ | 7.6 | 7.6 | 11.4 | 4.56 | 7.6 | 6.84 | 3.04 | 0 | 4.56 |
| 10 | $N_2P_2K_3$ | 7.6 | 7.6 | 34.2 | 4.56 | 7.6 | 20.52 | 3.04 | 0 | 13.68 |
| 11 | $N_3P_2K_2$ | 11.4 | 7.6 | 22.8 | 6.84 | 7.6 | 13.68 | 4.56 | 0 | 9.12 |
| 12 | $N_1P_1K_2$ | 3.8 | 3.8 | 22.8 | 2.28 | 3.8 | 13.68 | 1.52 | 0 | 9.12 |
| 13 | $N_1P_2K_1$ | 3.8 | 7.6 | 11.4 | 2.28 | 7.6 | 6.84 | 1.52 | 0 | 4.56 |
| 14 | $N_2P_1K_1$ | 7.6 | 3.8 | 11.4 | 4.56 | 3.8 | 6.84 | 3.04 | 0 | 4.56 |

## 2. 肥料种类及用量

肥料种类为硝铵磷、钙镁磷肥和硫酸钾。复配为基肥、追肥，具体用量见表3-12。

表3-12 "3414" 试验具体施肥方案

| 代号 | 处理 | 基肥（kg） | | | 追肥（kg） | | |
|------|------|------|------|------|------|------|------|
| | | 配比 | 亩用量 | 小区用量 | 配比 | 亩用量 | 小区用量 |
| 1 | $N_0P_0K_0$ | — | — | — | — | — | — |
| 2 | $N_0P_2K_2$ | 0-10-18 | 76 | 6.70 | 0-0-50 | 18.24 | 1.61 |
| 3 | $N_1P_2K_2$ | 3-10-18 | 76 | 6.70 | 4-0-24 | 38.00 | 3.35 |
| 4 | $N_2P_0K_2$ | 6-0-18 | 76 | 6.70 | 8-0-24 | 38.00 | 3.35 |
| 5 | $N_2P_1K_2$ | 6-5-18 | 76 | 6.70 | 8-0-24 | 38.00 | 3.35 |
| 6 | $N_2P_2K_2$ | 6-10-18 | 76 | 6.70 | 8-0-24 | 38.00 | 3.35 |
| 7 | $N_2P_3K_2$ | 4-10-12 | 114 | 10.05 | 8-0-24 | 38.00 | 3.35 |
| 8 | $N_2P_2K_0$ | 6-10-0 | 76 | 6.70 | 20.5-0-0 | 14.83 | 1.31 |
| 9 | $N_2P_2K_1$ | 6-10-9 | 76 | 6.70 | 14-0-21 | 21.71 | 1.92 |
| 10 | $N_2P_2K_3$ | 3-5-13.5 | 152 | 13.41 | 6-0-27 | 50.67 | 4.47 |
| 11 | $N_3P_2K_2$ | 4.5-5-9 | 152 | 13.41 | 10-0-20 | 45.60 | 4.02 |
| 12 | $N_1P_1K_2$ | 3-5-18 | 76 | 6.70 | 5-0-30 | 30.40 | 2.68 |
| 13 | $N_1P_2K_1$ | 3-10-9 | 76 | 6.70 | 8-0-24 | 19.00 | 1.68 |
| 14 | $N_2P_1K_1$ | 6-5-9 | 76 | 6.70 | 14-0-21 | 21.71 | 1.92 |

## （三）样品采集与测试分析

### 1. 观察记载

生育期记录：移栽期、团棵期、现蕾期、脚叶采烤期、顶叶采烤期。

农艺性状调查：每处理选取代表性烟株10株，测定移栽30d、60d烟株株高、叶数、最大叶长、最大叶宽；移栽80d左右，烟株封顶前株高、封顶后株高、叶数、上部倒数第4片烟叶的长、宽；打顶后10d（脚叶采烤前），测算烟株定长后最大叶面积。

### 2. 主要营养指标测定

在圆顶期采集烟株，将根、茎、叶分器官杀青烘干并称重，统计干物质质量，并测定各器官N、P、K等营养元素的含量。

### 3. 烤后烟叶经济性状

成熟采烤后，按国家烟叶分级标准分级，以小区为单位，计算烟叶的产量、产值、中上等烟比例、均价。

### 4. 品质指标测定

每个处理取下部叶 5~6 叶（X2F）、中部叶 9~11 叶（C3F）、上部叶 16~17 叶位（B2F）各 0.25kg 作为检测样品。

外观质量评价：颜色、成熟度、叶片结构、身份、油分、色度。

物理特性测量：叶长、叶宽、单叶重、平衡含水率、含梗率、厚度。

化学成分检测：总糖、还原糖、总氮、烟碱、钾、氯。

### （四）数据分析

分别采用三元二次、二元二次和一元二次方程对产量进行拟合，根据不同方程拟合的决定系数选择最适模型，并通过模型边际效应分析确定烤烟最高产量和最佳产量的氮、磷、钾肥施用量。采用三元二次肥料效应模型进行拟合时，所采用的方程为：

$$y = b_0 + b_1 x_1 + b_2 x_2 + b_3 x_3 + b_4 x_{12} + b_5 x_{22} + b_6 x_{32} + b_7 x_1 x_2 + b_8 x_1 x_3 + b_9 x_2 x_3$$

式中，$y$ 为烤烟产量，$x_1$、$x_2$、$x_3$ 分别为 N、$P_2O_5$、$K_2O$ 施用量。

对试验所有处理的产量进行回归统计分析，即可得出 N、$P_2O_5$、$K_2O$ 的效应函数方程：

（1）$b_1 + 2b_4 x_1 + b_7 x_2 + b_8 x_3 = 0$

（2）$b_2 + 2b_5 x_2 + b_7 x_1 + b_9 x_3 = 0$

（3）$b_3 + 2b_6 x_3 + b_8 x_1 + b_9 x_2 = 0$

将三元二次方程系数 $b_1$、$b_2$、$b_3$、$b_4$、$b_5$、$b_6$、$b_7$、$b_8$、$b_9$ 和代入上述方程组，即可得出最佳氮、磷、钾肥施用量。

采用二元二次肥料效应模型进行拟合时，所采用的方程为：

$$y = b_0 + b_1 x_1 + b_2 x_2 + b_3 x_1 x_2 + b_4 x_{12} + b_5 x_{22}$$

式中，$y$ 为烤烟产量，$x_1$、$x_2$ 分别为 N、$P_2O_5$、$K_2O$ 中的任意两种肥料的施用量。选用处理 2~7、11~12 的产量结果模拟氮、磷的推荐施用量，选用处理 2、3、6、8~11、13 的产量结果模拟氮、钾的推荐施用量，选用处理 4~10、14 的产量结果模拟磷、钾的推荐施用量。

采用一元二次肥料效应模型进行拟合时，所采用的方程为：

$$y = b_0 + b_1 x + b_2 x^2$$

式中，$y$ 为烤烟产量，$x$ 分别为 N、$P_2O_5$、$K_2O$ 中的任意一种肥料的施用量。选用处理 2、3、6、11 的产量结果模拟氮的推荐施用量，选用处理 4~7 的产量结果模拟磷的推荐施用量，选用处理 6、8~10 的产量结果模拟钾的推荐施用量。

## 二、结果与分析

### （一）氮磷钾配施的产量效应

从表 3-13 可以看出，施用氮、磷、钾肥后烤烟产量均有所增加，其中永顺试验点以 $N_2P_1K_2$ 处理产量最高（158.0kg/亩），凤凰试验点以 $N_3P_2K_2$ 处理产量最高（156.5kg/亩），花垣试验点以 $N_3P_2K_2$ 处理产量最高（150.9kg/亩），分别比对照增产 162.5%、160.2% 和 169.7%（表 3-14）。不同因素间以氮肥不同用量水平下烤烟增产率最大，3 个试验点氮肥增产率平均分别为 107.7%、93.8% 和 136.2%；其次是磷肥，3 个试验点磷肥增产率分别为 45.7%、82.7% 和 54.7%；最后是钾肥，3 个试验点钾肥增产率分别为 34.8%、72.4% 和 44.8%。当固定任意两种肥料的施用量，烤烟产量均随施氮量、施磷量和施钾量的增加呈先增加后趋于稳定的趋势，说明增加氮、磷、钾肥用量不会使产量无限增加。

表 3-13　氮磷钾配施对烤烟产量的影响　　　　　　（单位：kg/亩）

| 处理 | 永顺 | 凤凰 | 花垣 |
|---|---|---|---|
| $N_0P_0K_0$ | 60.2 | 59.1 | 55.9 |
| $N_0P_2K_2$ | 72.2 | 76.2 | 61.5 |
| $N_1P_2K_2$ | 146.0 | 133.5 | 135.9 |
| $N_2P_0K_2$ | 107.6 | 81.1 | 94.2 |
| $N_2P_1K_2$ | 158.0 | 136.8 | 140.2 |
| $N_2P_2K_2$ | 156.9 | 153.2 | 148.8 |
| $N_2P_3K_2$ | 155.5 | 154.6 | 148.3 |
| $N_2P_2K_0$ | 112.5 | 85.3 | 100.0 |
| $N_2P_2K_1$ | 141.9 | 135.5 | 136.7 |
| $N_2P_2K_3$ | 156.4 | 152.3 | 149.1 |
| $N_3P_2K_2$ | 156.2 | 156.5 | 150.9 |
| $N_1P_1K_2$ | 133.8 | 116.6 | 118.8 |
| $N_1P_2K_1$ | 138.8 | 122.4 | 114.3 |
| $N_2P_1K_1$ | 147.9 | 130.0 | 127.5 |

表 3-14　氮磷钾肥的增产效应

| 肥料 | 处理 | 永顺 | | 凤凰 | | 花垣 | |
|---|---|---|---|---|---|---|---|
| | | 产量<br>（kg/亩） | 增产率<br>（%） | 产量<br>（kg/亩） | 增产率<br>（%） | 产量<br>（kg/亩） | 增产率<br>（%） |
| 氮肥 | $N_0P_2K_2$ | 72.2 | 0 | 76.2 | 0 | 61.5 | 0 |
| | $N_1P_2K_2$ | 146.0 | 89.9 | 133.5 | 75.2 | 135.9 | 121.2 |
| | $N_2P_2K_2$ | 156.9 | 117.2 | 153.2 | 101.0 | 148.8 | 142.1 |
| | $N_3P_2K_2$ | 156.2 | 116.1 | 156.5 | 105.3 | 150.9 | 145.4 |
| 磷肥 | $N_2P_0K_2$ | 107.6 | 0 | 81.1 | 0 | 94.2 | 0 |
| | $N_2P_1K_2$ | 158.0 | 46.8 | 136.8 | 68.6 | 140.2 | 48.8 |
| | $N_2P_2K_2$ | 156.9 | 45.8 | 153.2 | 88.9 | 148.8 | 57.9 |
| | $N_2P_3K_2$ | 155.5 | 44.5 | 154.6 | 90.7 | 148.3 | 57.4 |
| 钾肥 | $N_2P_2K_0$ | 112.5 | 0 | 85.3 | 0 | 100.0 | 0 |
| | $N_2P_2K_1$ | 141.9 | 40.6 | 135.5 | 69.6 | 136.7 | 36.7 |
| | $N_2P_2K_2$ | 156.9 | 61.4 | 153.2 | 94.1 | 148.8 | 48.8 |
| | $N_2P_2K_3$ | 156.4 | 60.7 | 152.3 | 92.8 | 149.1 | 49.1 |

## （二）氮磷钾肥的用量推荐

### 1. 各肥料效应函数的拟合

利用三元二次、二元二次和一元二次方程的 7 种数学模型对各处理的烤烟产量进行回归统计分析，建立的肥料效应函数模型及其结果如表 3-15（永顺试验点）、表 3-16（凤凰试验点）、表 3-17 所示（花恒试验点）。表 3-15 结果表明，3 类 7 种肥料效应函数均通过了回归方程显著性检验。

表 3-15　永顺试验点肥料效应函数

| 函数类型 | 肥料效应函数 |
|---|---|
| NPK | $y = 69.055\,43 + 16.048\,03x_1 + 9.036\,972x_2 + 1.278\,679x_3 - 1.566x_1^2 - 1.118\,234x_2^2 -$ <br> $0.107\,74x_3^2 + 0.362\,879x_1x_2 + 0.298\,631x_1x_3 + 0.224\,638x_2x_3$ |
| NP | $y = 54.008\,06 + 21.180\,6x^1 + 12.482\,49x^2 - 1.569\,47x_1^2 - 1.121\,29x_2^2 + 0.621\,501x_1x_2$ |
| NK | $y = 110.150\,7 + 12.561\,62x_1 + 0.904\,493x_3 - 1.375\,57x_1^2 - 0.086\,53x_3^2 + 0.475\,321x_1x_3$ |
| PK | $y = 137.584 + 5.544\,009x_2 + 1.464\,659x_3 - 0.927\,12x_2^2 - 0.086\,5x_3^2 + 0.401\,457x_2x_3$ |
| N | $y = -1.292x_1^2 + 22.85x_1 + 83.51$ |
| P | $y = -1.016x_2^2 + 15.85x_2 + 125.2$ |
| K | $y = -0.065x_3^2 + 3.691x_3 + 127.8$ |

表 3-16 凤凰试验点肥料效应函数

| 函数类型 | 肥料效应函数 |
|---|---|
| NPK | $y=68.681\ 95+10.624\ 06x_1+6.717\ 345x_2+1.213\ 636x_3-1.159\ 83x_1^2-1.148\ 6x_2^2-$ $0.127\ 01x_3^2+0.517\ 349x_1x_2+0.284\ 413x_1x_3+0.418\ 285x_2x_3$ |
| NP | $y=41.719\ 69+15.265\ 5x_1+14.411\ 06x_2-1.117\ 17x_1^2-1.105\ 95x_2^2+0.703\ 111x_1x_2$ |
| NK | $y=69.722\ 96+11.817\ 41x_1+3.479\ 765x_3-1.079\ 17x_1^2-0.118\ 05x_3^2+0.364\ 068x_1x_3$ |
| PK | $y=97.35+8.167\ 328x_2+2.547\ 887x_3-1.078\ 84x_2^2-0.119\ 26x_3^2+0.492\ 856x_2x_3$ |
| N | $Y=-1.063x_1^2+19.91x_1+87.83$ |
| P | $y=-1.067x_2^2+19.26x_2+93.54$ |
| K | $y=-0.111x_3^2+6.008x_3+97.68$ |

表 3-17 花垣试验点肥料效应函数

| 函数类型 | 肥料效应函数 |
|---|---|
| NPK | $y=63.143\ 73+13.228\ 29x_1+3.992\ 703x_2+1.872\ 922x_3-1.354\ 87x_1^2-0.965\ 43x_2^2-0.094$ $57x_3^2+0.909\ 121x_1x_2+0.165\ 051x_1x_3+0.238\ 897x_2x_3$ |
| NP | $y=37.388\ 94+20.200\ 49x_1+12.648\ 6x_2-1.444\ 79x_1^2-1.055\ 35x_2^2+0.619\ 251x_1x_2$ |
| NK | $y=25.981\ 67+21.977\ 27x_1+4.301\ 763x_3-1.386\ 67x_1^2-0.098\ 1x_3^2+0.095\ 552x_1x_3$ |
| PK | $y=84.480\ 4+10.783\ 35x_2+3.087\ 754x_3-0.914\ 1x_2^2-0.088\ 87x_3^2+0.208\ 188x_2x_3$ |
| N | $y=-1.424x_1^2+24.64x_1+72.73$ |
| P | $y=-0.914x_2^2+15.53x_2+108.6$ |
| K | $y=-0.079x_3^2+4.308x_3+114.3$ |

## 2. 多种肥料效应函数汇总的施肥决策

通过上述肥料效应函数计算的施肥决策信息。结果表明：各类型函数预测的最高产量和最佳产量均表现为三元函数>一元函数> 二元函数。不同种函数模型推荐出的施肥量有一定差异，其中氮肥以一元函数的推荐施用量稍低于二元和三元函数推荐的施肥量，但总体上差异不大，也较接近于实际。

永顺点的三元二次方程组如下：

$16.048\ 03+2\times(-1.566\ 4)x_1+0.362\ 879x_2+0.298\ 631x_3=0$

$9.036\ 972+2\times(-1.118\ 23)x_2+0.362\ 879x_1+0.224\ 638x_3=0$

1. 278 679+2×(−0. 107 74)$x_3$+0. 298 631$x_1$+0. 224 638$x_2$=0

凤凰点的三元二次方程组如下：

10. 624 06+2×(−1. 159 83)$x_1$+0. 517 349$x_2$+0. 284 413$x_3$=0

6. 717 345+2×(−1. 148 6)$x_2$+0. 517 349$x_1$+0. 418 285$x_3$=0

1. 213 636+2×(−0. 127 01)$x_3$+0. 284 413$x_1$+0. 418 285$x_2$=0

花垣点的三元二次方程组如下：

13. 228 29+2×(−1. 354 87)$x_1$+0. 909 121$x_2$+0. 165 051$x_3$=0

3. 992 703+2×(−0. 965 43)$x_2$+0. 909 121$x_1$+0. 238 897$x_3$=0

1. 872 922+2×(−0. 094 57)$x_3$+0. 165 051$x_1$+0. 238 897$x_2$=0

考虑到烟叶产量与质量关系的特殊性，结合当地生产实际，将3个点的目标产量定为150kg，计算得到各点的施肥量如下：

考虑到烟叶的综合效益，永顺试验点的氮、磷、钾最佳施肥量分别为7.6kg、5kg、24kg，凤凰试验点的氮、磷、钾最佳施肥量分别为7.6kg、7.6kg、28kg，花垣试验点的氮、磷、钾最佳施肥量分别为7.6kg、6kg、24kg。

### （三）氮磷钾的烟株营养诊断

#### 1. 氮素营养诊断

由图3-3至图3-5可见，随着施氮量的增加，烟叶氮含量呈直线上升的趋势，推荐施氮量和1.5倍的推荐施氮量，其烟叶的总氮含量均在适宜范围内。

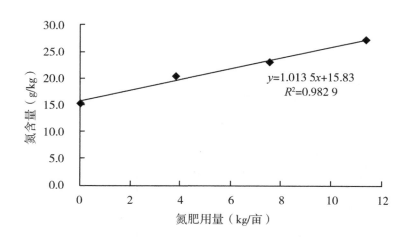

图3-3 永顺试验点杀青烟叶总氮含量与施氮量的关系

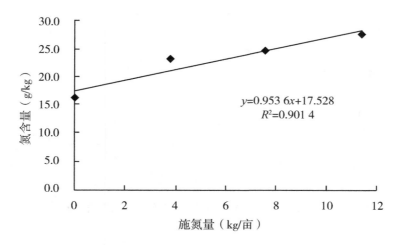

**图 3-4　凤凰试验点烟叶氮含量与施氮量的关系**

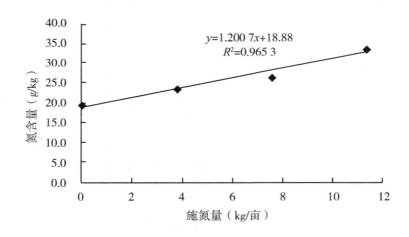

**图 3-5　花垣试验点杀青烟叶总氮含量与施氮量的关系**

**2. 磷素营养诊断**

由图 3-6 至图 3-8 可见，随着施磷量的增加，永顺和花垣试验点的烟叶磷含量变幅不大，凤凰试验点的烟叶磷含量略有增加。3 个试验点烟叶的磷含量均较低，均在 2g/kg 左右，与磷肥的利用率较低有关。

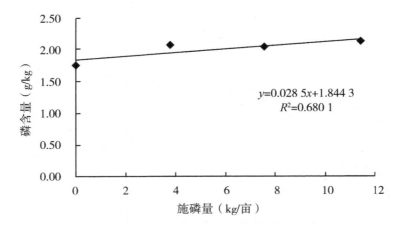

**图 3-6　永顺试验点杀青烟叶磷含量与施磷量的关系**

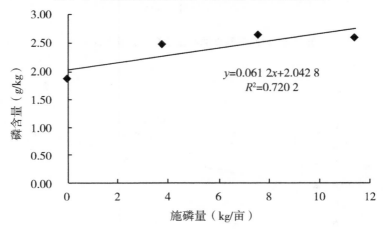

**图 3-7　凤凰试验点杀青烟叶磷含量与施磷量的关系**

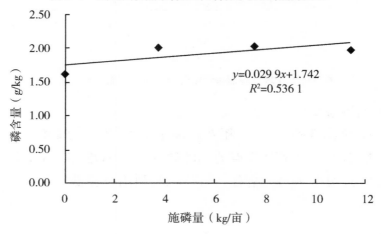

**图 3-8　花垣试验点杀青烟叶磷含量与施磷量的关系**

### 3. 钾素营养诊断

由图 3-9 至图 3-11 可见，随着施钾量的增加，烟叶钾含量呈直线上升的趋势，花垣试验点杀青烟叶的钾含量最低，凤凰试验点最高；随施钾量的增加，永顺试验点烟叶钾含量增幅最大，花垣试验点增幅最小。

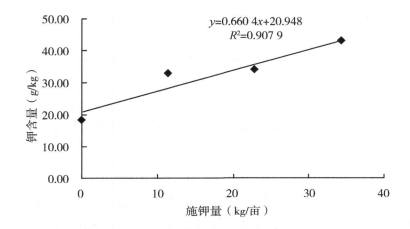

**图 3-9　永顺试验点杀青烟叶钾含量与施钾量的关系**

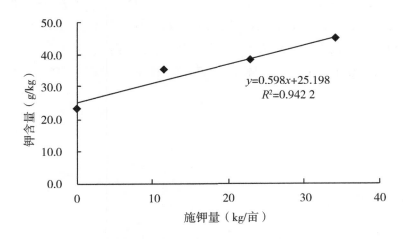

**图 3-10　凤凰试验点杀青烟叶钾含量与施钾量的关系**

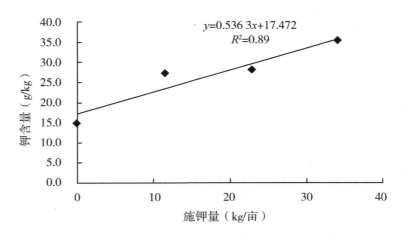

图3-11 花垣试验点杀青烟叶钾含量与施钾量的关系

## 三、结论

永顺试验点的氮、磷、钾理论适宜施肥量分别为8kg、5kg、24kg，凤凰试验点的氮、磷、钾理论适宜施肥量分别为8kg、8kg、28kg，花垣试验点的氮、磷、钾理论适宜施肥量分别为8kg、6kg、24kg。考虑到稳产提质和烟叶增钾的需要，各地建议：永顺最佳推荐施肥量为纯N 7.5~8kg、$P_2O_5$ 5~6kg、$K_2O$ 24~26kg，N：$P_2O_5$：$K_2O$=1：0.75：3。凤凰最佳推荐施肥量为N 7.5~8kg、$P_2O_5$ 7~8kg、$K_2O$ 28~30kg，N：$P_2O_5$：$K_2O$=1：1：3.5；花垣最佳推荐施肥量为N 7.5~8kg、$P_2O_5$ 6~7kg、$K_2O$ 26~28kg，N：$P_2O_5$：$K_2O$=1：0.8：3.5。总体上，应遵循稳氮、减磷、增钾的施肥原则。

# 第四章　湘西烤烟施肥技术改进的研究

## 第一节　生物炭施用对植烟土壤理化性状及烤烟生长发育的影响

　　烟草是我国重要的经济作物，烟草的生长受到土壤、环境、施肥等条件的影响。其中土壤是农业生产系统的基础，它不仅是作物生长的重要介质，也是维持作物生产力、影响环境质量的重要因素。维持或改良土壤的质量将决定农业生产的可持续发展。要想生产优质烟叶，必须要有优质的土壤条件。适宜的 pH 值、疏松的耕层、适宜的土壤田间持水量、土壤有机质和养分适宜等是生产优质烟叶的重要条件。湘西自治州是湖南省主要的烟叶生产区，近年来随着烟田化肥使用量的增加，烟区土壤质量有所下滑，加之缺乏良好的保土措施，造成了土壤环境恶化、土壤营养对烟株生长供应不均衡，导致烟叶质量下降。因此，为烟草的生长发育提供一个良好的生长环境，特别是一个良好的土壤环境，平衡土壤对烟株养分的供应，对于优质烟叶的生产起到至关重要的作用。

　　本研究利用生物炭作为土壤改良剂，研究了植烟土壤施用生物炭对土壤理化性质、土壤微生物以及烤烟生长发育的影响，旨在探讨有利于湘西自治州土壤改良和烤烟生长的施炭量，以期为湘西州烟叶生产可持续发展、为生物炭在烤烟烟叶生长中的合理利用，以及为优质烟叶生产提供参考。

### 一、材料与方法

#### （一）试验地点

试验于 2016 年 4—9 月在湖南省湘西州凤凰县千工坪乡进行，位于东经

109°29′58″、北纬 28°1′26″，该地区属于喀斯特地貌，海拔 420m，气候属中亚热带季风湿润气候。试验地肥力情况为：全氮含量 0.46g/kg、碱解氮含量 59.50mg/kg、全磷含量 0.27g/kg、速效磷含量 32.16mg/kg、全钾含量 1.15g/kg、速效钾含量 253.88mg/kg、pH 值 6.58、有机质含量 9.84g/kg。

（二）试验材料

供试生物炭为烟杠烧制，由湖南正恒农业科技发展有限公司提供，主要成分为全氮含量 5.91g/kg、碱解氮含量 25.67mg/kg、全磷含量 1.53g/kg、速效磷含量 708.98mg/kg、全钾含量 6.27g/kg、速效钾含量 3.71g/kg、pH值 9.66。

试验品种为云烟 87。供试基肥、追肥和提苗肥等肥料由湖南金叶众望科技股份有限公司提供。

（三）试验设计

本试验为单因素试验，试验共设计 4 个处理（表 4-1），每个处理 3 个重复，共计 12 个小区，每小区种植 60 株，试验小区四周设置保护行。试验于 2016 年 4 月 26 日起垄覆膜，5 月 4 日移栽，5 月 16 日施提苗肥，6 月 2 日施追肥。试验施氮量为 112.50kg/hm²，各处理除生物炭施用量外，其他措施均一致。

表 4-1　试验处理及生物炭用量

| 处理 | 生物炭用量（kg/hm²） |
| --- | --- |
| CK | 0 |
| T1 | 3 000 |
| T2 | 3 750 |
| T3 | 4 500 |

（四）测定项目及方法

样品采集：于团棵期（移栽后 30d）、旺长期（移栽后 60d）、成熟期（移栽后 90d）按五点取样法选取烟株，采用抖根法采集根际土样，混匀后放入自封袋中，用冰盒带回实验室，放入 4℃ 冰箱中保存，一部分用于根际土壤可培养微生物数量及功能多样性的测定；另一部分风干过筛，用于测定土壤 pH 值、碳氮比等。

1. 土壤理化指标的测定

土壤 pH 值采用 pH 值计检测，水：土的比例为 2.5∶1.0；有机碳采用重铬酸钾比色法测定，总氮采用 $H_2SO_4-H_2O_2$ 消化，连续流动分析仪检测；碳氮比指有机碳与总氮的比值。

### 2. 烤烟相对叶绿素含量的测定

相对叶绿素含量（SPAD）：于移栽后 30d 选取烟叶中部烟叶，移栽后 60d 选取下部叶、中部叶和上部叶，移栽后 90d 选取上部叶和中部叶进行测定，使用仪器为便携式叶绿素测定仪 SPAD-502，测量每片烟叶时分别对叶基部、叶中部和叶尖进行读数，取平均值。

### 3. 烤烟根系活力的测定

称取根尖样品 0.5g，放入 25mL 烧杯中，加入 0.4%TTC 溶液和磷酸缓冲液的等量混合液 10mL，把根充分浸没在溶液内，在 37℃ 下暗保温 1~3h，此后加入 1mol/L 硫酸 2mL，以停止反应（与此同时做一空白实验，先加硫酸，再加根样品，其他操作同上）。把根取出，吸干水分后与乙酸乙酯 3~4mL 和少量石英砂一起在研钵内磨碎，红色提取液移入试管，并用少量乙酸乙酯把残渣洗涤 2~3 次，洗涤液皆移入试管，最后加乙酸乙酯使总量为 10mL，用分光光度计在波长 485nm 下比色，以空白实验作参比测出吸光度，查标准曲线，即可求出四氮唑还原量。

### 4. 烤烟农艺性状的测定

**表4-2　农艺性状的测定方法**

| 指标 | 方法 |
| --- | --- |
| 株高（cm） | 从地表沿茎到茎最顶端的距离即为株高 |
| 茎围（cm） | 从根部量在茎高 1/3 处节间测量茎的圆周长 |
| 节距（cm） | 在茎高 1/4 处测量上下各 5 节的平均长度 |
| 最大叶长宽（cm） | 选取一最大叶片，测定其叶长、叶宽 |
| 最大叶面积（$cm^2$） | 最大叶长×叶宽×0.6345 |
| 开片度 | 叶宽/叶长×100% |

### 5. 数据处理

数据分析采用 Excel 和 SPSS 19.0 软件对数据进行统计分析与作图，方差分析采用邓肯氏新复极差法，文中表和图中的小写字母表示在 0.05 水平上的差异显著性，大写字母表示在 0.01 水平上的差异显著性。字母相同，则差异不显著，不同则显著。

## 二、结果与分析

### （一）生物炭对根际土壤 pH 值的影响

由图4-1可以得知，不同生育期不同处理土壤 pH 值在统计学上存在极显著差异。从团棵期来看，各处理土壤 pH 值平均为 4.98~5.74，其中以 T1 处理的 pH 值最高，且与其他处理间存在极显著差异，以 CK 处理的 pH 值最低。各个处理 pH 值从高到低依次为：T1>T2>T3>CK，其中 T1、T2 和 T3 处理比 CK 处理分别提高了 15.26%（$P<0.01$）、4.62%（$P<0.01$）和 1.81%。从旺长期来看，各处理土壤 pH 值平均为 5.68~6.11，其中以 T2 处理的 pH 值最高，以 CK 处理的 pH 值最低。各个处理 pH 从高到低依次为：T2>T1>T3>CK，其中 T2、T1 和 T3 处理比 CK 处理分别提高了 7.57%（$P<0.01$）、7.04%（$P<0.01$）和 4.75%（$P<0.01$）。从成熟期来看，各处理土壤 pH 值平均为 5.29~5.82，其中以 T2 处理的 pH 值最高，以 CK 处理的 pH 最低。各个处理 pH 值从高到低依次为：T2>T1>T3>CK，其中 T2、T1 和 T3 处理比 CK 处理分别提高了 10.02%（$P<0.01$）、9.07%（$P<0.01$）和 7.56%（$P<0.01$）。从不同生育期来看，各个生育期之间的 pH 值存在显著差异，且各个处理间的变化规律基本一致，其中以为旺长期土壤 pH 值最高，成熟期次之，团棵期最低。说明随着生育期的推进，土壤 pH 值呈现先增加后下降的趋势。

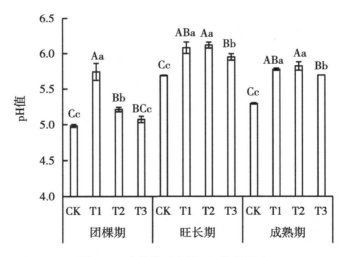

**图4-1　生物炭对土壤 pH 值的影响**

注：图中大、小写字母分别表示在 0.01、0.05 水平上的差异显著性，字母相同则差异不显著，字母不同则显著。下同。

（二）生物炭对根际土壤有机碳含量的影响

由图4-2可知，不同生育期不同处理的土壤有机碳含量在旺长期和成熟期存在统计学差异显著，团棵期土壤有机碳含量在统计学上显著不差异。从团棵期来看，各个处理土壤有机碳含量平均值为5.31~5.40g/kg，各个处理间差异不显著，且最大差值只有0.09g/kg。从旺长期来看，各个处理土壤有机碳含量平均值为5.12~5.97g/kg，其中以T3处理的有机碳含量最高，以T1处理的有机碳含量最低。各个处理的有机碳含量从高到低依次为：T3>CK>T2>T1，只有T3处理与T1处理间差异显著，其他处理间均差异不显著，且T3处理比T1处理显著提高了16.60%。从成熟期来看，各处理有机碳平均含量为4.65~5.83g/kg，其中有机碳含量最高的是T1处理，最低的是CK处理。各个处理有机碳含量从高到低依次为：T1>T2>T3>CK，其中T1处理的有机碳含量比CK处理极显著提高了25.38%（$P<0.01$），T2和T3处理的有机碳含量虽然比CK处理分别增加了0.71g/kg和0.63g/kg，但在统计学上差异不显著。从不同生育期来看，各个处理的有机碳含量在团棵期和旺长期差异不明显，到了成熟期有所下降。总体来看，施加生物炭在一定程度上有利于土壤有机碳含量的提高，在团棵期无明显表现，在旺长期以T3处理的增幅最大（12.42%），在成熟期以T1处理的有机碳含量显著高于不施加生物炭的处理（CK）。

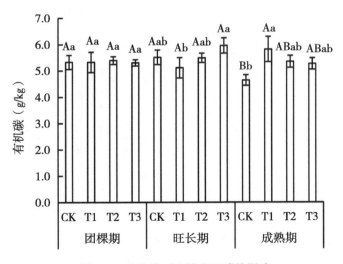

图4-2　生物炭对土壤有机碳的影响

（三）生物炭对根际土壤总氮含量的影响

由图4-3可以得知，除旺长期外，不同生育期各个处理在团棵期和成熟期均在统计学上差异显著。从团棵期来看，不同处理土壤总氮平均含量为 0.82~0.90g/kg，其中以 T2 处理土壤总氮含量最高，以 T1 处理最低。不同处理土壤总氮含量从高到低依次为：T2>CK>T3>T1，T2 处理比 CK 处理极显著提高了 5.88%（$P<0.01$），T1 和 T3 处理的总氮含量比 CK 处理显著降低了 3.66%（$P<0.05$）和 5.88%（$P<0.05$）。从旺长期来看，各个处理的总氮平均含量为 0.78~0.95g/kg，其中以 T1 处理的总氮含量最高，以 T3 处理的总氮含量最低，各处理的总氮含量从高到低依次为：T1>CK>T2>T3，T1 处理的总氮含量虽然比 T3 增加了 0.17g/kg，但在统计学上差异不显著。从成熟期来看，各处理的总氮平均含量为 0.81~0.90g/kg，其中以 T1 处理的总氮含量最高，以 T3 处理的总氮含量最低，各处理从高到低依次为：T1>CK>T2>T3，T1 处理的总氮含量比 CK 处理极显著提高了 4.65%（$P<0.01$），T2 和 T3 处理的总氮含量比 CK 处理显著降低了 2.33%（$P<0.05$）和 5.81%（$P<0.01$）。从整个生育期来看，T1 处理在不同生育期表现为先升后降的趋势，其他处理的总氮含量均表现为先降低后增加的趋势。施加生物炭对于土壤总氮含量的影响规律表现不明显，其中在团棵期以 T2 处理最高，在旺长期和成熟期以 T1 处理最高。

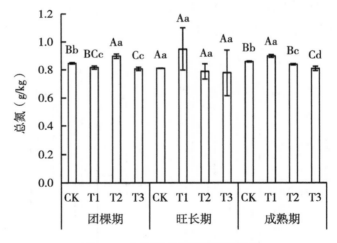

图 4-3　生物炭对土壤总氮的影响

（四）生物炭对根际土壤碳氮比的影响

由图 4-4 可以得知，各处理土壤碳氮比在团棵期差异不显著，各处理土壤碳氮比在旺长期达到统计学差异显著水平，各处理碳氮比在成熟期达到统计学差异极显著水平。从团棵期来看，各处理碳氮比均值为 6.01~6.60，其中以 T3 处理的土壤碳氮比最高，以 T2 处理土壤碳氮比较低。各处理的碳氮比从高到低依次为：T3>T1>CK>T2，T3 处理比 T2 处理的碳氮比增加了 0.59 个单位，但差异不显著，说明施加生物炭对于土壤团棵期的碳氮比差异不显著。从旺长期来看，各处理的碳氮比平均值为 5.48~7.91，其中碳氮比最高的是 T3 处理，最低的是 T1 处理，各处理的碳氮比从高到低依次为：T3>T2>CK>T1，其中 T3 处理的碳氮比比 T1 处理显著提高了44.34%（P<0.05），T3 处理的碳氮比比 CK 提高了 15.98%，但在统计学上不呈显著差异。从成熟期来看，各处理碳氮比均值为 5.42~6.56，其中最高的是 T3 处理，最低的是 CK 处理，各处理碳氮比从高到低依次为：T3>T1>T2>CK，其中 T3、T1 和 T2 处理比 CK 处理分别极显著（P<0.01）提高了21.03%、19.74%和18.08%。说明施加生物炭在成熟期有利于提高土壤碳氮比。从整个生育期来看，除 T1 处理外，其他处理的土壤碳氮比在烤烟生育期基本呈现先增加后下降的趋势。表明施加生物炭对于土壤碳氮比在烤烟生长后期呈现显著差异，且显著提高了土壤的碳氮比。

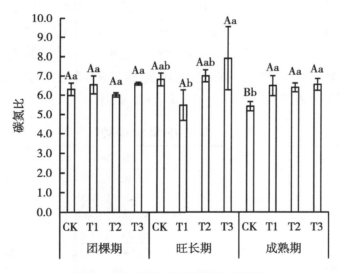

图 4-4　生物炭对土壤碳氮比的影响

（五）生物炭对烟叶相对叶绿素含量（SPAD）的影响

由表 4-3 可以得知，不同时期烤烟相对叶绿素含量（SPAD）在统计学上存在显著差异。从团棵期来看，各处理中部叶相对叶绿素含量以 CK 最高，T1 最低，各处理从高到低依次表现为：CK>T2>T3>T1，其中 CK 处理比 T1 处理显著提高了 8.03%（P<0.05）。从旺长期来看，各处理不同部位的相对叶绿素含量表现为上部叶>中部叶>下部叶。各处理上部叶相对叶绿素含量以 T2 处理最高，以 CK 处理最低，从高到低依次为：T2>T1>T3>CK，其中 T2 处理比 CK 处理显著提高了 10.04%（*P*<0.05）。各处理中部叶相对叶绿素含量以 T2 处理最高，以 T3 处理最低，从高到低依次为 T2>T1>CK>T3，其中 T2 和 T1 处理的相对叶绿素含量比 T3 处理显著提高了 10.32%（*P*<0.01）和 9.98%（*P*<0.01）。各处理下部叶相对叶绿素含量以 T3 处理最高，以 CK 处理最低，从高到低依次为 T3>T1>T2>CK，其中 T3、T1 和 T2 处理的相对叶绿素含量比 CK 处理分别提高了 11.11%、2.75% 和 2.70%。从成熟期来看，各处理不同部位的相对叶绿素含量表现为上部叶>中部叶。上部叶各处理相对叶绿素含量以 T2 处理最高，以 T3 处理最低，从高到低依次为：T2>T1>CK>T3，其中 T2 和 T1 处理的相对叶绿素含量比 CK 处理显著提高了 14.41%（*P*<0.01）和 13.19%（*P*<0.01），T2 和 T1 处理的相对叶绿素含量比 T3 处理显著提高了 18.44%（*P*<0.01）和 17.17%（*P*<0.01）。中部叶各处理相对叶绿素含量以 T1 处理最高，以 T3 处理最低，从高到低依次为 T1>T2>CK>T3，其中 T1 和 T2 处理的相对叶绿素含量比 CK 处理显著提高了 26.88%（*P*<0.01）和 24.12%（*P*<0.01），T1 和 T2 处理的相对叶绿素含量比 T3 处理显著提高了 29.56%（*P*<0.01）和 26.75%（*P*<0.01）。从整个生育期来看，不同处理之间呈现一定的规律，各处理的相对叶绿素含量随着生育期的推进呈现先增加后降低的趋势；各个处理的相对叶绿素含量均表现为上部叶>中部叶>下部叶。

表 4-3　生物炭对烤烟 SPAD 的影响

| 时期 | 处理 | 上部叶 | 中部叶 | 下部叶 |
| --- | --- | --- | --- | --- |
| 团棵期 | CK | — | 35.92±2.79Aa | — |
| | T1 | — | 33.25±1.12Ab | — |
| | T2 | — | 34.68±0.15Aab | — |
| | T3 | — | 34.53±1.59Aab | — |
| 旺长期 | CK | 40.82±1.82Ab | 40.58±1.29ABa | 32.67±0.87Aa |
| | T1 | 44.92±2.24Aab | 41.77±1.29Aa | 33.57±4.22Aa |
| | T2 | 46.80±6.17Aa | 41.90±1.89Aa | 33.55±2.69Aa |
| | T3 | 43.50±5.01Aab | 37.98±2.62Bb | 36.30±2.61Aa |
| 成熟期 | CK | 36.77±2.45Bb | 27.98±3.16Bb | — |
| | T1 | 41.62±1.48Aa | 35.50±4.50Aa | — |
| | T2 | 42.07±2.55Aa | 34.73±3.69Aa | — |
| | T3 | 35.52±2.58Bb | 27.40±1.47Bb | — |

注：表中同列数据的大、小写字母分别表示在 0.01、0.05 水平上的差异显著性，字母相同则差异不显著，字母不同则差异显著。下同。

（六）生物炭对烤烟根系活力的影响

由图4-5可以得知，团棵期各处理烤烟根系活力在统计学上差异不显著，旺长期和成熟期各处理烤烟根系活力在统计学上呈显著差异。从团棵期来看，各处理烤烟根系活力均值为163.94~178.86μg/（g·h），其中以T3处理的最高，以CK处理最低，各处理从高到低依次为：T3>T2>T1>CK，其中T3、T2和T1处理的根系活力比CK处理分别增加了8.92%、6.50%和4.27%，但在统计学上差异不显著。从旺长期来看，各处理烤烟根系活力均值为190.63~215.45μg/（g·h），其中以T2处理的最高，以CK处理最低，各处理从高到低依次为：T2>T3>T1>CK，其中T2、T3和T1处理的根系活力比CK处理分别增加了13.02%（$P<0.05$）、4.62%和2.77%。从成熟期来看，各处理烤烟根系活力均值为112.77~133.69μg/（g·h），其中以T2处理的最高，以T3处理最低，各处理从高到低依次为：T2>T1>CK>T3，其中T2和T1处理的根系活力比CK处理分别增加了13.78%（$P<0.05$）和11.39%；T2和T1处理的根系活力比T3处理分别增加了18.55%（$P<0.05$）和16.06%（$P<0.05$）。表明施加生物炭在成熟期能够在一定范围显著提高烤烟的根系活力，但是施用过多（T3）会导致烤烟根系活力下降，以施用生物炭37 500kg/hm²（T2）较适宜。从整个生育期来看，不同处理的根系活力在生育期的变化规律基本一致，以旺长期的根系活力最大，团棵期的根系活力次之，成熟期的根系活力最低。说明随着生育期的推进，各处理的根系活力呈现先增加后降低的趋势。

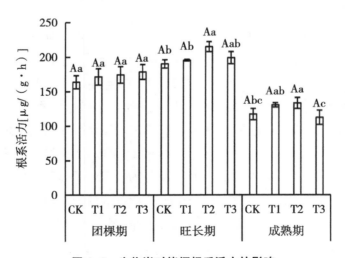

图4-5　生物炭对烤烟根系活力的影响

（七）生物炭对烤烟农艺性状的影响

1. 生物炭对团棵期农艺性状的影响

由表4-4可以得知，团棵期农艺性状之间只有叶宽和最大叶面积在统计学上存在显著差异，其他指标间不存在显著差异。各处理叶长平均长度为30.04~34.44cm，其大小从高到低依次为：T2>T1>T3>CK；各处理叶宽平均长度为16.20~19.88cm，其大小从高到低依次为：T2>T1>T3>CK，T2和T1处理的叶宽比CK处理分别增加了22.72%（$P<0.01$）和12.35%（$P<0.05$）；各处理开片度均值为54.11%~58.14%，其大小从高到低依次为：T2>T3>T1>CK；各处理最大叶面积均值为309.26~435.97cm$^2$，其大小从高到低依次为：T2>T1>T3>CK，T2处理的最大叶面积比CK处理显著增加了40.97%（$P<0.01$）；各处理叶片数均值为6.00~7.20片，其大小从高到低依次为：T2=T3>T1>CK。

表4-4 团棵期农艺性状比较

| 处理 | 叶长（cm） | 叶宽（cm） | 开片度（%） | 最大叶面积（cm$^2$） | 叶片数（片） |
|---|---|---|---|---|---|
| CK | 30.04Aa | 16.20Bc | 54.11Aa | 309.26Bb | 6.00Aa |
| T1 | 33.16Aa | 18.20ABb | 54.92Aa | 384.15ABab | 6.40Aa |
| T2 | 34.44Aa | 19.88Aa | 58.14Aa | 435.97Aa | 7.20Aa |
| T3 | 31.96Aa | 17.76ABbc | 56.00Aa | 361.10ABab | 7.20Aa |

2. 生物炭对旺长期农艺性状的影响

由表4-5可以得知，旺长期农艺性状各指标间只有株高存在统计学显著差异，其他指标不存在统计学显著差异。各处理株高均值为75.50~80.17cm，其大小从高到低依次为：T2>T1>T3=CK，T2和T1处理的株高比CK和T3处理显著提高了6.19%和5.30%；各处理茎围均值为6.83~7.17cm，其大小从高到低依次为：T2>T3>T1>CK；各处理节距均值为3.32~3.97cm，其大小从高到低依次为：T1>T3>CK>T2；各处理叶长均值为53.83~56.67cm，其大小从高到低依次为：T3>T2>T1>CK；各处理叶宽均值为23.00~24.83cm，其大小从高到低依次为：T3>T1>CK>T2；各处理开片度均值为41.48%~45.68%，其大小从高到低依次为：CK>T1>T3>T2；各处理最大叶面积均值为813.01~893.69cm$^2$，其大小从高到低依次为：T3>T1>CK>T2；各处理叶片数均值为14.50~15.50片，从高到低依次为：T3>CK>T1>T2。

**表 4-5　旺长期农艺性状比较**

| 处理 | 株高（cm） | 茎围（cm） | 节距（cm） | 叶长（cm） | 叶宽（cm） | 开片度（%） | 最大叶面积（cm²） | 叶片数（片） |
|---|---|---|---|---|---|---|---|---|
| CK | 75.50b | 6.83a | 3.63a | 53.83a | 24.50a | 45.68a | 839.97a | 14.83a |
| T1 | 79.50a | 6.87a | 3.97a | 55.17a | 24.33a | 44.02a | 857.63a | 14.67a |
| T2 | 80.17a | 7.17a | 3.32a | 55.50a | 23.00a | 41.48a | 813.01a | 14.50a |
| T3 | 75.50b | 7.13a | 3.75a | 56.67a | 24.83a | 43.88a | 893.69a | 15.50a |

3. 生物炭对成熟期农艺性状的影响

由表 4-6 可以得知，成熟期各指标间只有茎围和节距在统计学上有显著差异，其他指标间不存在统计学显著差异。各处理茎围均值为 7.00~8.03cm，其大小从高到低依次为：T1>T2>T3>CK，T1 处理的茎围比 CK 处理显著提高了 14.71%；各处理节距均值为 5.32~6.32cm，其大小从高到低依次为：T2>T1>CK>T3，T2 处理的节距比 T3 显著提高了 18.80%；各处理叶长均值为 62.13~66.13cm，其大小从高到低依次为：CK>T1>T2>T3；各处理叶宽均值为 24.89~27.33cm，其大小从高到低依次为：CK>T1>T2>T3；各处理的开片度均值为 39.54%~41.33%，其大小从高到低依次为：CK>T1>T3>T2；各处理最大叶面积均值为 981.20~1146.75cm²，其大小从高到低依次为：CK>T1>T2>T3；各处理叶片数均值为 15.67~16.56 片，其大小从高到低依次为：T2>T1>T3>CK。

**表 4-6　成熟期烤烟农艺性状比较**

| 处理 | 茎围（cm） | 节距（cm） | 叶长（cm） | 叶宽（cm） | 开片度（%） | 最大叶面积（cm²） | 叶片数（片） |
|---|---|---|---|---|---|---|---|
| CK | 7.00b | 5.67ab | 66.13a | 27.33a | 41.33a | 1 146.75a | 15.67a |
| T1 | 8.03a | 5.89ab | 66.06a | 26.77a | 40.52a | 1 122.07a | 16.00a |
| T2 | 7.65ab | 6.32a | 64.08a | 25.34a | 39.54a | 1 030.30a | 16.56a |
| T3 | 7.62ab | 5.32b | 62.13a | 24.89a | 40.06a | 981.20a | 15.88a |

# 三、结论与讨论

## （一）生物炭对土壤理化性质的影响

土壤 pH 值影响着烤烟的生长发育，pH 值过高或过低都对烤烟的根系有损害，影响根系对养分的吸收，适宜烤烟生长的土壤 pH 值为 5.0~7.0。

本试验结果表明，烤烟生育期各处理根际土壤 pH 值为 4.98~6.11，基本适宜烤烟的生长。不同生育期各处理 pH 值均表现为旺长期>成熟期>团棵期。施加生物炭能够显著提升土壤 pH 值（$P<0.01$），其中团棵期以 T1 处理最高，旺长期和成熟期以 T2 处理最高。许跃奇等研究也表明施加生物炭能够提升土壤的 pH 值，这可能与生物炭本身呈碱性有一定的关系。

土壤氮含量是烤烟生长发育需要较多的营养物质，土壤的供氮能力制约着烤烟的产量与品质。土壤碳氮比（C/N）是评价土壤质量的重要指标，也是碳、氮代谢相对强度和协调程度的反映和体现。本试验结果表明，在成熟期施用生物炭能够在一定程度上提升土壤有机碳含量，这与李秀云的研究相似。对于总氮含量在生育期的变化规律不明显，而周志红等研究表明 100t/hm$^2$ 的生物炭施用量能够降低对氮素的淋失，与本研究结果不同；这可能是由于本试验的生物炭添加量较少的原因，因为高德才等研究表明添加少量生物炭对氮的淋洗无影响。但施加生物炭在成熟期能够极显著提升土壤的碳氮比，这与齐瑞鹏的研究结果相似。

本研究中土壤有机碳含量偏低（4.65~5.97g/kg），造成土壤碳氮比也偏低（5.42~7.91），这可能是由于试验田块是从新土地进行耕翻、平整而得来，田间种植作物年限较短，因而使土壤凋落物较少，影响了土壤环境，从而影响土壤微生物的活性和呼吸作用，造成土壤有机碳含量损失。

（二）生物炭对烤烟生长发育的影响

生物炭能提高烟叶类胡萝卜素降解产物含量，促进烟叶的光合作用。有研究表明在烤烟移栽后 70~90d 这段时间，随着生物炭的增加叶绿素含量也呈增加的趋势。本研究表明，烟叶相对叶绿素含量（SPAD）在团棵期各处理均低于 CK 处理，可能是由于前期生物炭的施用导致土壤养分失调，抑制烤烟生长；旺长期和成熟期烟叶相对叶绿素含量（SPAD）均高于 CK，且在旺长期上部叶和中部叶以 T2 处理最高，下部叶以 T3 处理最高；成熟期上部叶以 T2 处理最高，下部叶以 T1 处理最高。

张伟明等研究表明：生物炭在水稻生长前期促进了根系总吸收面积、根体积和根鲜质量等，并能延缓后期根系衰老，提高根系生理活性等。本研究表明，生物炭在团棵期对烤烟根系活力无显著影响，在旺长期和成熟期均以 T2 处理的根系活力最高，分别比对照高出 13.02% 和 13.78%，说明生物炭能促进烤烟根系的生长。但在成熟期 T3 处理根系活力略低于对照，但不呈显著差异，说明生物炭施用过多会抑制烤烟根系的生长，可能是由于生物炭在水、土交融作用下会释放乙烯等物质，或产生激素物质，从而刺激和干扰根系生长，具体原因还有待进一步研究。

烤烟的农艺性状能够反映烤烟的生长发育状况。本研究表明，生物炭能够提高烤烟农艺性状。团棵期 T2 处理的叶宽比 CK 处理显著增加了 22.72%，最大叶面积比 CK 处理显著增加了 40.97%；旺长期 T2 和 T1 处理的株高比 CK 处理显著提高了 6.19% 和 5.30%；成熟期 T1 处理的茎围比 CK 处理显著提高了 14.71%。说明生物炭对烤烟株高、叶宽、最大叶面积和茎围有显著影响，张园营研究认为生物炭对株高、茎围、有效叶片数等均有影响，与其相似。

## 第二节　不同氨基酸有机肥对烤烟生长发育及产质量的影响

前人研究证明农作物能够吸收利用氨基酸，且与施用量有很大关系。作物的产量和品质受遗传与环境的双重影响。施肥是烤烟生产关键栽培技术之一。湘西州烟区由于长期的土壤连作与化肥大量使用，导致土壤结构被破坏，有机质下降和土壤酸化，土壤退化严重，烟叶香气不足，化学成分不协调，不能满足工业需求。绿色、有机、生态、安全农业发展是大势所趋。可前人多研究不同有机肥与无机肥的配比对烤烟产质量的影响，施用生物有机肥对烤烟生长发育和产质量的影响也有部分报道；虽相对于无机氮，土壤中氨基酸态氮含量很低，但关于氨基酸有机肥的研究鲜见报道。本研究采取田间试验的方法，探讨了不同氨基酸有机肥种类与施用量对烤烟生长及产质量影响的作用与机理，以期为湘西州烟区科学施用氨基酸有机肥提供理论依据与技术支撑。

### 一、材料与方法

#### （一）试验材料

试验于 2014—2016 年在湖南省花垣县花垣镇湘西生态金叶科技园（海拔 452m，东经 109.30°、北纬 28.01°）进行定位试验，供试土壤为石灰岩母质发育的旱地黄灰土，土壤理化性质：pH 值为 6.23、有机质为 10.46g/kg、碱解氮为 38.20mg/kg、速效磷为 9.75mg/kg、速效钾为 108.76mg/kg；其烤烟生产主要依靠天然降水和土壤自身蓄水。种植制度为一年一熟（烤烟）。供试烤烟品种为云烟 87。供试新型氨基酸有机肥由长沙新源氨基酸肥料有限公司生产：氨基酸有机肥 A 型（$N : P_2O_5 : K_2O = 8 :$

2：2，有机质70%~80%，总氨基酸35%，游离氨基酸7%），氨基酸有机肥B型（N：$P_2O_5$：$K_2O$=6：2：2，有机质70%~80%，总氨基酸25%，游离氨基酸5%）。常规烟草专用基肥（N：$P_2O_5$：$K_2O$=8：15：7）、生物有机肥（N：$P_2O_5$：$K_2O$=4：1：1）为基肥，提苗肥（N：$P_2O_5$：$K_2O$=20：9：0）、烟草专用追肥（N：$P_2O_5$：$K_2O$=10：5：29）、硫酸钾（N：$P_2O_5$：$K_2O$=0：0：50）为追肥，均由湖南众望金叶科技股份有限责任公司提供。

（二）试验设计

试验为单因素5水平随机区组设计的定位试验，3次重复，小区面积为58.8m²。各处理分别为：T1（CK）：烟草专用基肥750kg/hm²+生物有机肥300kg/hm²+追肥；T2：烟草专用基肥750kg/hm²+A型氨基酸有机肥150kg/hm²+追肥；T3：烟草专用基肥750kg/hm²+A型氨基酸有机肥300kg/hm²+追肥；T4：烟草专用基肥750kg/hm²+B型氨基酸有机肥150kg/hm²+追肥；T5：烟草专用基肥750kg/hm²+B型氨基酸有机肥300kg/hm²+追肥。亩施纯氮7.62kg，N：$P_2O_5$：$K_2O$=1：1.52：2.63，以追肥（提苗肥、烟草专用追肥、硫酸钾）用量调节总施氮量及氮磷钾比例。生物有机肥、烟草专用基肥、氨基酸有机肥全部作基肥，起垄前开沟条施；其余化学肥料50%作基肥，50%在培土时作追肥施入。行距1.2m，株距0.5m，试验地设2行保护行，2016年4月26日移栽烤烟。田间管理按标准化烟叶生产措施进行。

（三）烤烟生长发育、经济性状调查及分析测定

烤烟农艺性状于成熟期分叶位测定，每小区用红线定点测量10株烟的株高、茎围、叶长宽、叶面积和有效叶片数；栽后35d、40d、50d、60d、70d和80d分别测定叶面积系数，叶面积系数=所有烟叶有效叶片长×叶宽×0.65/所覆盖的土地面积；烤后测定烟叶经济性状：按GB 2635—1992分级、国家统一价格交售，计量小等级产量、产值；整齐度分析计算公式：$rd$=$(\bar{x}-s)$/$\bar{x}$×100，其中$rd$为整齐度，$\bar{x}$为样本平均值，$s$为标准差。成熟期每小区随机抽取具代表性的60株烟株标记叶位（7~11与12~16叶位）取烤后烟样B2FC3F各3kg。对抽取的上、中烟叶样品进行化学成分测定与评吸。还原糖、总糖、烟碱、总氮、氯用305D流动分析仪测定，钾用火焰光度法测定，并由农业农村部烟草产业产品质量监督检验测试中心检测，并进行感官评吸。

（四）根系干重测定

于移栽后30d开始，每小区每隔15d选具有代表性的烟株5株测定烟株

根干重。取样方法为以主茎基部为原点，水平横向距离主茎基部 0～10cm 区域和深度纵向距离主茎基部 0～10cm、10～20cm、20～30cm 和 30～40cm 区域切出剖面，取出根系，冲净泥土，测定每个采样区的根系干重。

（五）统计分析

采用 Excel 整理数据，DPS 软件进行统计分析，LSD 法显著性检验。

## 二、结果与分析

### （一）不同氨基酸有机肥对大田烤烟农艺性状及整齐度的影响

由表 4-7 可知，中部叶长、中部叶叶面积顺序均为 T3>T2>T5>T1>T4，A 型氨基酸有机肥 300kg/hm² 处理中部叶叶长与中部叶叶面积最高分别为 74.89cm、891.23cm²，均与对照和 B 型氨基酸有机肥 150kg/hm² 处理有显著性差异。施用氨基酸有机肥都有增加株高、叶数与中部叶宽的趋势，但均未达到显著水平。其他处理间无显著性差异。

表 4-7　不同处理的农艺性状与整齐度

| 处理（肥料） | 株高（cm） | 茎围（cm） | 中部叶长（cm）（第 10 叶位） | 上部叶长（cm）（第 14 叶位） | 有效叶数（片） | 中部叶宽（cm）（第 10 叶位） | 中部叶面积（cm）²（第 10 叶位） | 上部叶宽（cm）（第 14 叶位） | 上部叶面积（cm）²（第 14 叶位） |
|---|---|---|---|---|---|---|---|---|---|
| T1 | 114.00 | 9.14 | 71.33b | 61.33 | 17.00 | 26.11 | 749.79b | 21.56 | 532.34 |
| T2 | 118.56 | 9.34 | 74.78ab | 60.78 | 17.78 | 27.33 | 822.79ab | 19.78 | 484.00 |
| T3 | 114.56 | 9.07 | 74.89a | 65.22 | 17.01 | 29.56 | 891.23a | 22.44 | 589.20 |
| T4 | 114.56 | 8.96 | 68.44b | 62.33 | 17.44 | 26.12 | 719.42b | 21.67 | 543.77 |
| T5 | 117.67 | 9.10 | 72.67ab | 62.33 | 17.33 | 27.33 | 799.57ab | 21.44 | 538.01 |
| 整齐度（%） | | | | | | | | | |
| T1 | 91.88b | 96.37a | 90.65b | 93.69abAB | 94.91 | 87.52 | 79.24b | 88.61 | 82.68 |
| T2 | 95.55ab | 96.70a | 94.96ab | 94.81aA | 94.53 | 89.49 | 84.89ab | 89.04 | 84.16 |
| T3 | 97.38a | 97.66a | 95.76a | 91.79abAB | 94.91 | 89.42 | 84.33ab | 89.52 | 81.20 |
| T4 | 96.57ab | 94.17a | 92.40ab | 89.51bB | 93.84 | 93.52 | 88.85a | 84.01 | 73.99 |
| T5 | 95.01ab | 94.43a | 92.88aþS | 94.11aAB | 95.00 | 89.02 | 82.91ab | 84.51 | 79.60 |

注：同一列中不同大、小写字母表示差异达到 1%、5% 显著水平。

叶面积指数（LAI）与整齐度的大小，均是评价烤烟群体烟株光合性能及生长的重要指标。为进一步了解各处理烤烟的群体长势，特进行整齐度与叶面积系数分析。各处理株高、茎围、中部叶长度、上部叶宽度整齐度以 T3 处理最高，分别较对照 T1 处理高 0.81、1.29、5.11、0.91 个百分点，其中中部叶长度整齐度、株高整齐度与 T1 处理有显著性差异；中部叶宽度、中部叶面积整齐度以 T4 处理最高，分别较对照、T1 处理高 6.00、9.61 个百分点，其中中部叶面积整齐度与对照、T1 处理有显著性差异，但其叶面积系数与茎围最小（图 4-6）；上部叶长度、上部叶面积整齐度以 T2 处理最高，分别较 T4 处理高 5.3、2.08 个百分点，其中 T2 处理的上部叶长度整齐度显著高于 T4 处理，其他处理之间无显著差异。

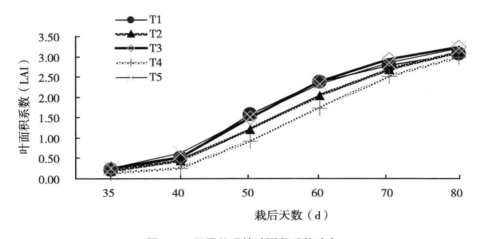

图 4-6　不同处理的叶面积系数动态

综上所述，氨基酸有机肥 A 型 300kg/hm² 的用量能促进大田烤烟中部叶的个体与群体生长发育。

（二）施用不同氨基酸有机肥对烤烟根系的影响

由表 4-8 可见，烤烟根系主要分布在深 0~30cm 处，其中 0~10cm 处的根系增长高峰期在移栽后 30~40d，T4 处理在 30d，T1、T2、T3、T5 处理在 40d，且 T3>T2>T5>CK>T4，其中移栽后 40d 时 3 处理与对照和 4 处理有显著性差异；10~20cm 的根系增长高峰期在移栽后 30~70d 间，T2、T4、T5 处理在移栽后 30d，T3 处理在移栽后 40d，T1 处理在移栽后 70d，且 T4>T5>T1>T2>T3>对照，其中移栽后 40d 时 10~20cm 的根系 4 个处理与对照有显著性差异；20~30cm 的根系增长高峰期在 80~90d，T1、T3、T4、T5 处理在移栽后 90d，T2 处理在 80d，且 T3>T4>T5>T2>T1；30~40cm 处在移栽后 0~40d 几乎无根系，移栽后 40~90d 根系较快增加，高峰期在移栽后 60~70d；T2、T3、T4、T5 处理在移栽后 70d，T1 处理在移栽后 60d，T4>T1>

T2>T5>T3。其他处理无显著性差异。进一步分析拟合可知，0~10cm 与 20~30cm 深度根系干重变化呈"S"形曲线，10~20cm 根系呈幂函数增长曲线，30~40cm 呈二次函数曲线。综上，说明施用氨基酸有机肥 300kg/hm$^2$ 可促进烟草根系的发育。

表4-8 不同处理不同深度各层次根系占总根干重的比重分布

| 根系层次（cm） | 处理 | 移栽后天数（d） | | | | | | |
| --- | --- | --- | --- | --- | --- | --- | --- | --- |
| | | 30 | 40 | 50 | 60 | 70 | 80 | 90 |
| 0~10 | CK | 0.378 | 0.387b | 0.369 | 0.244 | 0.188 | 0.165 | 0.145 |
| | 2 | 0.328 | 0.449ab | 0.415 | 0.283 | 0.219 | 0.155 | 0.135 |
| | 3 | 0.331 | 0.490a | 0.285 | 0.337 | 0.301 | 0.241 | 0.264 |
| | 4 | 0.327 | 0.262b | 0.246 | 0.286 | 0.269 | 0.241 | 0.255 |
| | 5 | 0.342 | 0.388ab | 0.347 | 0.227 | 0.208 | 0.191 | 0.184 |
| 10~20 | CK | 0.432 | 0.360b | 0.387 | 0.368 | 0.488 | 0.468 | 0.441 |
| | 2 | 0.471 | 0.290b | 0.258 | 0.417 | 0.363 | 0.408 | 0.412 |
| | 3 | 0.330 | 0.458ab | 0.285 | 0.335 | 0.330 | 0.311 | 0.264 |
| | 4 | 0.593 | 0.516a | 0.522 | 0.385 | 0.391 | 0.364 | 0.347 |
| | 5 | 0.545 | 0.445ab | 0.376 | 0.399 | 0.412 | 0.463 | 0.374 |
| 20~30 | CK | 0.169 | 0.250 | 0.149 | 0.251 | 0.204 | 0.268 | 0.301 |
| | 2 | 0.182 | 0.246 | 0.215 | 0.207 | 0.282 | 0.331 | 0.316 |
| | 3 | 0.330 | 0.052 | 0.247 | 0.268 | 0.255 | 0.355 | 0.359 |
| | 4 | 0.055 | 0.186 | 0.127 | 0.233 | 0.222 | 0.288 | 0.336 |
| | 5 | 0.111 | 0.163 | 0.194 | 0.296 | 0.264 | 0.259 | 0.335 |
| 30~40 | CK | 0.001 | 0.003 | 0.086 | 0.127 | 0.110 | 0.088 | 0.104 |
| | 2 | 0.009 | 0.005 | 0.102 | 0.083 | 0.126 | 0.096 | 0.125 |
| | 3 | 0.006 | 0.018 | 0.175 | 0.061 | 0.112 | 0.091 | 0.111 |
| | 4 | 0.008 | 0.006 | 0.101 | 0.095 | 0.155 | 0.095 | 0.133 |
| | 5 | 0.002 | 0.004 | 0.083 | 0.078 | 0.116 | 0.087 | 0.106 |

注：同一列中不同大、小写字母分别表示差异达到1%和5%显著水平。

## （三）施用不同氨基酸有机肥对烤烟经济性状的影响

表4-9 不同氨基酸有机肥对烤烟经济性状的影响

| 处理 | 产量（kg/hm$^2$） | 产值（元/hm$^2$） | 均价（元/kg） | 上中等烟比例（%） |
| --- | --- | --- | --- | --- |
| CK | 1 814.11b | 17 762.98c | 9.76b | 84.25c |
| 氨基酸有机肥 A 150kg/hm$^2$ | 1 884.39b | 18 958.01b | 10.07a | 87.18a |
| 氨基酸有机肥 A 300kg/hm$^2$ | 1 974.38a | 19 341.95a | 9.79b | 87.34a |

（续表）

| 处理 | 产量<br>（kg/hm²） | 产值<br>（元/hm²） | 均价<br>（元/kg） | 上中等烟比例<br>（%） |
|---|---|---|---|---|
| 氨基酸有机肥 B 150kg/hm² | 1 849.25b | 18 360.50b | 9.92ab | 85.72b |
| 氨基酸有机肥 B 300kg/hm² | 1 923.69a | 19 174.96a | 9.96b | 85.08b |

注：同列不同小字母表示差异达5%显著水平。

两种水平两种氨基酸有机肥的烟叶产量、产值、均价与上中等烟叶比例均有不同程度的提高，其中上中等烟叶比例均与对照有显著差异，高用量的两种氨基酸有机肥还与对照在产量、产值上有显著差异，A、B 型产量增幅分别为 8.83%、6.04%，产值增幅分别为 8.89%、7.95%。说明300kg/hm²用量的氨基酸有机肥 A 型、B 型与化肥配施均能提高烟叶产量与产值，增加烟农收入。

（四）施用不同氨基酸有机肥对烤烟化学成分的影响

只有各种化学成分含量适宜且相互协调，烟叶才具有良好的内在质量，香气充足，吃味醇和，不同处理的中上部烟叶的内在化学成分的协调性差异，可评价烟叶内在质量，进而通过施肥措施提高中上部烟叶的质量。

由表 4-10 可见，中上部烟叶总糖含量均以对照最低，以有机肥 A 型300kg/hm² 处理最高；中部烟叶总氮含量以氨基酸有机肥 A 300kg/hm² 最高，大小顺序为氨基酸有机肥 A 300kg/hm²>氨基酸有机肥 B 300kg/hm²>对照>氨基酸有机肥 A 150kg/hm²>氨基酸有机肥 B 150kg/hm²，均与对照无显著差异。上部烟叶总氮含量以对照处理最高，大小顺序为对照>氨基酸有机肥 B 300kg/hm²>氨基酸有机肥 A 300kg/hm²>氨基酸有机肥 A 150kg/hm²>氨基酸有机肥 B 150kg/hm²，且均与对照有显著差异。中上部烟叶钾氯比均以氨基酸有机肥 A 300kg/hm² 最高，且中部叶与对照和氨基酸有机肥 A 150kg/hm² 处理有显著差异，其他无显著差异。各处理的烟碱含量均低于对照，钾含量与糖碱比均高于对照，其他指标均在适宜范围内，但处理之间无显著差异。可见各氨基酸处理均一定程度上改善烟叶化学成分及内在品质。氨基酸有机肥与化肥配施能提高中部叶的钾氯比与上部叶的总糖含量，降低上部叶的总氮含量。总体上效果以氨基酸有机肥 A 300kg/hm²较好。

表 4-10　不同处理烟叶主要化学成分

| 烟叶部位 | 处理 | 钾 (%) | 氯 (%) | 总氮 (%) | 总糖 (%) | 还原糖 (%) | 烟碱 (%) | 氮/碱 | 钾/氯 | 糖/碱 |
|---|---|---|---|---|---|---|---|---|---|---|
| 中部 | CK | 1.91 | 0.33 | 1.38abc | 28.18 | 20.43 | 2.43 | 0.57 | 5.79b | 8.41 |
| | 氨基酸有机肥 A 150kg/hm² | 2.37 | 0.57 | 1.27bc | 30.93 | 22.00 | 1.75 | 0.73 | 4.16b | 12.57 |
| | 氨基酸有机肥 A 300kg/hm² | 2.15 | 0.20 | 1.55a | 34.71 | 20.41 | 2.01 | 0.77 | 10.75a | 10.15 |
| | 氨基酸有机肥 B 150kg/hm² | 2.13 | 0.31 | 1.16c | 31.26 | 19.28 | 1.65 | 0.70 | 6.87ab | 11.68 |
| | 氨基酸有机肥 B 300kg/hm² | 2.19 | 0.28 | 1.43ab | 34.50 | 21.92 | 1.98 | 0.72 | 7.82ab | 11.07 |
| 上部 | CK | 1.40 | 0.39 | 1.73a | 24.06b | 15.90 | 2.55 | 0.68 | 3.59 | 6.24 |
| | 氨基酸有机肥 A 150kg/hm² | 1.92 | 0.40 | 1.41b | 25.59b | 18.21 | 1.84 | 0.77 | 4.80 | 9.90 |
| | 氨基酸有机肥 A 300kg/hm² | 2.76 | 0.28 | 1.42b | 32.40a | 19.57 | 2.10 | 0.68 | 9.86 | 9.18 |
| | 氨基酸有机肥 B 150kg/hm² | 1.85 | 0.24 | 1.38b | 24.90b | 18.88 | 1.74 | 0.79 | 7.71 | 10.85 |
| | 氨基酸有机肥 B 300kg/hm² | 2.65 | 0.29 | 1.47b | 29.73b | 19.14 | 2.09 | 0.70 | 9.14 | 9.16 |

注：同一列中不同大、小写字母分别表示差异达到 1% 和 5% 显著水平。

## （五）施用氨基酸有机肥对烤烟评吸质量的影响

由表 4-11 可看出，各处理评吸总分、质量档次均高于对照，其高低顺序为：氨基酸有机肥 A 150kg/hm² > 氨基酸有机肥 B 150kg/hm² > 氨基酸有机肥 A 300kg/hm² > 氨基酸有机肥 B 300kg/hm² > 对照，说明氨基酸有机肥 A 型、B 型均能改善中部烟叶的香气质，增加中部烟叶的香气量，提高中部烟叶的评吸质量。

表 4-11　不同处理中部烟叶评吸质量　　　　　　　　　　　　（单位：分）

| 处理 | 香型 | 劲头 | 浓度 | 香气质 | 香气量 | 余味 | 杂气 | 刺激性 | 燃烧性 | 灰色 | 总分 | 质量档次 |
|---|---|---|---|---|---|---|---|---|---|---|---|---|
| CK | 中偏浓 | 适中+ | 中等+ | 11.39 | 16.14 | 19.60 | 12.87 | 8.71 | 2.97 | 2.97 | 74.65 | 中等+ |
| 氨基酸有机肥 A 150kg/hm² | 中偏浓 | 适中 | 中等+ | 11.58 | 16.34 | 20.20 | 13.17 | 8.81 | 2.97 | 2.97 | 76.03 | 较好- |
| 氨基酸有机肥 A 300kg/hm² | 中偏浓 | 适中 | 中等+ | 11.48 | 16.24 | 19.80 | 13.07 | 8.81 | 2.97 | 2.97 | 75.34 | 较好- |
| 氨基酸有机肥 B 150kg/hm² | 中偏浓 | 适中 | 中等+ | 11.58 | 16.14 | 19.90 | 13.27 | 8.71 | 2.97 | 2.97 | 75.54 | 较好- |

（续表）

| 处理 | 香型 | 劲头 | 浓度 | 香气质 | 香气量 | 余味 | 杂气 | 刺激性 | 燃烧性 | 灰色 | 总分 | 质量档次 |
|---|---|---|---|---|---|---|---|---|---|---|---|---|
| 氨基酸有机肥 B 300kg/hm² | 中偏浓 | 适中 | 中等+ | 11.58 | 16.14 | 19.60 | 13.07 | 8.81 | 2.97 | 2.97 | 75.14 | 较好- |

## 三、讨论

关于有机酸对作物的有利影响远比毒害研究得少。韩锦峰研究指出，饼肥配施化肥能提高烤烟产量、上等烟的比例及烟叶品质。武雪萍等研究发现有机酸灌根促进了烟叶的碳氮代谢过程，其中苹果酸处理和乳酸处理均显著提高了根系活力和根系 ATPase 活性，促进根系的发育，4 种有机酸处理都可以提高烤后烟叶有机酸和还原糖的含量。刘国顺等认为有机酸能改善烟叶的质量。朱凯研究表明，施用苹果酸等有机酸增加了致香物质总量，且以中部叶增加最大。究其原因有 3 个：其一，有机酸可以为土壤微生物提供碳源，提高根际土壤微生物的活性，有利于土壤中物质的转化。其二，有机酸可以提高植物养分的有效性。很多有机酸可与微量元素（Zn、Cu、Fe、Mn）形成水溶性络合物或螯合物，从而提高微量元素的有效性。其三，有机酸改善根际土壤环境，刺激根系的生长，提高烟草根系活力，提高烟叶酶活性，加强碳氮代谢，但是由于不同分子量有机酸所起的作用不同，对烟株内化学成分的合成表现不同。

施肥措施可以改善土壤理化性状与养分状况，是调控烟叶产质量的关键技术。朱利翔研究指出，含氨基酸水溶肥料的使用增加了小麦的穗粒数和千粒重，能显著提高小麦产量，氨基酸有机肥 A 型的效果最好，可能与其总氨基酸及游离氨基酸含量较高有关，氨基酸态氮对植物的氮营养贡献还应当适当考虑根系分泌与氨基酸吸收之间的平衡。曹小闯等认为土壤氨基酸态氮既供应有机氮源，同时也为植物提供了有机氮化合物中的碳与能量，大大降低了"碳氮同化成本"。植物的有机氮营养效应比矿质氮营养效应大得多。氨基酸相对其他氮源能被植物优先吸收，以降低植物在吸收同化氮源时所消耗的能量，于俊红等认为 50~200mg/kg 的组氨酸、甘氨酸和甲硫氨酸喷施能在不同程度上促进菜心生长和增产。上述结果与本研究结果基本一致。

氨基酸态氮半衰期短，分子态氨基酸可不经矿化而直接被植物吸收，是植物和微生物的优良氮源与碳源。氨基酸关系蛋白质合成，影响蛋白质和酶的数量，影响土壤微生物的动态变化，进而影响烟叶内在品质。合理的施肥种类是影响农业可持续发展的重要因素之一，长期单一施用同一系列种类肥料，虽然对产量有所贡献，但影响农业持续发展。氨基酸有机肥与化肥配合施用，不仅可以提高烟叶产量和产值，还可以改善烟叶品质，提高烟叶的评吸质量。

推测氨基酸可能会促进致香前体物质的合成与积累，使烟叶成熟期间同化物的降解转化更为协调，烟叶化学成分更为协调，氨基酸有机肥不仅可增加土壤有机质的含量，而且可提高有机质的质量。

## 四、结论

$300kg/hm^2$ 用量的氨基酸有机肥 A 型较好，能促进大田烤烟个体与群体的中部叶生长发育，促进烟草根系的发育，提高烟叶产值与质量。对湘西州烤烟生产及肥料配方有重要的指导意义。

## 第三节　解磷细菌对植烟土壤理化性状及烤烟产质量的影响

烟草是我国重要的经济作物之一，烟叶的品质直接决定了烟草的经济价值，而土壤是烤烟生长的根基，植烟土壤的肥力水平直接影响烤烟的生长发育及其品质，优质烟叶的生产与土壤肥力状况有着密不可分的联系。近年来烟叶生产对化学肥料和农药的依赖，致使部分植烟土壤生态系统遭到破坏，有机质含量降低，烟田土壤酸化、板结，土壤微生物结构和功能多样性受损，从而影响了烟叶的生长与品质，成为限制烟叶生产可持续发展的重要因素。因此，为了实现烟草农业可持续发展、发展环境友好型烟草产业，做到土地资源用养结合，改善植烟土壤环境是必不可少的主要途径。

当前湘西州植烟土壤存在磷素养分含量过高，而磷肥利用率低的现状。解磷细菌肥作为一种微生物菌肥，其施用效果在玉米、小麦和白菜等作物上均有报道，而施用于烟草的报道较少。鉴于此，拟研究解磷细菌肥对湘西州植烟土壤化学性状、微生物功能多样性、烤烟氮磷营养以及产质量的影响，旨在提高湘西州植烟土壤有效磷含量，改善烤烟根际土壤微生态环境，进而提高烤烟对磷素的吸收利用，以期为解磷细菌肥在湘西州优质烟叶生产的合理利用提供理论依据和技术参考。

## 一、材料与方法

### (一)试验地点及材料

#### 1. 试验地点

试验于 2018 年 03 月至 2018 年 08 月在湖南省湘西州花垣县道二乡科技园进行,位于东经 109°15′~109°38′,北纬 28°10′~28°38′。花垣县为"喀斯特"地貌,属于亚热带季风山地湿润气候区,光照充足,雨水充沛。年平均气温 16.0℃,年平均降水量 1 363.8mm,年平均无霜期 279d,全年日照时数 1 219.2h。试验地肥力情况:pH 值为 7.17、有机质为 20.07g/kg、碱解氮为 153.13mg/kg、有效磷为 10.09mg/kg、速效钾为 188.59mg/kg。

#### 2. 试验材料

供试品种为云烟 87。供试解磷细菌、基肥、追肥和提苗肥等肥料由湖南金叶众望科技股份有限公司提供。解磷细菌肥:菌剂≥2%、总养分≥36%、硝态氮/总氮≥35%、有机质≥15%、含七水硫酸镁 3%、一水硫酸锰 1.5%、pH 值为 4.8~6.5。

### (二)试验设计

本试验为单因素试验,采用随机区组设计试验。在 2017 年不同磷素水平下解磷细菌肥施用效果试验得出结果中,确定磷肥用量降为当地常规用量 50%的情况下,本试验设置不同解磷细菌肥用量的 5 个处理,分别为:0kg/hm² (CK)、37.5kg/hm² (P1)、75kg/hm² (P2)、112.5kg/hm² (P3)、150kg/hm² (P4),小区面积 58.8m²,每个处理重复 3 次。试验于 2018 年 4 月 19 日移栽,6 月 13 日打顶,6 月 24 日始采,8 月 3 日终采。

试验所用氮肥由硝酸铵钙供应,用量为 750kg/hm²;钾肥由硫酸钾提供,用量为 641.25kg/hm²;磷肥为钙镁磷肥,用量为 625.05kg/hm²。硝酸铵钙含氮量以 15%计,硫酸钾含钾量以 50%计,钙镁磷肥含磷量以 12%计,具体到小区用量=(用量×小区面积)/ 10 000m²。钙镁磷肥与解磷细菌肥均作基肥一次性施入,氮肥(硝酸铵钙)和钾肥(硫酸钾)60%作基肥,40%作追肥。

**表 4-12　试验处理及肥料用量**

| 处理 | 解磷细菌肥<br>(kg/hm²) | 钙镁磷肥<br>(kg/hm²) | 硝酸铵钙<br>(kg/hm²) | 硫酸钾<br>(kg/hm²) |
| --- | --- | --- | --- | --- |
| CK | 0.00 | 625.05 | 750.00 | 641.25 |

（续表）

| 处理 | 解磷细菌肥<br>（kg/hm²） | 钙镁磷肥<br>（kg/hm²） | 硝酸铵钙<br>（kg/hm²） | 硫酸钾<br>（kg/hm²） |
|---|---|---|---|---|
| P1 | 37.50 | 625.05 | 750.00 | 641.25 |
| P2 | 75.00 | 625.05 | 750.00 | 641.25 |
| P3 | 112.50 | 625.05 | 750.00 | 641.25 |
| P4 | 150.00 | 625.05 | 750.00 | 641.25 |

## （三）测定项目及方法

在施肥起垄前采用五点取样法采集土壤样品，移栽后 30d、60d 和 90d 使用抖根法采集根际土壤样品，共 5 个处理，每个处理的各重复均需取样 5 次（五点取样法），将各小区的土壤样品按照小区进行编号并装好袋，放入冰盒立即带回实验室-80℃冰箱保存，一部分土壤样品用于测定微生物功能多样性，其余部分土壤样品风干、研磨，过 60 目筛后测定土壤 pH 值、有机质、速效磷、全磷。于圆顶期（打顶后 7~10d）采集烤烟植株样品，每个处理的各重复小区取样 2 次，将各小区的整鲜株样分成根、茎和叶并放入网袋中，编号后放入恒温烘箱杀青烘干，用于统计烤烟干物质量和测定氮磷元素含量。

1. 土壤化学性状的测定

土壤 pH 值采用 pH 计检测，水土比例为 2.5∶1；土壤有机质采用重铬酸钾-硫酸法；土壤有效磷采用碳酸氢钠钼蓝比色法；土壤全磷采用钼锑抗比色法。

2. 烤烟矿质营养元素的测定

烤烟杀青植株样品采用 $H_2SO_4$-$H_2O_2$ 法消化，凯氏定氮法测定杀青植株全氮含量；钼锑抗比色法测定杀青植株全磷含量。

3. 烤烟农艺性状的测定

于烤烟圆顶期（打顶后 7~10d）每处理取 10 株以上烟株平均值，测定株高、茎围、有效叶片数、上部倒数第 4 片叶的叶长和叶宽、中部倒数第 9 片叶的叶长和叶宽。以上指标具体测定方法见表 4-13。

表 4-13 农艺性状的测定方法

| 测定指标 | 方法 |
|---|---|
| 株高 | 从地表沿茎到茎的最顶端的距离 |

（续表）

| 测定指标 | 方法 |
|---|---|
| 茎围 | 从根部量在茎高 1/3 处节间测量茎的圆周长 |
| 有效叶片数 | 实际采收的叶数 |
| 最大叶长宽 | 选取一最大叶片，测定其叶长、叶宽 |
| 最大叶面积 | 最大叶长×叶宽×0.6345 |

4. 烤后烟叶物理性状及化学成分的测定

烤后烟叶物理性状按照标准 GB 2635—1992 选取具有代表性的 B2F、C3F 烟叶，测定烟叶叶长、叶宽、单叶重、叶片厚度、含梗率、平衡含水率。

烤后烟叶化学成分采用 SKALAR SAN++间隔流动分析仪（荷兰 Skalar 公司）测定 C3F 烟叶的总糖、还原糖、烟碱、总氮、氯含量，烟叶钾含量则采用火焰光度法测定。

5. 烤后烟叶经济性状的统计

统一按国家 42 级分级标准分级，价格按当地收购价格统计。统计烤后未经储藏的全部原烟（包括样品）的各个等级比例、重量、价格等。分别计算产量、均价、产值、上等烟比例和中上等烟比例。

6. 经济效益分析

本试验钙镁磷肥与解磷细菌肥均作基肥一次性施入，硝酸铵钙和硫酸钾各处理施用量一致，移栽品种均为云烟 87，故各处理的用工成本与种子成本相同，不同之处在于施肥成本。湖南金叶众望科技股份有限公司提供的肥料市场价为：解磷细菌肥 40 000 元/t、钙镁磷肥 800 元/t、硝酸铵钙 1 500 元/t、硫酸钾 3 200 元/t。

经济效益=施解磷细菌肥处理区的烤烟产值−不施解磷细菌肥处理区的烤烟产值−解磷细菌肥施肥成本

产投比=经济效益/施肥成本

（四）数据处理

采用 Excel 和 SPSS 24 软件对数据进行统计分析，Excel 软件作图。方差分析采用邓肯新复极差法，文中表和图中的不同大写字母表示在 0.01 水平呈显著差异，小写字母不同表示在 0.05 水平呈显著差异。

## 二、结果与分析

### （一）解磷细菌肥对湘西植烟土壤化学性状的影响

#### 1. 解磷细菌肥对湘西植烟土壤 pH 值的影响

由图 4-7 可知，移栽后不同天数各处理土壤 pH 值存在极显著差异。在移栽后 30d 时，各处理土壤 pH 值以 CK 处理最高（7.25），P3 处理最低（6.85），且 CK 处理土壤 pH 值与其他处理间存在极显著差异。各个处理土壤 pH 值从低到高依次为：P3<P1<P2<P4<CK，其中 P1、P2、P3 和 P4 处理较 CK 处理土壤 pH 值分别降低了 4.69%（$P<0.01$）、3.31%（$P<0.01$）、5.52%（$P<0.01$）和 1.79%（$P<0.01$）。

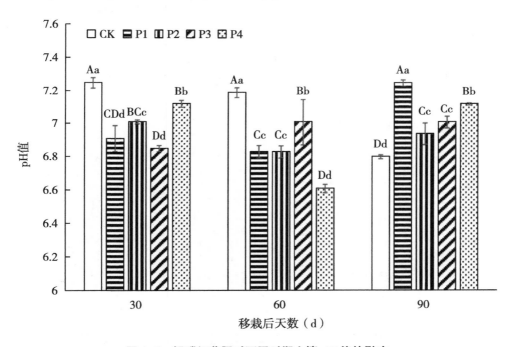

**图 4-7　解磷细菌肥对不同时期土壤 pH 值的影响**

在移栽后 60d 时，各处理土壤 pH 值以 CK 处理最高（7.19），P4 处理最低（6.61），且 CK 处理土壤 pH 值与其他处理间存在极显著差异。各个处理土壤 pH 值从低到高依次为：P4<P1＝P2<P3<CK，其中 P1、P3 和 P4 处理较 CK 处理土壤 pH 值分别降低了 5.00%（$P<0.01$）、2.50%（$P<0.01$）和 8.07%（$P<0.01$）。

在移栽后 90d 时，各处理土壤 pH 值以 P1 处理最高（7.25），CK 处理最低（6.80），且 CK 处理土壤 pH 值与其他处理间存在极显著差异。各个处理土壤 pH 值从低到高依次为：CK<P2<P3<P4<P1，其中 P1、P2、P3 和 P4 处理较 CK 处理土壤 pH 值分别提高了 6.62%（$P<0.01$）、2.06%（$P<0.01$）、3.09%（$P<0.01$）和 4.71%（$P<0.01$）。

从不同时期来看，在移栽后 30d 与 60d 时，施用解磷细菌肥的各处理的土壤 pH 值极显著低于未施用解磷细菌肥的处理（CK）；而在移栽后 90d 时，未施用解磷细菌肥的处理（CK）的土壤 pH 值极显著低于施用解磷细菌肥的各处理。由此可见，施用解磷细菌肥在烤烟生育前中期能极显著降低土壤 pH 值，整个生育期内土壤 pH 值呈现先降低后上升的趋势。

2. 解磷细菌肥对湘西植烟土壤有机质的影响

由图 4-8 可知，移栽后不同天数各处理土壤有机质含量存在显著差异。

在移栽后 30d 时，各处理土壤有机质含量以 P4 处理最高（22.89g/kg），CK 处理最低（18.58g/kg），且 CK 处理与 P4 处理土壤有机质含量存在显著差异。各个处理土壤有机质含量从低到高依次为：CK<P1<P2<P3<P4，其中 P4 处理较 CK 处理土壤有机质含量显著提高了 23.20%（$P<0.05$）。

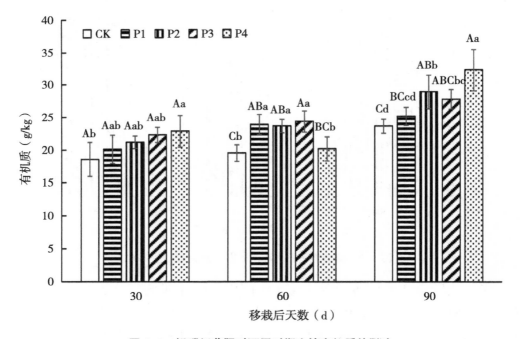

图 4-8　解磷细菌肥对不同时期土壤有机质的影响

在移栽后 60d 时，各处理土壤有机质含量以 P3 处理最高（24.36g/kg），CK 处理最低（19.53g/kg），且 CK 处理土壤有机质含量与 P1、P2 和 P3 处理存在极显著差异。各个处理土壤有机质含量从低到高依次为：CK<P4<

P2<P1<P3，其中 P1、P2 和 P3 处理较 CK 处理土壤有机质含量分别提高了22.22%（$P<0.01$）、21.04%（$P<0.01$）和24.73%（$P<0.01$）。

在移栽后 90d 时，各处理土壤有机质含量以 P4 处理最高（32.21g/kg），CK 处理最低（23.60g/kg），且 CK 处理土壤有机质含量与 P2 和 P4 处理存在极显著差异。各个处理土壤有机质含量从低到高依次为：CK<P1<P3<P2<P4，其中 P2 和 P4 处理较 CK 处理土壤有机质含量分别提高了22.25%（$P<0.01$）和36.48%（$P<0.01$）。

总的来看，在移栽后不同时期施用解磷细菌肥的各处理的土壤有机质含量高于未施用解磷细菌肥的处理（CK）。在移栽后 30d 时，P4 处理土壤有机质含量显著高于 CK 处理（$P<0.05$）；在移栽后 60d 时，P1、P2 和 P3 处理土壤有机质含量极显著高于 CK 处理（$P<0.01$）；在移栽后 90d 时，P2 和 P4 处理土壤有机质含量极显著高于 CK 处理（$P<0.01$）。各处理土壤有机质含量在烤烟生育期内基本呈现逐渐上升的趋势。

3. 解磷细菌肥对湘西植烟土壤有效磷的影响

由图 4-9 可知，移栽后不同天数各处理土壤有效磷含量存在极显著差异。

在移栽后 30d 时，各处理土壤有效磷含量以 P4 处理最高（106.85mg/kg），CK 处理最低（10.63mg/kg），且 CK 处理土壤有效磷含量与其他各处理间存在极显著差异。各个处理土壤有效磷含量从低到高依次为：CK<P1<P3<P2<P4，其中 P1、P2、P3 和 P4 处理较 CK 处理土壤有效磷含量分别提高了264.16%（$P<0.01$）、652.40%（$P<0.01$）、448.17%（$P<0.01$）和905.17%（$P<0.01$）。

在移栽后 60d 时，各处理土壤有效磷含量以 P4 处理最高（44.59mg/kg），CK 处理最低（27.99mg/kg），且 CK 处理土壤有效磷含量与其他各处理间存在极显著差异。各个处理土壤有效磷含量从低到高依次为：CK<P1<P2<P3<P4，其中 P1、P2、P3 和 P4 处理较 CK 处理土壤有效磷含量分别提高了30.23%（$P<0.01$）、39.66%（$P<0.01$）、44.19%（$P<0.01$）和59.31%（$P<0.01$）。

在移栽后 90d 时，各处理土壤有效磷含量以 P2 处理最高（96.79mg/kg），CK 处理最低（17.66mg/kg），且 CK 处理土壤有效磷含量与其他各处理间存在极显著差异。各个处理土壤有效磷含量从低到高依次为：CK<P1<P4<P3<P2，其中 P1、P2、P3 和 P4 处理较 CK 处理土壤有效磷含量分别提高了279.73%（$P<0.01$）、448.07%（$P<0.01$）、429.11%（$P<0.01$）和309.63%（$P<0.01$）。

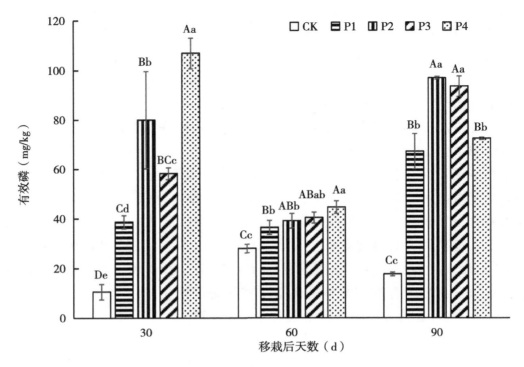

图 4-9　解磷细菌肥对不同时期土壤有效磷的影响

从移栽后不同天数来看，施用解磷细菌肥的处理其土壤有效磷含量随着生育期的推进，呈现先增加后降低再增加的趋势。在烤烟生长发育的各个时期，施用解磷细菌肥的处理其土壤有效磷含量始终极显著大于对照处理（CK），且在烤烟生长发育前期，土壤有效磷含量的增幅最大。

4. 解磷细菌肥对湘西植烟土壤全磷的影响

由图 4-10 可知，移栽后不同天数，各处理土壤全磷含量存在极显著差异。

在移栽后 30d 时，各处理土壤全磷含量以 P4 处理最高（0.75g/kg），P1 处理最低（0.36g/kg），且 P4 处理土壤全磷含量与其他各处理间存在极显著差异。各个处理土壤全磷含量从低到高依次为：P1<P3<CK<P2<P4。

在移栽后 60d 时，各处理土壤全磷含量以 P4 处理最高（0.51g/kg），P2 处理最低（0.43g/kg），各处理间土壤全磷含量无显著差异。各个处理土壤全磷含量从低到高依次为：P2<P1<CK<P3<P4。

在移栽后 90d 时，各处理土壤全磷含量以 P3 处理最高（0.66g/kg），CK 处理最低（0.37g/kg），且 CK 处理土壤全磷含量与其他各处理间存在极显著差异。各个处理土壤全磷含量从低到高依次为：CK<P2＝P4<P1<P3。

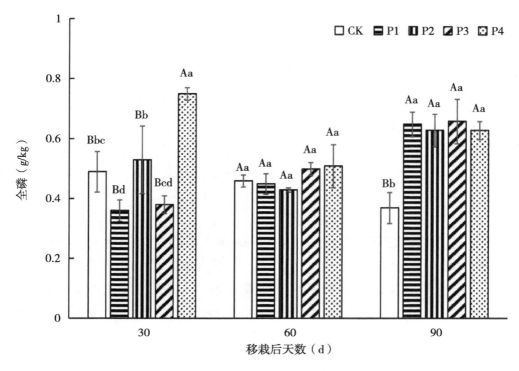

图 4-10　解磷细菌肥对不同时期土壤全磷的影响

从移栽后不同天数来看，施用解磷细菌肥的处理除 P4 处理外，其他各处理土壤全磷含量随着生育期的推进，呈现缓慢增加的趋势，且 P1、P2 和 P3 处理间各个时期土壤全磷含量无极显著差异。在烤烟生育后期，施用解磷细菌肥的处理土壤全磷含量极显著大于对照处理，而在烤烟生育前中期并无此类的极显著差异。

**（二）解磷细菌肥对烤烟氮磷元素吸收与分配的影响**

**1. 解磷细菌肥对烤烟干物质量积累的影响**

由表 4-14 可知，不同处理间烤烟干物质量的积累存在极显著差异。

从烤烟根系的干物质量来看，P4 处理烤烟根系干物质量最大（43.09g），CK 处理烤烟根系干物质量最小（29.50g），且 P4 处理烤烟根系干物质量极显著大于 CK 处理，各处理烤烟根系干物质量从小到大依次为：CK<P1<P2<P3<P4。其中 P1、P2、P3 和 P4 处理较 CK 处理烤烟根系干物质量分别提高了 12.47%（$P<0.01$）、24.95%（$P<0.01$）、36.37%（$P<0.01$）和 46.07%（$P<0.01$）。

从烤烟茎秆的干物质量来看，P4 处理烤烟茎秆干物质量最大（60.45g），P1 处理烤烟茎秆干物质量最小（38.74g），且 P4 处理烤烟茎秆干物质量极显著大于 CK 和 P1 处理，各处理烤烟茎秆干物质量从小到大依次为：P1<CK<P3<P2<P4。其中 P2、P3 和 P4 处理较 CK 处理烤烟茎秆干物质量分别提高了 46.04%（$P<0.01$）、36.15%（$P<0.01$）和 47.94%（$P<0.01$）。

从烤烟叶片的干物质量来看，P4 处理烤烟叶片干物质量最大（102.67g），CK 处理烤烟叶片干物质量最小（63.75g），且 P4 处理烤烟叶片干物质量极显著大于 CK 处理，各处理烤烟叶片干物质量从小到大排列为：CK<P1<P2<P3<P4。其中 P1、P2、P3 和 P4 处理较 CK 处理烤烟叶片干物质量分别提高了 13.49%（$P<0.01$）、45.58%（$P<0.01$）、54.65%（$P<0.01$）和 61.05%（$P<0.01$）。

从烤烟干物质积累总量来看，P4 处理烤烟干物质总量最大（206.20g），CK 处理烤烟干物质总量最小（134.11g），且 P4 处理烤烟干物质总量极显著大于 CK 处理，各处理烤烟干物质总量从小到大依次为：CK<P1<P2<P3<P4。其中 P1、P2、P3 和 P4 处理较 CK 处理烤烟干物质总量分别提高了 7.57%（$P<0.01$）、41.18%（$P<0.01$）、44.99%（$P<0.01$）和 53.75%（$P<0.01$）。

表 4-14　不同处理烤烟干物质量的积累

| 处理 | 干物质总量（g） | 各器官干物质量（g） | | |
| --- | --- | --- | --- | --- |
| | | 根 | 茎 | 叶 |
| CK | 134.11±3.76Dd | 29.50±1.20De | 40.86±1.75Bc | 63.75±3.20De |
| P1 | 144.26±2.29Cc | 33.18±1.08Cd | 38.74±1.77Bc | 72.35±0.55Cd |
| P2 | 189.34±4.07Bb | 36.86±1.56Bc | 59.67±2.03Aa | 92.81±0.48Bc |
| P3 | 194.44±0.39Bb | 40.23±0.29Ab | 55.63±1.37Ab | 98.59±0.70Ab |
| P4 | 206.20±5.81Aa | 43.09±1.58Aa | 60.45±2.84Aa | 102.67±1.56Aa |

2. 解磷细菌肥对烤烟氮素吸收与分配的影响

由表 4-15 可知，不同处理间烤烟各器官氮素含量及积累量存在极显著差异。

从烤烟各器官氮素含量来看，各处理在烤烟根系氮素含量中以 P2 处理最高，为 10.92mg/g，以 P4 处理最低，为 7.61mg/g，各处理中只有 P2 处理烤烟根系氮素含量显著大于 CK 处理；各处理在烤烟茎秆氮素含量中以 P2 处理最高，为 8.95mg/g，以 P4 处理最低，为 5.62mg/g，P1、P2 和 P3

处理烤烟茎秆氮素含量与 CK 处理无显著差异；各处理在烤烟叶片氮素含量中以 P2 处理最高，为 14.98mg/g，以 P4 处理最低，为 9.66mg/g，各处理中无处理烤烟叶片氮素含量显著大于 CK 处理。

从烤烟各器官氮素积累量来看，各处理在烤烟根系氮素积累量中以 P2 处理最高（401.72mg），CK 处理最低（255.84mg），且 P2 处理烤烟根系氮素积累量极显著大于 CK 处理，P1、P3 和 P4 处理与 CK 处理无显著差异；各处理在烤烟茎秆氮素积累量中以 P2 处理最高（532.94mg），P1 处理最低（311.05mg），P2 和 P3 处理烤烟茎秆氮素积累量极显著大于 CK 处理；各处理在烤烟叶片氮素积累量中以 P2 处理最高（1 389.59mg），CK 处理最低（850.25mg），P2 和 P3 处理烤烟叶片氮素积累量极显著大于 CK 处理。

从烤烟氮素总积累量来看，各处理在烤烟氮素总积累量中以 P2 处理最高（2324.25mg），CK 处理最低（1 447.89mg），P2 和 P3 处理烤烟氮素总积累量极显著大于 CK 处理。综上所述，各处理烤烟氮素总积累量、烤烟各器官氮素积累量和各器官氮素含量均呈现先上升后下降的趋势，且均以 P2 处理最高。在烤烟各器官氮素含量方面，P3 和 P4 处理均低于 CK 处理，而在氮素积累量上，P3 和 P4 处理则高于 CK 处理。

不同处理烤烟各器官氮素积累量的分配比例如图 4-11 所示。在根系氮素积累量的分配上，P1 处理根系氮素积累量占比最高，P3 处理占比最低；而在茎秆氮素积累量的分配上，CK 处理茎秆氮素积累量占比最高，P1 处理占比最低；在叶片氮素积累量的分配上，P1 处理叶片氮素积累量占比最高，CK 处理占比最低。

表 4-15　不同处理烤烟各器官氮素含量及积累量

| 处理 | 氮素总积累量（mg） | 各器官氮素积累量（mg） | | | 各器官氮素含量（mg/g） | | |
|---|---|---|---|---|---|---|---|
| | | 根 | 茎 | 叶 | 根 | 茎 | 叶 |
| CK | 1 447.89Cc | 255.84Bb | 341.80Cc | 850.25Cc | 8.64ABbc | 8.40Aa | 13.37ABab |
| P1 | 1 624.65BCc | 333.73ABab | 311.05Cc | 979.87BCbc | 10.02ABab | 8.04Aa | 13.55ABab |
| P2 | 2 324.25Aa | 401.72Aa | 532.94Aa | 1389.59Aa | 10.92Aa | 8.95Aa | 14.98Aa |
| P3 | 1 920.45Bb | 330.18ABab | 450.20Bb | 1140.07Bb | 8.21ABbc | 8.10Aa | 11.57BCbc |
| P4 | 1 658.41BCc | 327.05ABab | 339.80Cc | 991.56BCbc | 7.61Bc | 5.62Bb | 9.66Cc |

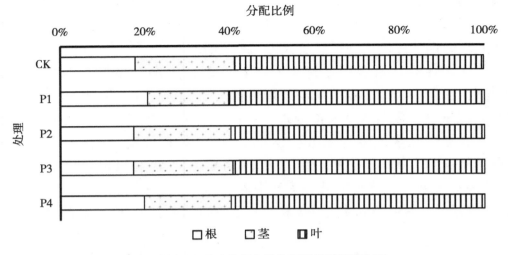

图 4-11　不同处理烤烟各器官氮素积累量的分配

3. 解磷细菌肥对烤烟磷素吸收与分配的影响

由表 4-16 可知，不同处理间烤烟各器官磷素含量及积累量存在极显著差异。

表 4-16　不同处理烤烟各器官磷素含量及积累量

| 处理 | 磷素总积累量（mg） | 各器官磷素积累量 | | | 各器官磷素含量 | | |
|---|---|---|---|---|---|---|---|
| | | 根（mg） | 茎（mg） | 叶（mg） | 根（mg/g） | 茎（mg/g） | 叶（mg/g） |
| CK | 216.67Cc | 47.92Cc | 48.88Cd | 119.87Bc | 1.62Bb | 1.20Dc | 1.88Cc |
| P1 | 274.66Bb | 58.01BCc | 73.69Bc | 142.95Bb | 1.74Bb | 1.90BCb | 1.98Cbc |
| P2 | 436.67Aa | 87.33Aa | 129.89Aa | 219.45Aa | 2.37Aa | 2.17ABa | 2.36Aa |
| P3 | 420.05Aa | 71.51ABb | 123.06Aab | 225.48Aa | 1.78Bb | 2.21Aa | 2.29ABa |
| P4 | 403.85Aa | 78.13Aab | 112.11Ab | 213.61Aa | 1.81Bb | 1.85Cb | 2.08BCb |

从烤烟各器官磷素含量来看，各处理在烤烟根系磷素含量中以 P2 处理最高，为 2.37mg/g，以 CK 处理最低，为 1.62mg/g，各处理中只有 P2 处理烤烟根系磷素含量极显著大于 CK 处理；各处理在烤烟茎秆磷素含量中以 P3 处理最高，为 2.21mg/g，以 CK 处理最低，为 1.20mg/g，P1、P2、P3 和 P4 处理烤烟茎秆磷素含量均极显著大于 CK 处理；各处理在烤烟叶片磷素含量中以 P2 处理最高，为 2.36mg/g，以 CK 处理最低，为 1.88mg/g，各处理中 P2、P3 和 P4 处理烤烟叶片磷素含量显著大于 CK 处理。

从烤烟各器官磷素积累量来看，各处理在烤烟根系磷素积累量中以 P2

处理最高（87.33mg），CK 处理最低（47.92mg），且 P2、P3 和 P4 处理烤烟根系磷素积累量极显著大于 CK 处理，P1 处理与 CK 处理无显著差异；各处理在烤烟茎秆磷素积累量中以 P2 处理最高（129.89mg），P1 处理最低（48.88mg），P1、P2、P3 和 P4 处理烤烟茎秆磷素积累量均极显著大于 CK 处理；各处理在烤烟叶片磷素积累量中以 P3 处理最高（225.48mg），CK 处理最低（119.87mg），P1 处理烤烟叶片磷素积累量显著大于 CK 处理，P2、P3 和 P4 处理烤烟叶片磷素积累量极显著大于 CK 处理。

从烤烟磷素总积累量来看，各处理在烤烟磷素总积累量中以 P2 处理最高（436.67mg），CK 处理最低（216.67mg），P1、P2、P3 和 P4 处理烤烟磷素总积累量均极显著大于 CK 处理。综上所述，各处理烤烟磷素总积累量、烤烟各器官磷素积累量和各器官磷素含量均呈现先上升后下降的趋势，且大致均以 P2 处理最高。施用解磷细菌肥的处理的烤烟磷素总积累量均极显著大于对照处理的磷素积累量，表明施用解磷细菌肥能极显著提高烤烟对磷素的吸收。

不同处理烤烟各器官磷素积累量的分配比例如图 4-12 所示。在根系磷素积累量的分配上，CK 处理根系磷素积累量占比最高，P3 处理占比最低；而在茎秆磷素积累量的分配上，P2 处理茎秆磷素积累量占比最高，CK 处理占比最低；在叶片磷素积累量的分配上，CK 处理叶片磷素积累量占比最高，P2 处理占比最低。

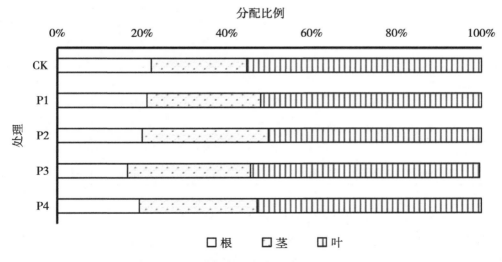

图 4-12　不同处理烤烟各器官磷素积累量的分配

### (三) 解磷细菌肥对烤烟生长发育及产质量的影响

**1. 解磷细菌肥对烤烟农艺性状的影响**

由表 4-17 可知，P2、P3 和 P4 处理的株高均显著大于 CK 处理，而 P1 处理与 CK 处理株高无显著差异，其中株高最大的是 P4 处理 （105.88cm），最小的是 CK 处理 （83.52cm）；茎围最大的为 P4 处理 （9.42cm），最小的是 CK 处理 （7.70cm），且 P2、P3 和 P4 处理的茎围均显著大于 CK 处理，P1 处理与 CK 处理茎围无显著差异；有效叶片数以 P2 处理最大 （18.4片），CK 处理最小 （15.2片），且 P2 处理显著大于其他各处理；上部叶叶长以 P2 处理最大 （51.98cm），CK 处理最小 （45.52cm），且 P2 处理显著大于 CK 处理。上部叶叶宽各处理无显著差异；中部叶叶长以 P4 处理最大 （62.94cm），P1 处理最小 （55.76cm），且 P3 和 P4 处理中部叶叶长显著大于 CK 处理。叶宽以 P2 处理最大 （26.64cm），CK 处理最小 （22.24cm），且 P2、P3 和 P4 处理的中部叶叶宽均显著大于 CK 处理；最大叶面积 P2、P3 和 P4 处理显著大于 P1 和 CK 处理，其中以 P4 处理叶面积最大 （1 045.82cm$^2$），P1 处理最小 （817.71cm$^2$）。综上所述，当解磷细菌肥使用量为 37.5kg/hm$^2$ （P1 处理） 时，其农艺性状与不施用解磷细菌肥的处理 （CK） 无显著差异；而解磷细菌肥施用量达到 75kg/hm$^2$ 及以上 （P2、P3 和 P4 处理） 时，其主要农艺性状均显著大于不施用解磷细菌肥的处理。

表 4-17　圆顶期各处理烤烟农艺性状

| 处理 | 株高 (cm) | 上部叶 （第 4 片） | | 中部叶 （第 9 片） | | 有效叶数 （片） | 茎围 (cm) | 最大 叶面积 (cm$^2$) |
|---|---|---|---|---|---|---|---|---|
| | | 叶长 (cm) | 叶宽 (cm) | 叶长 (cm) | 叶宽 (cm) | | | |
| CK | 83.52b | 45.52b | 16.24a | 57.82bc | 22.24c | 15.2c | 7.70d | 818.39b |
| P1 | 89.02b | 47.66ab | 16.88a | 55.76c | 23.06bc | 16.0bc | 8.06cd | 817.71b |
| P2 | 103.14a | 51.98a | 18.68a | 60.24ab | 26.64a | 18.4a | 8.60bc | 1 019.10a |
| P3 | 104.92a | 48.22ab | 16.38a | 62.8a | 25.92ab | 16.8b | 9.04ab | 1 035.29a |
| P4 | 105.88a | 49.90ab | 18.30a | 62.94a | 26.14ab | 16.6bc | 9.42a | 1 045.82a |

**2. 解磷细菌肥对烤烟物理性状的影响**

从烤后 C3F 烟叶来看，各处理烤后 C3F 烟叶叶长以 P3 处理最大，显著大于其他处理。叶宽以 P2 处理最大，P2 和 P3 处理叶宽显著大于 CK 处理；单叶重以 P3 处理最大，P2 和 P3 处理单叶重大于 CK 处理；含梗率以 P2 处理最小，低于 20%，仅有 17.86%。综合来看，施用解磷细菌肥达到 112.5kg/hm$^2$ （P3） 时，能有效提高烤后 C3F 烟叶叶长叶宽和单叶重（图 4-18）。

　　从烤后 B2F 烟叶来看，各处理烤后 B2F 烟叶叶长以 P3 处理最大，P2 和 P3 处理叶长显著大于其他处理。叶宽以 P2 处理最大，P2 处理叶宽显著大于 CK 处理；单叶重以 P3 处理最大，P1、P2 和 P3 处理单叶重大于 CK 处理；厚度以 P2 处理最小，P2 和 P4 处理叶厚度低于 CK 处理；含梗率以 P1 处理最小，P1 和 P2 处理烤后 B2F 烟叶含梗率低于 CK 处理。综合来看，施用解磷细菌肥达到 75kg/hm$^2$（P2）时，能有效提高烤后 B2F 烟叶叶长叶宽，降低含梗率（图 4-19）。

表 4-18　各处理烤后 C3F 烟叶物理性状

| 处理 | 叶长（cm） | 叶宽（cm） | 单叶重（g） | 厚度（mm） | 含梗率（%） | 平衡含水率（%） |
|---|---|---|---|---|---|---|
| CK | 56.76b | 18.64b | 9.39 | 0.16 | 21.21 | 18.15 |
| P1 | 56.44b | 20.28ab | 8.50 | 0.12 | 20.22 | 19.59 |
| P2 | 57.92b | 22.76a | 10.03 | 0.14 | 17.86 | 19.31 |
| P3 | 61.52a | 21.72a | 11.40 | 0.14 | 21.71 | 17.31 |
| P4 | 57.84b | 20.92ab | 9.33 | 0.15 | 20.09 | 17.74 |

表 4-19　各处理烤后 B2F 烟叶物理性状

| 处理 | 叶长（cm） | 叶宽（cm） | 单叶重（g） | 厚度（mm） | 含梗率（%） | 平衡含水率（%） |
|---|---|---|---|---|---|---|
| CK | 50.02b | 13.66b | 7.40 | 0.24 | 27.11 | 16.23 |
| P1 | 50.76b | 12.88b | 8.18 | 0.26 | 20.61 | 16.81 |
| P2 | 55.40a | 15.90a | 7.88 | 0.20 | 22.49 | 16.14 |
| P3 | 57.98a | 14.08ab | 10.24 | 0.20 | 27.74 | 16.21 |
| P4 | 51.28b | 14.24ab | 7.18 | 0.22 | 31.17 | 16.84 |

　　3. 解磷细菌肥对烤烟化学成分的影响

　　由表 4-20 可知，除氯外，各处理烤后 C3F 烟叶化学成分存在显著差异。各处理烤后 C3F 烟叶总糖含量以 P4 处理最大，CK 处理最小，且 P1、P2、P3 和 P4 处理烤后 C3F 烟叶总糖含量显著大于 CK 处理；各处理 C3F 烟叶还原糖含量以 P1 处理最大，CK 处理最小，且 P1、P2、P3 和 P4 处理 C3F 烟叶还原糖含量显著大于 CK 处理；各处理 C3F 烟叶总氮含量以 P2 处理最大，P3 处理最小，P1 和 P2 处理 C3F 烟叶总氮含量显著大于 CK 处理；

P2 处理 C3F 烟叶烟碱和钾含量均最大，P4 处理 C3F 烟叶烟碱和钾含量均最小，且 P2 处理 C3F 烟叶烟碱含量显著大于 CK 处理，P1、P2 和 P3 处理 C3F 烟叶钾含量显著大于 CK 处理。可见，施用解磷细菌肥能显著提高烤后 C3F 烟叶总糖与还原糖含量，且 P2 处理 C3F 烟叶总氮、烟碱和钾含量均有显著提升。

表 4-20 各处理烤后 C3F 烟叶化学成分

| 处理 | 总糖（%） | 还原糖（%） | 总氮（%） | 烟碱（%） | 钾（%） | 氯（%） |
|---|---|---|---|---|---|---|
| CK | 29.52c | 21.88c | 1.31b | 1.72ab | 1.78c | 0.16a |
| P1 | 33.52ab | 28.81a | 1.40a | 1.69b | 1.88b | 0.16a |
| P2 | 33.41ab | 26.84b | 1.43a | 1.84a | 2.02a | 0.22a |
| P3 | 34.33a | 28.09a | 1.30b | 1.74ab | 1.84b | 0.17a |
| P4 | 32.47b | 27.05b | 1.33b | 1.49c | 1.76c | 0.15a |

**4. 解磷细菌肥对烤烟经济性状的影响**

由表 4-21 可知，各处理烤后烟叶产量以 P3 处理最大，产值、均价、上等烟比例和中上等烟比例以 P2 处理最大。P2、P3 和 P4 处理产量显著高于 CK 处理，P1 处理产量与 CK 处理无显著性差异，P2、P3 和 P4 处理产量较 CK 处理分别显著提高了 19.31%、21.05% 和 11.43%。产值与均价以 P2 处理最大，且 P2、P3 和 P4 处理产值与均价均显著高于 CK 处理。从产值来看，P2、P3 和 P4 处理较 CK 处理分别显著提高了 36.58%、33.64% 和 20.31%。从均价来看，P2、P3 和 P4 处理较 CK 处理分别显著提高了 16.47%、10.56% 和 8.18%。在上等烟比例和中上等烟比例方面，P2 处理的上等烟比例和中上等烟比例均显著高于 CK 处理，P3 和 P4 处理只有在上等烟比例上显著高于 CK 处理。综合各处理烤后烟叶经济性状来看，施用解磷细菌肥达到 75kg/hm² 及以上，能显著提高产量产值与均价，但继续施用解磷细菌肥至 150kg/hm²（P4 处理），则会降低产量与产值，各处理经济性状以 P2 处理表现最佳。

表 4-21 各处理烤后烟叶经济性状

| 处理 | 产量（kg/hm²） | 产值（元/hm²） | 均价（元/kg） | 上等烟比例（%） | 中上等烟比例（%） |
|---|---|---|---|---|---|
| CK | 1 916.24c | 35 423.82c | 18.46c | 22.99c | 74.01b |
| P1 | 1 996.33c | 37 799.48bc | 18.92c | 23.98c | 75.19b |

（续表）

| 处理 | 产量<br>（kg/hm²） | 产值<br>（元/hm²） | 均价<br>（元/kg） | 上等烟比例<br>（%） | 中上等烟比例<br>（%） |
|---|---|---|---|---|---|
| P2 | 2 286.31a | 48 380.22a | 21.50a | 36.48a | 80.58a |
| P3 | 2 319.60a | 47 341.99a | 20.41ab | 34.07ab | 77.06ab |
| P4 | 2 135.30b | 42 617.24b | 19.97b | 30.24b | 76.40ab |

5. 施用解磷细菌肥的经济效益分析

不同处理经济效益与产投比见表4-22。各处理中以P2处理经济效益最高，达到了9 956.40元/hm²，且显著高于P1、P3和P4处理；P1处理经济效益最低，仅为875.66元/hm²，且显著低于P2和P3处理。从产投比来看，各处理中只有P2处理产投比大于1，达到了1.49，显著大于P1、P3和P4处理；P4处理产投比最低，仅0.12，显著小于P2和P3处理。

依据各处理解磷细菌肥施用量（$x$）与经济效益（$y$），通过回归分析，得到拟合一元二次方程：$y = ax^2 + bx + c$，结果见图4-13。由图4-13可知，解磷细菌肥施用量（$x$）与经济效益（$y$）存在二次函数关系，拟合方程为$y = -2.721x^2 + 505.96x - 13\ 875$，且拟合度较高，$R^2 = 0.814\ 6$。经济效益随着解磷细菌肥用量的增加而呈现先上升后下降的趋势，当解磷细菌肥用量为80～100kg/hm²时，经济效益达到最高，继续增加解磷细菌肥用量则会降低经济效益。

表4-22 各处理经济效益分析

| 处理 | 经济效益（元/hm²） | 产投比 |
|---|---|---|
| CK | — | — |
| P1 | 875.66c | 0.17c |
| P2 | 9 956.40a | 1.49a |
| P3 | 7 418.17b | 0.91b |
| P4 | 1 193.42c | 0.12c |

## 三、结论

本研究利用湖南金叶众望科技股份有限公司提供的解磷细菌肥于2018年3—8月在湖南省湘西州花垣县道二乡科技园开展试验，以减施磷肥、提高磷肥利用率为目标，研究解磷细菌肥在湘西州烤烟种植中的施用效果。本研究设置了5个不同的解磷细菌肥施用水平，分别为：0kg/hm²（CK）、

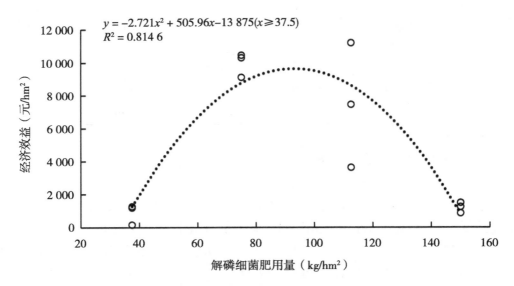

$$y = -2.721x^2 + 505.96x - 13\ 875(x \geqslant 37.5)$$
$$R^2 = 0.814\ 6$$

图 4-13　解磷细菌肥用量与经济效益的回归分析

$37.5kg/hm^2$（P1）、$75kg/hm^2$（P2）、$112.5kg/hm^2$（P3）、$150kg/hm^2$（P4），在减施 50% 磷肥基础上，对湘西州植烟土壤主要化学性状、烤烟氮磷营养吸收及产质量进行了全面研究，获得以下主要结果。

（1）施用解磷细菌肥后，在烤烟生长发育前中期植烟土壤 pH 值显著降低，但在烤烟生长后期有一定的上升；植烟土壤有机质含量随着烤烟生育期的推进逐渐增加，各施用解磷细菌肥的处理土壤有机质含量均高于对照处理，但差异不大，而在移栽后 90d 当解磷细菌肥施用量达到 $75kg/hm^2$ 及以上时差异达到极显著水平；不同烤烟生育时期解磷细菌肥对土壤有效磷含量的提高程度不同。在烤烟移栽后 30d，各施用解磷细菌肥的处理土壤有效磷含量均极显著高于对照，此时土壤有效磷含量的提高幅度最大。在烤烟移栽后 60d，各施用解磷细菌肥的处理土壤有效磷含量有所下降，但仍极显著高于对照，此时土壤有效磷含量的提高幅度最小。而到了烤烟移栽后 90d，各施用解磷细菌肥的处理土壤有效磷含量上升，与对照处理保持极显著差异，其提高幅度变大。在土壤全磷含量方面，各施用解磷细菌肥的处理在烤烟移栽后 30d 与对照处理差异不大，在移栽后 60d 两者无显著差异，移栽后 90d 时解磷细菌肥处理极显著高于对照处理。

（2）施用解磷细菌肥能显著提高圆顶期烤烟根、茎、叶的干物质量，干物质总积累量显著提高了 7.57%~53.75%；烤烟根、茎、叶的氮素与磷素含量均随着解磷细菌肥施用量的增多而呈现先上升后下降的趋势。当解磷细菌肥施用量达到 75kg/hm² 时，烤烟根、茎、叶的氮素含量达到最高，继续增加解磷细菌肥施用量至 150kg/hm² 时，烤烟根、茎、叶的氮素含量降为最低，且茎和叶的氮素含量极显著低于对照。烤烟根、茎、叶的磷素含量也以 75kg/hm² 解磷细菌肥施用量的处理最高，但解磷细菌肥施用量增至 150kg/hm² 时，烤烟根、茎、叶的磷素含量虽有所下降，但高于对照，且烤烟茎秆的磷素含量极显著高于对照，叶片的磷素含量显著高于对照；从烤烟氮素和磷素的总积累量来看，各施用解磷细菌肥处理烤烟氮素总积累量均高于对照处理，烤烟磷素总积累量均极显著高于对照处理。适宜的解磷细菌肥施用量不仅能显著提高烤烟对磷素的吸收量，对氮素的吸收量也有一定的提升；施用解磷细菌肥能提高氮肥和磷肥的利用率，且氮肥的相对利用率比磷肥相对利用率高。

（3）在烤烟圆顶期时，解磷细菌肥施用量为 75~150kg/hm² 的处理，其烤烟株高、中部叶叶宽、茎围和最大叶面积均显著大于不施用解磷细菌肥的处理；烟叶烘烤后，解磷细菌肥施用量为 75kg/hm² 的处理相较于对照处理，其烤后 C3F 和 B2F 烟叶叶长叶宽和单叶重增大，含梗率下降，C3F 烟叶总糖、还原糖、总氮和钾含量显著提高。

（4）综合考虑烤烟经济性状与经济效益得出，解磷细菌肥施用量为 75~150kg/hm² 的处理其产量、产值、均价、上等烟比例和中上等烟比例均显著高于对照处理，且均能给烟农带来经济效益。其中以 75kg/hm² 用量的解磷细菌肥处理烤烟产值、均价、上等烟比例和中上等烟比例最高，经济效益与产投比亦最高。

## 第四节　磷肥减量及磷肥类型对烤烟生长及产质量的影响

针对当前植烟土壤磷素养分含量过高，但磷肥利用率低的现状，引入新型腐植酸磷肥，期望解决烤烟磷素吸收利用率低等问题。

### 一、材料与方法

（一）试验地点
试验在龙山县大安乡进行。
（二）供试材料
烤烟品种为当地常用品种云烟 87；肥料为钙镁磷肥、腐植酸磷肥、硝酸铵。

### （三）试验设计

选取高磷素背景（有效磷>40mg/kg）的田块安排试验，以当地推荐磷肥用量为基准，采用随机区组设计试验。2个因素、因素1为磷肥用量，设2个水平：当地推荐用量、50%推荐用量，施启动磷肥0.95kg（CK）；因素2为腐植酸磷肥比例，设3个水平，100%、50%、0%。小区面积90m²。研究各处理对土壤理化性状、烟株生长和烟叶产质量的影响。氮肥由硝铵磷供应，磷肥由腐植酸磷肥、硝铵磷和钙镁磷肥供应，钾肥由硫酸钾提供。所有肥料均作基肥一次性施入。各处理肥料用量见表4-23。

表4-23 新型磷肥试验

| 处理 | 磷肥用量（kg/亩） | 腐植酸磷肥供应磷素比例（%） |
|---|---|---|
| P1 | 8.0 | 0 |
| P2 | 8.0 | 50 |
| P3 | 4.0 | 0 |
| P4 | 4.0 | 50 |
| CK | 0.95 | 0 |

### （四）测定项目与方法

1. 农艺性状

测定各个处理圆顶期的农艺性状。每处理选取有代表性的烟株10株，测定圆顶期烟株株高、叶数、最大叶长、最大叶宽。农艺性状按照烟草行业标准农艺性状调查方法测量。

2. 经济性状

统一按GB 2635—1992标准分级，价格按当年全国统一收购价格执行，称量、统计各处理每个等级烟叶的重量、比例、金额等，分别计算产量、等级指数、均价、产值、产值、上等烟比例等。

3. 品质指标

物理指标：测定单叶重、叶长、叶宽、含梗率、叶片厚度。

化学指标：测定总糖、还原糖、总氮、烟碱、钾、水溶性氯。烤烟化学成分分析检测方法：YC/T 159—2002（总糖、还原糖）、YC/T 161—2002（总氮）、YC/T 160—2002（烟碱）、YC/T 217—2007（钾）、YC/T 162—2002（氯）。

## 二、结果与分析

### (一) 腐植酸磷肥配施对烤烟农艺性状的影响

由表4-24可知，磷肥用量对烤烟农艺性状有一定的影响，总体上表现为随着磷肥用量的增加，农艺性状均有所改善，各处理株高、叶宽均显著高于对照，对其他指标影响未达显著水平；在当地常规磷肥水平下，配施50%的腐植酸磷肥显著提高了上部叶叶宽，但对其他指标影响不显著；在50%当地磷肥水平下，配施50%的腐植酸磷肥显著提高了株高、茎围和上部叶叶宽，对其他指标影响不显著。此外还发现，在常规磷肥水平下，腐植酸磷肥对烟株农艺性状的促进效应弱于50%的常规磷肥水平。

表4-24 腐植酸磷肥配施对烤烟圆顶期农艺性状的影响

| 处理 | 株高（cm） | 叶数（片） | 茎围（cm） | 最大叶长（cm） | 最大叶宽（cm） | 上部第三片叶长（cm） | 上部第三片叶宽（cm） |
|---|---|---|---|---|---|---|---|
| P1 | 109.6 | 18.0 | 9.73 | 70.35 | 26.5 | 53.8 | 15.4 |
| P2 | 113.1 | 18.4 | 10.05 | 73.65 | 27.7 | 54.6 | 18.0 |
| P3 | 103.9 | 17.7 | 9.15 | 66.5 | 24.2 | 50.8 | 14.3 |
| P4 | 110.6 | 18.0 | 9.71 | 71.5 | 26.7 | 53.6 | 17.6 |
| CK | 97.1 | 17.5 | 9.08 | 64.7 | 21.4 | 49.8 | 13.5 |

### (二) 腐植酸磷肥配施对烤烟经济性状的影响

由表4-25可知，磷肥用量对烤烟经济性状有一定的影响，总体上表现为随着磷肥用量的增加，经济性状均有所改善，各处理产量、产值、均价和上等烟比例均显著优于对照；在当地常规磷肥水平下，配施50%的腐植酸磷肥提高了各项经济指标，但仅对产值的提高达到了显著水平；在50%当地磷肥水平下，配施50%的腐植酸磷肥显著提高了产量和产值，对其他指标影响不显著。此外还发现，在50%常规磷肥水平下，腐植酸磷肥对烟株经济性状的促进效应强于常规磷肥水平。

表4-25 腐植酸磷肥配施对烤烟经济性状的影响

| 处理 | 产量（kg/亩） | 产值（元/亩） | 均价（元/kg） | 上等烟（%） |
|---|---|---|---|---|
| P1 | 150.03 | 3 729.58 | 25.11 | 42.32 |
| P2 | 154.55 | 3 877.13 | 25.34 | 42.97 |
| P3 | 147.64 | 3 664.32 | 25.07 | 42.13 |

（续表）

| 处理 | 产量（kg/亩） | 产值（元/亩） | 均价（元/kg） | 上等烟（%） |
|---|---|---|---|---|
| P4 | 153.00 | 3 829.16 | 25.28 | 42.87 |
| CK | 131.36 | 3 152.64 | 23.89 | 39.38 |

（三）腐植酸磷肥配施对烤烟物理特性的影响

不同磷肥处理对烤烟物理性状有一定的影响。就中部叶而言，磷肥用量对烤烟物理指标有一定的影响，总体上表现为随着磷肥用量的增加，物理指标呈增加趋势，各处理叶宽、单叶重、含梗率和厚度均显著高于对照，叶长略高于对照，但差异未达显著水平。在当地常规磷肥水平下，配施50%的腐植酸磷肥显著提高了叶宽，对其他指标的影响未达显著水平。在50%当地磷肥水平下，配施50%的腐植酸磷肥显著提高了叶宽和单叶重，显著降低了叶片厚度，对其他指标的影响未达显著水平（表4-26）。

表4-26 腐植酸磷肥配施对中部叶物理特性的影响

| 处理 | 叶长（cm） | 叶宽（cm） | 单叶重（g） | 含梗率（%） | 厚度（μm） |
|---|---|---|---|---|---|
| P1 | 57.75 | 18.90 | 10.76 | 33.55 | 116.31 |
| P2 | 60.13 | 20.16 | 11.38 | 33.92 | 109.81 |
| P3 | 56.00 | 17.06 | 9.16 | 31.30 | 114.11 |
| P4 | 58.88 | 19.66 | 10.82 | 31.85 | 102.21 |
| CK | 54.13 | 15.13 | 8.97 | 30.04 | 97.51 |

就上部叶而言，磷肥用量对烤烟物理指标有一定的影响，总体上表现为随着磷肥用量的增加，物理指标呈增加趋势，各处理叶长、叶宽、单叶重、含梗率和厚度均显著高于对照。在当地常规磷肥水平下，配施50%的腐植酸磷肥显著提高了叶片宽，对其他指标的影响未达显著水平。在50%当地磷肥水平下，配施50%的腐植酸磷肥显著提高了叶宽和单叶重，对其他指标的影响未达显著水平（表4-27）。

综上，在50%常规磷肥水平下，腐植酸磷肥对烟叶物理指标的改善效应优于常规磷肥水平下的改善效应。

**表 4-27　腐植酸磷肥配施对上部叶物理特性的影响**

| 处理 | 叶长（cm） | 叶宽（cm） | 单叶重（g） | 含梗率（%） | 厚度（μm） |
|---|---|---|---|---|---|
| P1 | 50.63 | 16.25 | 12.20 | 32.35 | 141.16 |
| P2 | 53.50 | 17.92 | 13.35 | 32.59 | 137.36 |
| P3 | 47.81 | 15.40 | 10.93 | 29.58 | 131.17 |
| P4 | 52.35 | 17.71 | 12.80 | 30.31 | 123.68 |
| CK | 46.50 | 14.63 | 9.49 | 27.09 | 116.18 |

## （四）腐植酸磷肥配施对烤烟化学成分的影响

不同磷肥处理对烤烟化学成分有一定的影响。就中部叶而言，总体上表现为随着磷肥用量的增加，总糖、还原糖、烟碱、总氮、磷含量、氯含量、钾含量均呈增加趋势，各处理此7项指标均高于对照。在当地常规磷肥水平下，配施50%的腐植酸磷肥显著提高了烟碱和磷含量，对其他指标的影响未达显著水平。在50%当地磷肥水平下，配施50%的腐植酸磷肥显著提高了烟碱、磷和钾含量，对其他指标的影响未达显著水平（表4-28）。

**表 4-28　腐植酸磷肥配施对中部叶化学成分的影响**

| 处理 | 总糖（%） | 还原糖（%） | 烟碱（%） | 总氮（%） | 磷含量（%） | 氯（%） | 钾（%） | 糖碱比 | 氮碱比 | 钾氯比 |
|---|---|---|---|---|---|---|---|---|---|---|
| P1 | 30.38 | 24.88 | 2.64 | 2.02 | 0.24 | 0.34 | 2.56 | 11.51 | 0.77 | 7.54 |
| P2 | 31.42 | 25.17 | 2.81 | 2.13 | 0.31 | 0.34 | 2.68 | 11.20 | 0.76 | 7.87 |
| P3 | 27.61 | 23.52 | 2.45 | 1.98 | 0.14 | 0.36 | 2.35 | 11.29 | 0.81 | 6.54 |
| P4 | 29.98 | 25.12 | 2.66 | 2.07 | 0.21 | 0.35 | 2.56 | 11.26 | 0.78 | 7.33 |
| CK | 27.29 | 23.40 | 2.29 | 1.85 | 0.13 | 0.24 | 2.30 | 11.93 | 0.81 | 9.57 |

就上部叶而言，总体上表现为随着磷肥用量的增加，总糖、还原糖、烟碱、总氮、磷含量、氯含量、钾含量均呈增加趋势，各处理此7项指标均高于对照。在当地常规磷肥水平下，配施50%的腐植酸磷肥显著提高了磷含量和钾含量，对其他指标的影响未达显著水平。在50%当地磷肥水平下，配施50%的腐植酸磷肥显著提高了烟碱、总氮、磷和钾含量，对其他指标的影响未达显著水平（表4-29）。

**表 4-29　腐植酸磷肥配施对上部叶化学成分的影响**

| 处理 | 总糖（%） | 还原糖（%） | 烟碱（%） | 总氮（%） | 磷含量（%） | 氯（%） | 钾（%） | 糖碱比 | 氮碱比 | 钾氯比 |
|---|---|---|---|---|---|---|---|---|---|---|
| P1 | 28.58 | 20.75 | 3.37 | 2.54 | 0.23 | 0.29 | 1.80 | 8.47 | 0.75 | 6.15 |
| P2 | 29.41 | 22.15 | 3.49 | 2.61 | 0.29 | 0.30 | 1.95 | 8.43 | 0.76 | 6.43 |

（续表）

| 处理 | 总糖<br>（%） | 还原糖<br>（%） | 烟碱<br>（%） | 总氮<br>（%） | 磷含量<br>（%） | 氯<br>（%） | 钾<br>（%） | 糖碱比 | 氮碱比 | 钾氯比 |
|---|---|---|---|---|---|---|---|---|---|---|
| P3 | 24.53 | 18.99 | 3.10 | 2.41 | 0.16 | 0.32 | 1.64 | 7.92 | 0.78 | 5.09 |
| P4 | 27.48 | 20.04 | 3.34 | 2.56 | 0.22 | 0.34 | 1.87 | 8.23 | 0.77 | 5.53 |
| CK | 23.24 | 22.80 | 2.99 | 2.15 | 0.11 | 0.21 | 1.55 | 7.77 | 0.72 | 7.26 |

## 三、结论

在高磷素背景的植烟土壤上，采用腐植酸磷肥和钙镁磷肥配施的方法，磷肥用量降低为推荐用量的 50%，同时以 50% 的腐植酸磷肥代替常规磷肥，烟叶产量未有下降，单位产值和均价有小幅上升，且烟叶含梗率比常规磷肥水平显著下降。烟叶化学成分虽有变化，但均在适宜范围内。在本研究中，烟叶磷含量较低，表明磷素利用率仍然较低，但施用腐植酸磷肥的烟叶其磷含量有所提高，说明施用腐植酸磷肥对提高烟株磷素吸收有一定益处。

# 第五章　烤烟基追一体肥施用技术的研究

## 第一节　改进基追一体肥对土壤养分动态的影响

### 一、材料与方法

#### （一）试验地点

试验于 2018 年 4—9 月在湖南省湘西自治州花垣县道二乡进行，乡内地势呈四周低，中部高，平均海拔、气温、年降水量分别为 530m、15℃、1 410mm。试验地土壤肥力状况：pH 值 7.17、有机质 10.45g/kg、速效磷 36.89mg/kg、速效钾 250.66mg/kg、碱解氮 120.52mg/kg。

#### （二）试验材料

由湖南金叶众望股份有限公司提供专利供试肥料：A 型基追一体肥（6.5-7.0-22.5）、B 型基追一体肥（6.5-7.0-22.5）、氨基酸型基追一体肥（6.5-7.4-21.0）、生物炭+氨基酸型基追一体肥（6.5-7.4-21.0）、烟农常用肥、提苗肥。供试品种为云烟 87。

#### （三）试验设计

本试验为双因素大区试验，设置了 4 种基追一体肥和烟农常规施肥共 5 种肥料以及 3 个不同的肥料用量，共 13 个大区，每个处理为一个大区，每个大区横向长×宽（垄长）＝ 9.6m×7m，面积 67.2m²。各处理具体情况见表 5-1（以施氮量代替不同肥料用量）。烤烟 4 月中旬移栽，行株距 1.2m×0.5m，栽烟 8 垄共 112 株/区，四周至少设 1 行保护行。

表 5-1　各处理施肥情况

| 处理 | 供试肥料 | N：P$_2$O$_5$：K$_2$O | 施氮量（kg/hm$^2$） | 肥料用量 |
|---|---|---|---|---|
| A1 | | | 105 | A 肥 1 384.5kg+提苗肥 75kg |
| A2 | 普通型基追一体肥 | 1：1：3 | 112.5 | A 肥 1 500kg+提苗肥 75kg |
| A3 | | | 120 | A 肥 1 615.5kg+提苗肥 75kg |
| B1 | | | 105 | B 肥 1 384.5kg+提苗肥 75kg |
| B2 | 生物炭基追一体肥 | 1：1：3 | 112.5 | B 肥 1 500kg+提苗肥 75kg |
| B3 | | | 120 | B 肥 1 615.5kg+提苗肥 75kg |
| C1 | | | 105 | C 肥 1 384.5kg+提苗肥 75kg |
| C2 | 氨基酸基追一体肥 | 1：1.05：2.8 | 112.5 | C 肥 1 500kg+提苗肥 75kg |
| C3 | | | 120 | C 肥 1 615.5kg+提苗肥 75kg |
| D1 | | | 105 | D 肥 1 384.5kg+提苗肥 75kg |
| D2 | 生物炭+氨基酸基追一体肥 | 1：1.05：2.8 | 112.5 | D 肥 1 500kg+提苗肥 75kg |
| D3 | | | 120 | D 肥 1 615.5kg+提苗肥 75kg |
| CK | 常规施肥 | 1：1：3 | 112.5 | 专用基肥 675kg+专用追肥 345kg+生物有机肥 225kg+硫酸钾 330kg；提苗肥 75kg |

注：表中 A 肥为普通型基追一体肥，B 肥为生物炭基追一体肥，C 肥为氨基酸基追一体肥，D 肥为生物炭+氨基酸基追一体肥；处理大写字母后的数字表示不同施氮量，1 代表 105kg/hm$^2$ 施氮量，2 代表 112.5kg/hm$^2$ 施氮量，3 代表 120kg/hm$^2$ 施氮量，下同。

（四）测定项目及方法

样品采集：在整地施肥前，按"S"形取样法，整块田取一个 3kg 的综合土样；在烟苗移栽后 15d、30d、45d、60d、75d，按五点取样法，分别取 A2、B2、C2、D2、CK，5 个处理根层 0~40cm 各取≥1.5kg 的土壤样品。土壤样品取好后，用塑料袋装好，放置大区编号牌，在阴凉处自然开袋晾干、剔除异物、研磨、过 10 目和 60 目筛后，检测分析。

采用 pH 计（水土比为 2.5：1）测定土壤 pH 值；土壤有机质（SOM）采用重铬酸钾滴定法；碱解氮、有效磷、速效钾分别采用碱解氮扩散法、碳酸氢钠浸提-钼锑抗比色法、醋酸铵浸提-火焰光度法；交换性钙和交换性镁采用乙酸铵浸提-原子吸收分光光度法测定；有效硫采用磷酸盐-乙酸溶液浸提分光光度法测定；有效硼采用姜黄素吸光度法；有效锌采用 0.1mol/L 盐酸浸提-火焰原子吸收光谱法测定；有效钼采用硫氰酸钾（KCNS）比色法测定；氯离子采用硝酸银滴定法测定。

（五）数据分析

采用 EXCEL 和 SPSS 19.0 对数据进行统计分析。

## 二、结果与分析

### （一）基追一体肥对土壤 pH 值的影响

土壤 pH 对烤烟生长发育有着重要影响，一般认为土壤 pH 值为 5.5 ~ 7.0 最适宜烤烟生长发育。土壤 pH 值的动态变化见图 5-1，各处理土壤 pH 在烤烟生育期内变幅为 6.32 ~ 7.19，且都呈先下降后上升的趋势。在移栽后 15d 和 30d 时，各处理 pH 值从大到小排序都为 B2>C2>A2>CK>D2，A2、B2、C2 3 个处理 pH 值都在 15d 时达到最大值，分别为 6.81、7.04、6.86。在移栽后 45d 时各处理 pH 值都达到最低值，此时各处理 pH 值都高于 CK。在移栽后 60d 时各处理 pH 值从大到小排序为 B2>A2>C2>CK>D2，此时烤烟发育成熟，土壤 pH 值呈上升趋势。在移栽后 75d 时，各处理 pH 值都小于 CK，此时处于采收期，烤烟对养分需求不大，除处理 A2 的 pH 值下降，其他处理土壤 pH 值缓慢上升。生育期内以 CK 变幅最大，D2 变幅最小。

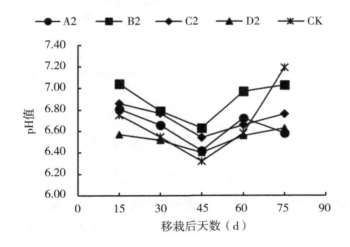

**图 5-1　土壤 pH 值的动态变化**

### （二）基追一体肥对土壤有机质含量的影响

土壤有机质能促进土壤保水和供水能力，提高土壤保肥性，为土壤微生物提供能源和碳源，是一个巨大的养分库。土壤有机质含量变化见图 5-2，处理 B2、C2、D2 的土壤有机质在生育期内呈升—降—升的趋势，处

理 A2、CK 的土壤有机质在生育期内呈降—升—降的趋势。在移栽后 15d
时，各处理从大到小排序为 D2>CK>C2>A2>B2，D2 处理最高为 19.28g/kg；
在移栽后 30d 时，处理 D2、B2 有机质达到生育期最高值，分别为
23.70g/kg、16.11g/kg，处理 D2 显著大于其余处理。在移栽后 45d 时，处
理 A2、CK 的土壤有机质达到生育期内最高，分别为 16.39g/kg、
18.43g/kg，处理 C2 土壤有机质达到生育期最低，为 14.64g/kg。移栽后
60d 时，处理 B2、D2 达到生育期最低值，分别为 12.71g/kg、16.00g/kg，
A2 处理达到生育期最高值 16.72g/kg。移栽后 75d 时，处理 B2、C2 达到生
育期最高值，分别为 15.94g/kg、17.00g/kg，A2 处理达到最低值，为
12.32g/kg，处理 B2、C2、D2 显著大于 CK。

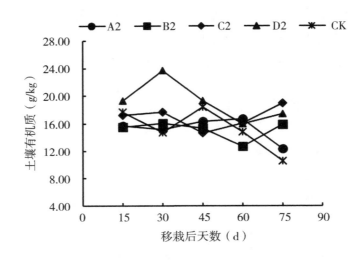

图 5-2　土壤有机质含量的动态变化

## （三）基追一体肥对土壤碱解氮含量的影响

氮元素是烤烟生长发育不可或缺的元素之一，一般认为土壤碱解氮含
量在 110~180mg/kg 最适宜烤烟生长。土壤碱解氮含量变化见图 5-3，处理
A2 在生育期内呈先下降后上升趋势，C2、CK 在生育期内呈降—升—降的
变化趋势，在移栽后 30~45d 时下降幅度最大；处理 B2、D2 在生育期内呈
升—降—升的趋势，在 15~30d 时上升幅度最大。在移栽后 15d 时，处理
C2、A2 碱解氮含量都达到生育期最高值，分别为 166.50mg/kg、
158.85mg/kg，且显著大于其他处理；处理 B2 碱解氮含量处于生育期最低
值，为 99.52mg/kg。移栽后 30d 时，各处理显著大于 CK，处理 B2、D2 达
到生育期最高值，分别为 137.79mg/kg、141.62mg/kg。移栽后 45d，各处

理土壤碱解氮含量从大到小依次为 D2>C2>B2>A2>CK，处理 A2、C2、D2、CK 都达到生育期最低值，分别为 101.43mg/kg、111.00mg/kg、123.14mg/kg、100.57mg/kg，处理 D2 显著大于其他处理，各处理在 30～45d 生长旺盛。移栽后 60d 时，各处理碱解氮含量都升高，处理 C2、D2 显著大于处理 A2。移栽后 75d，各处理土壤碱解氮含量从大到小依次为 D2>B2>A2>C2>CK，处理 D2 显著大于 CK。

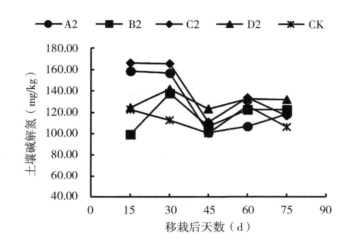

图 5-3 土壤碱解氮含量的动态变化

## （四）基追一体肥对土壤有效磷含量的影响

磷是植物生长发育所必需的元素，它不仅是植物细胞结构及细胞内一些重要化合物的组分，而且广泛参与植物的生命活动过程，一般认为土壤有效磷在 10～10mg/kg 时最适宜烤烟生长。土壤有效磷含量变化见图 5-4，处理 A2、B2、C2、D2 在移栽后 15～45d 时，土壤有效磷都呈先上升后下降的趋势，在移栽后 30～45d 时下降幅度最大，CK 土壤有效磷含量在生育期内呈先上升后下降趋势。在移栽后 15d，各处理土壤有效磷含量从大到小排序为 C2>A2>B2>D2>CK，各处理显著大于 CK，处理 B2 与 CK 达到生育期最小，分别为 27.66mg/kg、12.17mg/kg。在移栽后 30d，处理 A2、B2、C2 土壤有效磷含量达到生育期最大值，分别为 64.97mg/kg、97.12mg/kg、101.96mg/kg，且 3 个处理均显著大于 D2 与 CK。在移栽后 45d 时，各处理土壤有效磷含量排序为 B2>CK>A2>D2>C2，处理 A2、B2、C2、D2 土壤有效磷含量开始降低，C2 处理达到生育期最低值 25.63mg/kg，CK 处理达到生育期最高值，为 59.64mg/kg，处理 B2 与 CK 显著大于处理 C2 与 D2。移栽后 60d，各处理土壤有效磷含量排序为 D2>B2>CK>A2>C2，处理 D2 达到生育期最大值，为 65.30mg/kg，各处理土壤有效磷含量显著大于 C2 处理。在移栽后 60~75d，各处理土壤有效磷含量呈下降趋势，各处理土壤有效磷含量排序为 CK>A2>B2>C2>D2，C2、D2 显著小于 CK。

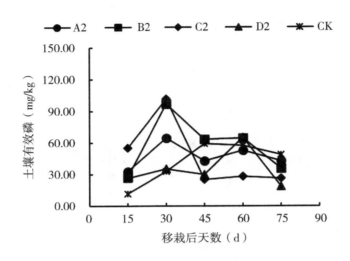

**图 5-4 土壤有效磷含量的动态变化**

### （五）基追一体肥对土壤速效钾含量的影响

钾可提高作物的抗逆性和提高作物品质，具有"抗逆元素"与"品质元素"之称，对烤烟的产量及品质具有明显的改善作用，一般认为土壤速效钾含量在 160~240mg/kg 最适宜烤烟生长。土壤速效钾含量的动态变化见图 5-5，在移栽后 15~60d，各处理土壤速效钾含量变化呈先下降后升高的趋势。在移栽后 30~45d 时，各处理降幅最大，都在 45d 时达到最小值。在移栽后 15d 时，各处理土壤速效钾排序为 A2>C2>B2>D2>CK，B2 处理显著大于 D2 与 CK 处理。在移栽后 30d 时，各处理土壤速效钾含量达到生育期内最高，其排序为 B2 > A2 > C2 > CK > D2，分别为 172.19mg/kg、164.18mg/kg、163.46mg/kg、149.28mg/kg、146.01mg/kg，处理 B2 与 A2 显著大于其他处理。在移栽后 45d 时，各处理土壤速效钾含量在生育期内最低，其排序为 B2>A2>C2>CK>D2，分别为 127.28mg/kg、119.83mg/kg，109.28mg/kg、102.19mg/kg、98.47mg/kg，处理 B2 与 A2 显著大于 D2 与 CK 处理。在移栽后 60d 时，各处理土壤速效钾含量上升，其排序为 A2>B2>CK>C2>D2。移栽后 75d 时，各处理土壤速效钾含量排序为 B2>C2>A2>CK>D2，处理 A2、D2、CK 在 60~75d 呈下降趋势。

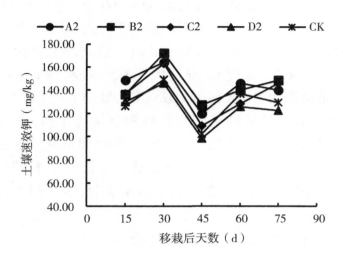

**图 5-5　土壤速效钾含量的动态变化**

## （六）基追一体肥对土壤交换性钙含量的影响

钙素是细胞壁的重要成分，也可稳定生物膜、调节膜的渗透性和消除其他离子的毒害，同时也能抑制真菌的侵袭。一般认为土壤交换性钙含量在 6~10cmol/kg 时最适宜烤烟生长。土壤交换性钙含量变化见图 5-6，处理 B2 与 D2 土壤交换性钙在生育期内呈先下降后上升的趋势，在移栽后 45d 时达到最低值，分别为 7.83cmol/kg、6.56cmol/kg。在移栽后 15d 时达到最高值，分别为 9.41cmol/kg、8.79cmol/kg。处理 A2 与 C2 土壤交换性钙含量在

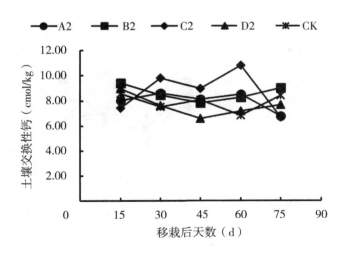

**图 5-6　土壤交换性钙含量的动态变化**

生育期内呈升—降—升的趋势，都在移栽后 60d 时达到最高值，分别为 8.64cmol/kg、10.81cmol/kg，在移栽后 75d 达到最低值，分别为 6.81cmol/kg、6.68cmol/kg。在移栽后 15d 时，各处理土壤交换性钙含量排序为 B2>D2>CK>A2>C2，处理 B2 显著大于 C2。在移栽后 30d 时，各处理土壤交换性钙含量排序为 C2>A2>B2>D2>CK，处理 C2 显著大于处理 D2 与 CK。在移栽后 45d 时，各处理土壤交换性钙含量排序为 C2>A2>CK>B2>D2，处理C2显著大于 B2。在移栽后 60d 时，各处理土壤交换性钙含量排序为 C2>A2>B2>D2>CK，处理 A2、B2、C2 显著大于 CK。移栽后 75d 时，各处理土壤交换性钙含量排序为 B2>CK>D2>A2>C2，处理 B2 显著大于 A2、C2 处理。

## （七）基追一体肥对土壤交换性镁含量的影响

镁是烤烟生长发育与品质形成不可或缺的元素之一，一般认为土壤交换性镁在 1.0~1.5cmol/kg 最适宜烤烟生长发育。土壤交换性镁含量变化见图 5-7，处理 A2、B2、C2、D2 土壤交换性镁含量在生育期内呈升—降—升的趋势，在移栽后 30~45d 降幅最大，处理 CK 土壤交换性镁含量在生育期内呈先下降后上升的趋势，处理 A2 在生育期各个时期土壤交换性镁含量都高于 CK。在移栽后 15d 时，各处理土壤交换性镁含量排序为 A2>B2>CK>C2>D2，处理 D2 显著小于其他处理，此时 D2 处理交换性镁含量达到生育期最低，为 0.42cmol/kg，CK 达到生育期最高 0.56cmol/kg。在移栽后 30d 时，除 CK 外，各处理土壤交换性镁含量有所上升，处理 A2 与 D2

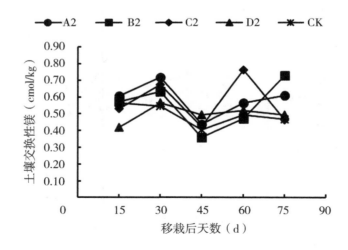

图 5-7  土壤交换性镁含量的动态变化

达到生育期最高值，分别为 0.72cmol/kg、0.57cmol/kg，处理 A2 显著大于 CK。在移栽后 45d 时，各处理土壤交换性镁含量都处于生育期最低值，排序为 D2>A2>C2>CK>B2，含量分别为 0.49cmol/kg、0.44cmol/kg、0.42cmol/kg、0.40cmol/kg、0.36cmol/kg，处理 D2 显著大于 B2。在移栽后 60d，各处理土壤交换性镁含量有所升高，处理 C2 达到生育期最高值 0.76cmol/kg，且显著大于其他处理。移栽后 75d 时，处理 A2 与 B2 土壤交换性镁含量有所上升，C2、D2、CK 有所下降，处理 B2 达到生育期最高值，为 0.73cmol/kg，且显著大于其他处理。

（八）基追一体肥对土壤有效锌含量的影响

锌元素参与植物生长素、$CO_2$ 的水合作用，促进蛋白质代谢与生殖器官发育，同时也能提高作物的抗逆性，是烤烟生长发育与品质形成的重要微量元素之一。一般认为土壤有效锌在 1.0~2.0mg/kg 最适宜烤烟生长发育。土壤交换性镁含量变化见图 5-8，处理 A2 在整个生育期内呈下降趋势，C2、CK 在生育期内呈降—升—降的趋势，A2 与 C2 在移栽后 30~45d 时降幅最大。处理 B2 在生育期内呈升—降—升的趋势。D2 处理在生育期内呈先升高后下降的趋势。处理 A2、D2 土壤有效锌含量都在移栽后 75d 时达到最低值，分别为 1.85mg/kg、2.14mg/kg；处理 B2 与 C2 在移栽后 45d 时土壤有效锌含量达到最低值，分别为 2.07mg/kg、2.33mg/kg，处理 C2 在整个生育期内都高于 A2 与 B2 处理。在移栽后 15d 时，各处理土壤有效锌含量排序为 C2>A2>CK>D2>B2，处理 A2 与 C2 土壤有效锌含量处于生育期最高

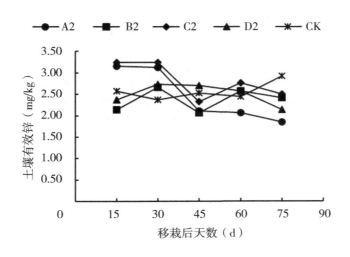

图 5-8 土壤有效锌含量的动态变化

值，分别为 3.15mg/kg、3.24mg/kg，且显著大于其余处理。在移栽后 30d 时，处理 B2 和 D2 土壤有效锌含量达到生育期最高值，分别为 2.67mg/kg、2.74mg/kg，各处理有效锌含量都大于 CK。移栽后 45d 时，处理 D2 土壤有效锌含量显著大于 A2 与 B2。移栽后 60d 时，处理 D2、B2、C2 土壤有效锌含量显著大于 A2。移栽后 75d 时，各处理土壤有效锌含量排序为 CK>C2>B2>D2>A2，CK 的土壤有效锌含量达到最大值，为 2.93mg/kg，且显著大于其他处理。

（九）基追一体肥对土壤有效硼含量的影响

硼是烤烟生长和品质形成的必需微量元素之一，也是包括烟叶生产在内的作物生产上容易缺乏的微量元素之一，一般认为土壤有效硼在 0.30~0.60mg/kg 最适宜烤烟生长发育。土壤有效硼含量变化见图 5-9，处理 A2、B2、C2 在生育期内土壤有效硼呈升—降—升的变化，CK 呈升高的趋势。移栽后 15d 时，各处理土壤有效硼含量排序为 C2>A2>D2>CK>B2，处理 A2 与 C2 达到生育期最高值，分别为 0.355mg/kg、0.357mg/kg，且显著大于其他处理。移栽后 30d，各处理土壤有效硼含量排序为 C2>A2>D2>B2>CK，处理 D2 与 B2 达到生育期最高值，分别为 0.319mg/kg、0.311mg/kg，处理 A2 与 C2 显著大于 CK。移栽后 45d，处理 A2、B2、C2、D2 土壤有效硼含量降幅最大，处理 B2 达到生育期最低值，为 0.231mg/kg。移栽后 60d，各处理达到成熟，土壤有效硼含量上升，各处理土壤有效硼含量排序为 CK>C2>D2>A2>B2。移栽后 75d，处理 CK 土壤有效硼含量达到生育期最高值

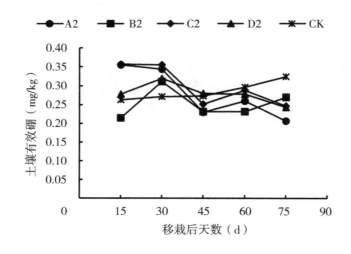

图 5-9　土壤有效硼的含量动态变化

0.323mg/kg，显著大于其他处理。

（十）基追一体肥对土壤有效钼含量的影响

在烤烟植株内，钼参与氮的代谢与同化以及土壤自生固氮菌的固氮活动，钼对光合作用与呼吸作用也有一定影响。一般认为土壤有效钼为0.10~0.15mg/kg最适宜烤烟生长发育。土壤有效钼含量变化见图5-10，处理A2、B2、C2土壤有效钼在生育期内呈升—降—升的趋势，在移栽后30~45d时降幅最大。处理D2土壤有效钼在生育期内呈先上升后下降的趋势，CK呈先下降后上升趋势。移栽后15d，各处理土壤有效钼排序为C2>A2>D2>CK>B2，处理A2与C2显著大于其余处理。移栽后30d，各处理土壤有效钼排序为C2>A2>D2>B2>CK，此时处理D2、C2与A2达到生育期最高值，分别为0.312mg/kg、0.344mg/kg、0.331mg/kg，各处理显著大于CK。移栽后45d，处理A2、B2、C2土壤有效钼含量为生育期最低值，分别为0.254mg/kg、0.252mg/kg、0.267mg/kg，处理D2显著大于B2。移栽后60d，各处理土壤有效钼排序为C2>CK>D2>B2>A2，此时各处理烤烟基本成熟，除D2处理外，其余处理土壤有效钼含量尚高。移栽后75d，各处理土壤有效钼排序为CK>B2>C2>A2>D2，CK达到最高值0.312mg/kg，D2处理为生育期最小值0.244mg/kg，CK处理显著大于A2与D2处理。

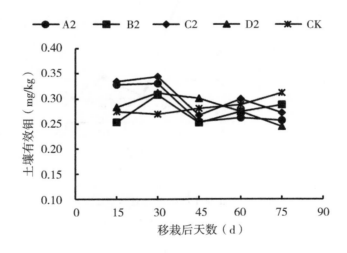

图5-10 土壤有效钼含量的动态变化

（十一）基追一体肥对土壤水溶性氯含量的影响

氯是烤烟需要最多的微量元素，但烤烟又是忌氯作物，过量的氯易使植株出现中毒。一般认为土壤水溶性氯含量 10~20mg/kg 最适宜烤烟生长发育。土壤水溶性氯含量变化见图 5-11，各处理在生育期内土壤水溶性氯呈升—降—升的趋势，移栽后 15~30d 时各处理呈上升趋势，在移栽后 30~45d 时降幅最大。在移栽后 15d 时，各处理土壤水溶性氯排序为 C2>B2>D2>A2>CK，处理 C2 显著大于其他处理。移栽后 30d 时，各处理土壤水溶性氯排序为 C2>B2>D2>CK>A2，此时各处理土壤水溶性氯都达到生育期最大值，分别为 103.16mg/kg、84.60mg/kg、44.82mg/kg、35.32mg/kg、33.94mg/kg，处理 C2 与 B2 显著大于其余处理。移栽后 45d，各处理土壤水溶性氯排序为 C2>B2>CK>D2>A2，处理 A2 与 D2 达到生于期最低值，分别为 13.09mg/kg、14.17mg/kg。移栽后 60d，各处理土壤水溶性氯排序为 C2>B2>D2>A2>CK，此时处理 B2 与 CK 达到生育期最低值，分别为 18.71mg/kg、14.17mg/kg，处理 C2 显著大于其余处理。移栽后 75d，处理 C2 土壤水溶性氯含量为生育期最低，为 15.34mg/kg，各处理土壤水溶性氯含量趋于正常范围。

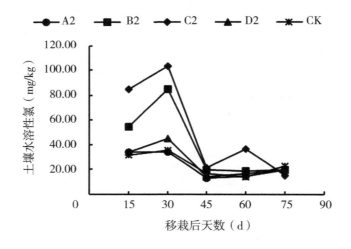

图 5-11　土壤水溶性氯含量的动态变化

## 三、小结

pH 值作为土壤酸碱度指示因子，是土壤重要的属性之一，在农业生产中，土壤的酸碱性对不同植被的生长有不同的适应范围，烤烟 pH 值的适宜范围为 5.5~7.0（贺丹锋等，2013）。本研究结果表明，不同肥料处理土壤 pH 值在移栽后 15~75d 时呈先下降后上升的趋势，都在旺长期达到最低值，表明在旺长期时各处理生长发育及代谢最旺，根系分泌物相对前期大量增加，大量 $H^+$ 进入土壤，导致土壤 pH 值降低，在现蕾期后，烤烟生长发育减慢，土壤 pH 值升高。这与刘洪华（2011）的研究结果相同。丁玉梅等研究表明，有机肥与复合肥配施能提高烟株根际土壤对 pH 值的缓冲能力；生物碳与肥料配施能提高土壤 pH 值，氮肥的大量施用会导致土壤 pH 值的降低（葛少华，2018）。本研究中常规施肥后的 pH 值变幅最大为 0.87，处理生物炭—氨基酸基追一体肥的变幅最小为 0.17，说明基追一体肥能提高土壤对 pH 值的缓冲性，且生物炭—氨基酸基追一体肥效果最佳。

土壤有机质是一个巨大的养分库，对烤烟生长发育与品质形成不可或缺。本研究表明，生物炭基追一体肥、氨基酸基追一体肥、生物炭—氨基酸基追一体肥的土壤有机质在生育期间呈升—降—升的趋势，普通型基追一体肥、常规施肥的土壤有机质在生育期间呈降—升—降的趋势，在移栽后 30d 时，生物炭基追一体肥、生物炭—氨基酸基追一体肥有机质达到生育期最高值，分别为 23.70g/kg、16.11g/kg，在移栽后 45d 时，普通型基追一体肥、常规施肥土壤有机质达到生育期内最高，分别为 16.39g/kg、18.43g/kg，氨基酸基追一体肥土壤有机质达到生育期最低，为 14.64g/kg。生物炭基追一体肥、生物炭—氨基酸基追一体肥与常规施肥在旺长期到成熟期土壤有机质大幅下降，这与罗永清等（2012）的研究结果不同，这可能因为土壤有机质矿化释放养分而导致土壤有机质含量的降低。生物炭基追一体肥、氨基酸基追一体肥、生物炭—氨基酸基追一体肥都在团棵期之后土壤有机质开始增加，这可能因为肥料中含有的有机肥开始分解并产生新的有机质，且分解速度大于原有有机质矿化速度，从而使土壤有机质含量增加（杜宣延，2016）。生物炭—氨基酸基追一体肥在生育期内土壤有机质含量处于较高水平，说明生物炭—氨基酸基追一体肥对提升土壤有机质的提升效果最好。

有研究表明：土壤中氮素主要来源于氮肥与有机质，烤烟在旺长期时氮素的利用率最高。本研究中 5 种肥料都在移栽后 30~45d 时土壤碱解氮含量迅速下降，在移栽后 45~60d 时呈上升趋势。万海涛等（2014）研究表明，土壤碱解氮在移栽后 60~75d 迅速下降，即旺长期迅速下降，这与本研究结果一致。烤烟在生育前期，土壤中有机质和氮肥分解使土壤碱解氮含量上升，进入旺长期后，烟株大量吸收土壤中氮素用于生长发育，土壤中的分解速度小于烟株吸收速度，导致碱解氮含量迅速下降，成熟期后，烟株吸收减少，氮肥大量消耗所剩无几，仅靠土壤有机质分解补充，碱解氮含量上升。施用生物炭—氨基酸基追一体肥处理的土壤碱解氮变幅较小，可能是因为生物碳可吸附土壤中氮素减少淋失，提高了土壤对氮素的缓冲能力（周志红等，2011）。4 种基追一体肥的碱解氮含量都高于常规施肥，氨基酸基追一体肥在生育期内碱解氮水平较高，对于烤烟生长发育有更好的促进作用。

磷和钾素对烤烟生长发育、细胞代谢及品质形成都有重要作用，钾素是烟株成长过程中吸收最多的元素（张本强，2011）。张璐等研究认为，有机物料与化肥配施能显著提高烤烟生育后期有效磷与速效钾的含量，气爆烟梗与化肥配施在生育后期土壤有效磷与速效钾比单施化肥处理分别提高185.32%、147.51%。赵殿峰（2014）研究认为，不同生物碳用量下，土壤有效磷与速效钾呈升—降—升的趋势。本研究中，不同施肥处理土壤有效磷与速效钾在生育期内呈升—降—升的趋势，在移栽后 15~30d 时，此时土壤中磷钾肥矿化分解，土壤中有效磷与速效钾升高；移栽后 30~45d 进入旺长期，此时烟株生长发育速度加快，磷素与钾素的分解量小于吸收量，土壤中有效磷与速效钾含量降低；移栽后 45~60d 进入成熟期，烟株所需磷素与钾素减少，土壤含量上升。张腾（2013）研究认为，有机栽培提高了烤烟生育后期土壤速效钾与有效磷含量。本研究中，在移栽后 75d 时，施用生物炭—氨基酸基追一体肥的处理有效磷与速效钾含量都低于常规施肥，这可能因为生物炭引起了土壤有效磷的生物固定小于化学固定而使含量降低。生物炭基追一体肥在烟株生育前期与后期土壤有效磷与速效钾含量都较高，有利于烤烟及时吸收养分。

鲁耀等（2010）研究表明，下调土壤交换性 Ca/Mg 能有效提高中部叶的烟叶化学品质，当土壤交换性 Ca/Mg 为 8 时，烟叶吸收镁素的效果最好，当交换性 Ca/Mg 为 10 时有利于提高烟叶产量，供镁有利于烤烟生长发育和产质量的提升，适宜的施钙有利于提高烟叶拉伸强度与拉断强度。本研究中，4 种基追一体肥在移栽后 30~45d 都呈下降趋势，常规施肥呈上升趋势，这与刘敏（2017）的研究结果不同，可能因为常规施肥追肥后的肥料经微生物大量分解而导致土壤交换性钙的上升。4 种基追一体肥的土壤交换性镁含量呈升—降—升的趋势，都在移栽后 45d 达到最低值；移栽后 60d 时，施用氨基酸基追一体肥的处理土壤交换性镁达到峰值，与其他几种肥料存在显著差异。4 种基追一体肥下烤烟生育期内土壤交换性钙镁的变幅都大于常规施肥，说明施用基追一体肥有利于烟株对与钙镁元素的代谢、土壤的吸附与解吸。

朱金峰等（2012）研究表明，烤烟锌含量与土壤有效锌呈极显著正相关关系，在烤烟旺长期和成熟期喷施锌肥有助于提高烟叶的品质；适宜的增施锌、硼、钼肥对烤烟的生长发育、产质量及烟叶可用性有正向影响（杨苏，2017）。徐晓燕等研究表明，在硼钼缺乏的土壤条件下增施硼钼肥有利于促进烟叶对钾的吸收。本研究中，施用 4 种基追一体肥下的植烟土壤有效锌、有效硼、有效钼在生育期内基本都呈升—降—升—降的趋势，这与杜宣延（2016）的研究结果相同。都在移栽后 30d 时降幅最大，而常规施肥变幅较小，说明基追一体肥能促进旺长期烤烟对微量元素的吸收，以及提高土壤微生物的数量与活性。在生育前期，普通型基追一体肥与氨基酸基追一体肥下土壤有效锌、有效硼与有效钼都显著大于其余处理，说明普通型基追一体肥与氨基酸基追一体肥能提高烤烟生育前期土壤微量元素的含量。

刘洪斌和毛知耘（1997）研究表明，湘西州烟区水溶性氯含量偏低为（8.88±8.04）mg/kg，四川烟区土壤含氯临界值为 160mg/kg。杨林波等（2002）研究表明，施氯量在 22.5～50.0kg/hm$^2$ 之间时，既可以提高贵州北部烟区烟叶外观质量与评吸质量，协调烟叶化学成分，而且能明显提高烟叶产量、均价与上等烟比例。本研究结果显示，5 种肥料条件下各处理土壤水溶性氯在生育期内基本呈升—降—升的趋势，都在移栽后 30d 达到最高值，以氨基酸基追一体肥处理最高为 103.16mg/kg，其次为生物炭基追一体肥，含量为 84.59mg/kg，显著大于其他处理；各处理在移栽后 30d 开始大幅下降，45d 时水溶性氯含量基本在 20mg/kg 左右。生育后期烟株生长减慢，各处理的变幅不大，都处于正常范围。氨基酸基追一体肥处理土壤水溶性氯在生育期内变幅最大，其次为生物炭基追一体肥，说明这 2 种肥料有助于促进烟株对氯离子的吸收代谢，同时能为烟株提供充足的氯营养。

# 第二节　改进基追一体肥对烤烟生长及烟叶品质的影响

## 一、材料与方法

### （一）试验地点

试验于 2018 年 4—9 月在湖南省湘西自治州花垣县道二乡进行，乡内地势呈四周低，中部高，平均海拔、气温、年降水量分别为 530m、15℃、1 410mm。试验地土壤肥力状况：pH 值 7.17、有机质 10.45g/kg、速效磷

36.89mg/kg、速效钾 250.66mg/kg、碱解氮 120.52mg/kg。

## （二）试验材料

由湖南金叶众望股份有限公司提供专利供试肥料：A 型基追一体肥（6.5-7.0-22.5）、B 型基追一体肥（6.5-7.0-22.5）、氨基酸型基追一体肥（6.5-7.4-21.0）、生物炭+氨基酸型基追一体肥（6.5-7.4-21.0），烟农常用肥以及提苗肥。供试品种为云烟 87。

## （三）试验设计

本试验为双因素大区试验，设置了 4 种基追一体肥和烟农常规施肥共 5 种肥料以及 3 个不同的肥料用量，共 13 个大区，每个处理为一个大区，每个大区横向长×宽（垄长）= 9.6m×7m，面积 67.2m²。各处理具体情况见表 5-2（以施氮量代替不同肥料用量）。烤烟 4 月中旬移栽，行株距 1.2m×0.5m，栽烟 8 垄共 112 株/区，四周至少设 1 行保护行。

表 5-2　各处理施肥情况

| 处理 | 供试肥料 | N：P$_2$O$_5$：K$_2$O | 施氮量（kg/hm²） | 肥料用量 |
|---|---|---|---|---|
| A1 | | | 105 | A 肥 1 384.5kg+提苗肥 75kg |
| A2 | 普通型基追一体肥 | 1：1：3 | 112.5 | A 肥 1 500kg+提苗肥 75kg |
| A3 | | | 120 | A 肥 1 615.5kg+提苗肥 75kg |
| B1 | | | 105 | B 肥 1 384.5kg+提苗肥 75kg |
| B2 | 生物炭基追一体肥 | 1：1：3 | 112.5 | B 肥 1 500kg+提苗肥 75kg |
| B3 | | | 120 | B 肥 1 615.5kg+提苗肥 75kg |
| C1 | | | 105 | C 肥 1 384.5kg+提苗肥 75kg |
| C2 | 氨基酸基追一体肥 | 1：1.05：2.8 | 112.5 | C 肥 1 500kg+提苗肥 75kg |
| C3 | | | 120 | C 肥 1 615.5kg+提苗肥 75kg |
| D1 | | | 105 | D 肥 1 384.5kg+提苗肥 75kg |
| D2 | 生物炭+氨基酸基追一体肥 | 1：1.05：2.8 | 112.5 | D 肥 1 500kg+提苗肥 75kg |
| D3 | | | 120 | D 肥 1 615.5kg+提苗肥 75kg |
| CK | 常规施肥 | 1：1：3 | 112.5 | 专用基肥 675kg+专用追肥345kg+生物有机肥 225kg + 硫酸钾 330kg；提苗肥 75kg |

注：表中 A 肥为普通型基追一体肥，B 肥为生物炭基追一体肥，C 肥为氨基酸基追一体肥，D 肥为生物炭+氨基酸基追一体肥；处理大写字母后的数字表示不同施氮量，1 代表 105kg/hm² 施氮量，2 代表 112.5kg/hm² 施氮量，3 代表 120kg/hm² 施氮量，下同。

（四）测定项目及方法

样品采集：烤后烟叶分大区采收、编杆、烘烤、分级、测产（产量、产值）。每个大区分别取 X2F、C3F、B2F 烟叶各 1kg，记录叶片数（计算单叶重），悬挂对应大区编号及等级标识，内用牛皮纸包装，外用专用样品塑料袋包装，用作物理性状测定、化学成分分析。

1. 烤后烟叶理化性状测定

烤烟总氮、烟碱、总糖、还原糖、氯离子采用 SKALAR 连续流动分析仪测定，钾含量采用火焰光度法测定。测定物理性状叶长、叶宽、厚度、含梗率、单叶重、平衡含水率。

2. 农艺性状测定

每处理取能代表该处理水平的烟株 5 株，打顶后 7~10d 时测定株高、茎围、叶片数、上中部叶最大叶长、最大叶宽（从顶往下数第 3 片叶和第 10 片叶的长度、宽度），计算平均值。

3. 经济性状测定

各处理的经济性状：产量、产值、均价、中上等烟比例参考邓小华等（2016）方法测定。

4. DTOPSIS 法步骤与原理

DTOPSIS 法即近似理想解的排序法，它借助于多目标决策问题的理想解和负理想解去排序，使每个性状都量化为可以比较的规范化指标，并且找出每一指标的理想解和负理想解，精确比较每个指标间的差异，客观全面地反映品种的优劣。具体步骤如下。

（1）设由 $m$ 个品种，$n$ 个性状指标，建立矩阵 $A$。

$$A = \begin{bmatrix} Y_{11} & \cdots & Y_{1n} \\ Y_{21} & \cdots & Y_{2n} \\ \vdots & \ddots & \vdots \\ Y_{m1} & \cdots & Y_{mn} \end{bmatrix}$$

（2）对矩阵 $A$ 进行无量纲化处理，形成相互可比较的规范化矩阵 $Z$。

$$Z_{ij} = \begin{bmatrix} \dfrac{Y_{ij}}{Y_{jmax}} & \text{正向指标} \\ \dfrac{Y_{jmin}}{Y_{ij}} & \text{负向指标} \end{bmatrix}$$

对于在一定范围最优的中性指标利用隶属函数将各指标的原始数据转

化为标准化数值（0～1）。烟叶烟碱、总糖等指标采用抛物线型（简称 P）隶属函数，利用式（5-1）计算隶属度：

$$N(x) = \begin{cases} 0.1 & x < x_1,\ x > x_2 \\ 0.9(x - x_1)/(x_3 - x_1) + 0.1 & x_1 \leqslant x < x_3 \\ 1.0 & x_3 \leqslant x \leqslant x_4 \\ 1 - 0.9(x - x_4)/(x_2 - x_4) & x_4 < x \leqslant x_2 \end{cases} \quad (5\text{-}1)$$

烟叶钾含量采用 S 型隶属函数，利用式（5-2）计算隶属度：

$$N(x) = \begin{cases} 1.0 & x > x_2 \\ 0.9(x - x_1)/(x_2 - x_1) + 0.1 & x_1 \leqslant x \leqslant x_2 \\ 0.1 & x < x_1 \end{cases} \quad (5\text{-}2)$$

式中，$x$ 为中性指标的实际检测值，$x_1$、$x_2$、$x_3$、$x_4$ 分别代表各指标的下临界值、上临界值、最优值下限、最优值上限（孙玉勇等，2016；盛业龙等，2014）。具体结果见表 5-3。

表 5-3　烟叶化学成分隶属函数类型及拐点值　（单位：%）

| 化学成分 | 函数类型 | 下临界值 ($x_1$) | 上临界值 ($x_2$) | 最优值下限 ($x_3$) | 最优值上限 ($x_4$) |
|---|---|---|---|---|---|
| 总糖 | P | 10 | 35 | 20 | 28 |
| 烟碱 | P | 1 | 3.5 | 2 | 2.5 |
| 钾 | S | 1 | 2.5 | | |

（3）建立加权的规范化决策矩阵 $R$，其中元素 $R_{ij} = W_j Z_{ij}$，$W_j$ 为第 $j$ 个性状的权重，（$i = 1, 2, 3\cdots, m$，$j = 1, 2, 3\cdots, n$）。

（4）品种性状的"理想解"和"负理想解"。

$K^+ = (K_1^+, K_2^+, \cdots, K_n^+)$，其中 $K_j^+ = \max_i (R_{ij})$

$K^- = (K_1^-, K_2^-, \cdots, K_n^-)$，其中 $K_j^- = \min_i (R_{ij})$

（5）利用欧基里德范数作为距离的测度，得到各个品种与"理想解"和"负理想解"的距离分别为：

$$D_i^+ = \Big[ \sum_{j=1}^{n} (Rij - Xj^+)^2 \Big]^{\frac{1}{2}} \quad i = 1, 2, \cdots, m$$

$$D_i^- = \Big[ \sum_{j=1}^{n} (Rij - Xj^-)^2 \Big]^{\frac{1}{2}} \quad i = 1, 2, \cdots, m$$

（6）各品种对"理想解"的靠近程度，按下式计算：

$C_i = D_i^- / (D_i^- + D_i^+)$，$C_i \in [0, 1]$，$i = 1, 2, \cdots, m$

按 $C_i$ 大小排序，$C_i$ 值最大的品种则为最优品种。

（五）数据分析

采用 EXCEL 和 SPSS 19.0 对数据进行统计分析。

## 二、结果与分析

### （一）基追一体肥对烤烟生长发育的影响

1. 不同基追一体肥对烤烟生育期的影响

不同基追一体肥对烤烟生育期的影响见表 5-4，各处理的生育期为 105~112d，各基追一体肥处理相对 CK 生育期有所缩短，各基追一体肥处理从移栽期到团棵期的时间为 18~19d，团棵期到旺长期为 14~15d，旺长期到现蕾期时间为 14~15d，现蕾期到打顶期为 10~12d，打顶期到始采期为 11~12d，始采期到终采期为 40~44d。各生育时期相对 CK 都有所缩短，120kg/hm² 施氮量下各处理生育期相对其他处理有所提前。

表 5-4　烤烟生育期

| 处理 | 移栽期（月/日） | 团棵期（月/日） | 旺长期（月/日） | 现蕾期（月/日） | 打顶期（月/日） | 始采期（月/日） | 终采期（月/日） | 生育期天数（d） |
|---|---|---|---|---|---|---|---|---|
| A1 | 4/19 | 5/8 | 5/21 | 6/4 | 6/13 | 6/24 | 8/3 | 106 |
| A2 | 4/19 | 5/8 | 5/21 | 6/4 | 6/14 | 6/25 | 8/4 | 107 |
| A3 | 4/19 | 5/7 | 5/21 | 6/3 | 6/13 | 6/24 | 8/3 | 106 |
| B1 | 4/19 | 5/8 | 5/21 | 6/4 | 6/13 | 6/24 | 8/3 | 106 |
| B2 | 4/19 | 5/7 | 5/21 | 6/3 | 6/13 | 6/23 | 8/5 | 108 |
| B3 | 4/19 | 5/7 | 5/21 | 6/3 | 6/14 | 6/24 | 8/3 | 106 |
| C1 | 4/19 | 5/8 | 5/21 | 6/4 | 6/14 | 6/24 | 8/3 | 106 |
| C2 | 4/19 | 5/8 | 5/21 | 6/3 | 6/13 | 6/25 | 8/3 | 106 |
| C3 | 4/19 | 5/7 | 5/21 | 6/3 | 6/13 | 6/24 | 8/2 | 105 |
| D1 | 4/19 | 5/8 | 5/21 | 6/4 | 6/13 | 6/23 | 8/3 | 106 |
| D2 | 4/19 | 5/8 | 5/21 | 6/4 | 6/13 | 6/24 | 8/3 | 106 |
| D3 | 4/19 | 5/7 | 5/21 | 6/3 | 6/13 | 6/24 | 8/3 | 106 |
| CK | 4/19 | 5/10 | 5/23 | 6/5 | 6/16 | 6/26 | 8/9 | 112 |

2. 不同基追一体肥对烤烟农艺性状的影响

不同处理烤烟农艺性状见表 5-5，总体来看不同农艺性状各处理间存在显著差异，株高最高的为处理 C1（122.29cm），最小的为处理 B3（97.58cm）；茎围最大的为处理 C1（11.20cm），最小的为 C3（8.62cm）；

有效叶最多为处理 D1（17.60 片），最少的为处理 D3（14.00 片）；上部叶面积最大的为处理 D2（719.95cm²），最小的为处理 B3（415.09cm²）；中部叶面积最大的为处理 D1（1 347.54cm²），最小的为处理 C3（799.36cm²）。处理 C1、C2、D1、D2 在株高方面显著大于对照 CK，C1 处理在茎围方面显著大于 CK，处理 D1 在有效叶片方面显著大于 CK，D2 在上部叶面积方面显著大于 CK。

从同种肥料不同施氮量来看，肥料 A 在株高方面 3 个施氮量间存在极显著差异，A1 处理极显著大于 A2 处理；肥料 B 中，处理 B2 茎围显著大于处理 B3；C 肥料中，3 个处理在株高、茎围方面存在显著差异，从大到小排序为 C1>C2>C3，处理 C1 显著大于 C2 显著大于 C3，随着施氮量增加，株高茎围呈减小趋势，中部叶面积方面处理 C1 与处理 C2 显著大于处理 C3；在 D 肥料中，处理 D1 在茎围方面显著大于 D2 处理，在有效叶方面，处理 D1 显著大于 D2、D3 处理，随着施氮量的增加，有效叶数呈减少趋势。

从同种施氮量不同肥料来看，在 105kg/hm² 施氮量下，处理 C1 在株高、茎围方面显著大于 A1、B1、D1 处理，在有效叶片方面处理 D1 显著大于其余处理，中部叶面积方面处理 D1 显著大于处理 B1、A1。在 112.5kg/hm² 施氮量下，处理 C2、D2 在株高方面显著大于其余处理，处理 A2 在茎围方面显著大于 D2，上部叶面积方面处理 D2 显著大于其余处理，上部叶面积处理 D2 显著大于 B2。在 120kg/hm² 施氮量下，处理 D3 在株高方面显著大于 B3，在茎围方面处理 A3、D3 显著大于处理 B3、C3，中部叶面积方面处理 A3、D3 显著大于处理 C3。

表 5-5　各处理的烤烟农艺性状

| 处理 | 株高<br>（cm） | 茎围<br>（cm） | 有效叶数<br>（片） | 上部叶面积<br>（cm²） | 中部叶面积<br>（cm²） |
|---|---|---|---|---|---|
| A1 | 109.32bcd | 10.10bc | 15.20bcd | 505.03bc | 958.42cde |
| A2 | 97.78e | 10.08bc | 16.00b | 472.88bc | 1 216.45ab |
| A3 | 104.18bcde | 9.44cd | 15.40bcd | 571.90abc | 1 140.42abcd |
| B1 | 98.22e | 9.26de | 14.60def | 482.85bc | 970.36bcde |
| B2 | 101.40de | 9.42cd | 15.00cde | 477.82bc | 1 058.04bcd |
| B3 | 97.58e | 8.68e | 15.60bc | 415.09c | 941.12de |
| C1 | 122.29a | 11.20a | 14.60def | 530.62bc | 1 157.46abcd |
| C2 | 112.62b | 9.58bcd | 15.80bc | 443.62c | 1 204.86abc |
| C3 | 102.22cde | 8.62e | 14.60def | 574.12abc | 799.36e |
| D1 | 111.36b | 10.16b | 17.60a | 636.26ab | 1 347.54a |

（续表）

| 处理 | 株高<br>（cm） | 茎围<br>（cm） | 有效叶数<br>（片） | 上部叶面积<br>（cm²） | 中部叶面积<br>（cm²） |
|------|------|------|------|------|------|
| D2 | 110.84b | 9.00de | 14.20ef | 719.95a | 1 346.55a |
| D3 | 110.12bc | 9.50bcd | 14.00f | 570.56abc | 1 168.93abcd |
| CK | 102.12cde | 9.62bcd | 16.00b | 500.03bc | 1 098.60abcd |

注：同列数据后的小写字母表示在 0.05 水平上的差异显著性。字母相同则差异不显著，不同则显著。下同。

由表 5-6 看出，株高在不同肥料种类间差异极显著（$P<0.001$），在不同施肥水平间差异极显著（$P=0.003$），肥料种类与施肥水平互作对株高的影响极显著（$P=0.002$），从偏 $Eta^2$ 的大小来看，对株高影响的排序为肥料种类>肥料种类×施肥水平>施肥水平；不同肥料种类下茎围间的差异极显著（$P=0.001$），不同施肥水平下茎围间差异极显著（$P<0.001$），肥料种类与施肥水平互作对茎围的影响极显著（$P<0.001$），从偏 $Eta^2$ 的大小来看，对茎围影响的排序为施肥水平>肥料种类×施肥水平>肥料种类；有效叶在不同肥料种类间差异显著（$P=0.043$），在不同施肥水平间差异显著（$P=0.024$），肥料种类与施肥水平互作对有效叶数的影响极显著（$P<0.001$），从偏 $Eta^2$ 的大小来看，对有效叶数影响的排序为肥料种类×施肥水平>肥料种类>施肥水平；不同肥料种类下部叶、上部叶叶面积间差异极显著（$P=0.002$），不同施肥水平下部叶、上部叶叶面积间无显著性差异（$P=0.963$），肥料种类与施肥水平互作对上部叶叶面积的影响不显著（$P=0.141$），从偏 $Eta^2$ 的大小来看，对上部叶叶面积影响的排序为肥料种类>肥料种类×施肥水平>施肥水平；不同肥料种类下中部叶叶面积间差异极显著（$P<0.001$），不同施肥水平下中部叶叶面积间有极显著差异（$P=0.003$），肥料种类与施肥水平互作对中部叶叶面积的影响显著（$P=0.036$），从偏 $Eta^2$ 的大小来看，对中部叶叶面积影响的排序为肥料种类>肥料种类×施肥水平>施肥水平。

表 5-6　主体间效性检验

| 变异来源 | 因变量 | Ⅲ型平方和 | $df$ | 均方 | $F$ | $Sig.$ | 偏 $Eta^2$ |
|------|------|------|------|------|------|------|------|
| 肥料种类 | 株高 | 1 783.269 | 4 | 445.817 | 12.201 | 0.000 | 0.484 |
| | 茎围 | 5.239 | 4 | 1.310 | 5.711 | 0.001 | 0.305 |
| | 有效叶 | 4.833 | 4 | 1.208 | 2.662 | 0.043 | 0.170 |
| | 上部叶面积 | 273 673.38 | 4 | 68 418.345 | 5.011 | 0.002 | 0.278 |
| | 中部叶面积 | 784 155.05 | 4 | 196 038.763 | 6.658 | 0.000 | 0.339 |

（续表）

| 变异来源 | 因变量 | Ⅲ型平方和 | df | 均方 | F | Sig. | 偏 Eta² |
|---|---|---|---|---|---|---|---|
| 施肥水平 | 株高 | 479.39 | 2 | 239.695 | 6.560 | 0.003 | 0.201 |
| | 茎围 | 12.677 | 2 | 6.339 | 27.643 | 0.000 | 0.515 |
| | 有效叶 | 3.633 | 2 | 1.817 | 4.003 | 0.024 | 0.133 |
| | 上部叶面积 | 1031.615 | 2 | 515.808 | 0.038 | 0.963 | 0.001 |
| | 中部叶面积 | 376 431.62 | 2 | 188 215.81 | 6.392 | 0.003 | 0.197 |
| 肥料种类×施肥水平 | 株高 | 907.656 | 6 | 151.276 | 4.140 | 0.002 | 0.323 |
| | 茎围 | 10.637 | 6 | 1.773 | 7.731 | 0.000 | 0.471 |
| | 有效叶 | 46.367 | 6 | 7.728 | 17.027 | 0.000 | 0.663 |
| | 上部叶面积 | 138 957.831 | 6 | 23 159.638 | 1.696 | 0.141 | 0.164 |
| | 中部叶面积 | 433 646.025 | 6 | 72 274.338 | 2.455 | 0.036 | 0.221 |

## （二）基追一体肥对烤烟产质量的影响

### 1. 基追一体肥对烤烟物理性状的影响

由表5-7可知，不同施肥处理对烤后中部烟叶物理特性的影响，总体来看，在叶长方面，最长的为处理 C1（72.74cm），最小的为 B3 处理（55.60cm），处理 C1 显著大于处理 A2、B3、C3、CK；在叶宽方面，最大的为处理 D2（27.08cm），最小的为处理 B3（21.92cm），处理 D2 显著大于处理 A2、A3、B3、C3、D3；在单叶重方面，最重的为处理 D2（13.53g），其次为处理 C1（12.25g），最轻的为处理 C3（8.57g）；在含梗率方面，最高的为处理 D3（37.65%），最低的为处理 CK（18.71%）；平衡含水率方面，最高的为处理 A1（31.04%），最低的为处理 D2（15.43%）；厚度方面最厚的为处理 D2（0.18mm），最薄的为处理 B2（0.11mm）。

在 105kg/hm² 施氮量下，各处理在叶长、叶宽、含梗率方面都大于 CK，其中处理 C1 的叶长显著大于 CK；在单叶重处理 B1、C1 大于 CK；在厚度方面各处理都小于对照 CK。在 112.5kg/hm² 施氮量下，处理 B2、C2、D2 的叶长大于对照处理 CK；从大到小排序为 B2>D2>C2>CK>A2；在叶宽方面处理 B2、C2、D2 大于对照处理 CK2，排序为 D2>C2>B2>CK>A2；在单叶重与含梗率方面，处理 A2、B2、C2、D2 均大于对照 CK。在平衡含水率方面处理 B2 大于 CK 大于其余处理。在 120kg/hm² 施氮量下，处理 B3 的叶长显著小于 CK，在叶宽方面各处理都小于对照 CK；在单叶重方面处理 A3、D3 大于 CK，在含梗率方面各处理均大于 CK。

在同一种肥料中，处理 C1 在叶宽、叶长、单叶重方面均大于 C2、C3，处理 B1 在叶长叶宽方面均大于 B2、B3，随着施氮量的增加叶长叶宽减小；在含梗率与平衡含水率方面，各肥料都是在 112.5kg/hm² 施氮量下最小，呈现先下降后升高的趋势。

表 5-7　烤后烟叶中部叶物理性状

| 处理 | 部位 | 叶长<br>（cm） | 叶宽<br>（cm） | 单叶重<br>（g） | 含梗率<br>（%） | 平衡含水率<br>（%） | 厚度<br>（mm） |
|---|---|---|---|---|---|---|---|
| A1 | C3F | 67.02ab | 25.00abc | 9.14 | 34.92 | 31.04 | 0.12 |
| A2 | C3F | 65.00b | 23.52bc | 10.31 | 31.24 | 16.66 | 0.13 |
| A3 | C3F | 66.28ab | 23.34bc | 10.40 | 30.76 | 21.36 | 0.14 |
| B1 | C3F | 68.84ab | 24.88abc | 11.11 | 29.56 | 21.33 | 0.12 |
| B2 | C3F | 68.80ab | 24.82abc | 12.08 | 20.70 | 19.43 | 0.11 |
| B3 | C3F | 55.60c | 21.92c | 8.72 | 23.42 | 23.10 | 0.17 |
| C1 | C3F | 72.74a | 24.96abc | 12.25 | 31.39 | 17.10 | 0.14 |
| C2 | C3F | 66.00ab | 24.88abc | 11.78 | 28.31 | 16.13 | 0.17 |
| C3 | C3F | 63.52b | 23.46bc | 8.57 | 34.52 | 26.64 | 0.17 |
| D1 | C3F | 66.90ab | 25.74ab | 9.86 | 33.86 | 19.26 | 0.14 |
| D2 | C3F | 68.60ab | 27.08a | 13.53 | 32.68 | 15.43 | 0.18 |
| D3 | C3F | 68.36ab | 23.50bc | 10.04 | 37.65 | 17.89 | 0.15 |
| CK | C3F | 65.52b | 23.84abc | 9.91 | 18.71 | 19.15 | 0.17 |

不同处理上部叶物理性状见表 5-8，总体来看，在叶长方面，最大的为处理 D1（67.92cm），其次为处理 C1（67.10cm），最小的为处理 B1（52.14cm）；在叶宽方面，最大的为处理 C1（15.44cm），其次为 D1（15.28cm），最小的为处理 CK（12.80cm）；在单叶重方面，最重的为处理 D1（14.62g），其次为处理 C1（14.56g），最小的为处理 D3（8.24g）；含梗率方面最大的为处理 B2（31.81%），最小的为处理 CK（21.11%）；平衡含水率方面最大的为处理 C3（25.91%），最小的为处理 B1（13.87%）；厚度方面最厚的为处理 C1（0.41mm），最薄的为处理 C2（0.26mm）。

在 105kg/hm² 施氮量下，叶长方面最大的为处理 D1，其次为 C1 处理，排序为 D1>C1>CK>A1>B1，处理 D1、C1、CK 显著大于 B1 处理；叶宽方面排序为 C1>D1>B1>A1>CK，其中 C1 处理显著大于 CK 处理；单叶重方面排序为 D1>C1>CK>A1>B1；含梗率方面各处理都大于对照 CK；平衡含水率方面除 B1 处理小于 CK 处理，其余处理都大于 CK 处理；厚度方面各处理都大于 CK 处理，其中 C1 处理最厚。在 112.5kg/hm² 施氮量下，叶长方面排序为 D2>B2>CK>C2>A2，各处理间无显著性差异；叶宽方面排序为 A2>B2>D2>C2、CK，各处理间无显著性差异；单叶重方面排序为 CK>D2>A2>C2>B2；含梗率、平衡含水率方面各处理均大于 CK，厚度方面均小于处理 CK。在 120kg/hm² 施氮量下，叶长方面排序为 A3>C3>CK>D3>B3，A3 处理显著大于 B3 处理；叶宽方面排序为 D3>A3>C3>B3>CK，各处理间无显著性差异；单叶重方面排序为 CK>A3>C3>B3>D3。

在同种肥料间，A 肥料随着施氮量的增加，叶宽、含梗率、平衡含水率随之升高；B 肥料随着施氮量的增加，叶长、叶宽与含梗率呈现先上升后下降趋势，单叶重与平衡含水率呈现上升趋势；C 肥料随着施氮量的增加，叶长、叶宽、单叶重、厚度呈现先下降后增加趋势，但都未达到最低施氮量的水平；D 肥料随着施氮量的增加，叶长、单叶重、含梗率、厚度呈现下降趋势。

表 5-8　烤后烟叶上部叶物理性状

| 处理 | 部位 | 叶长（cm） | 叶宽（cm） | 单叶重（g） | 含梗率（%） | 平衡含水率（%） | 厚度（mm） |
|---|---|---|---|---|---|---|---|
| A1 | B2F | 59.06bcd | 13.74ab | 12.52 | 23.33 | 18.80 | 0.30 |
| A2 | B2F | 55.70cd | 14.46ab | 10.80 | 28.01 | 24.76 | 0.29 |
| A3 | B2F | 65.14ab | 14.86ab | 13.27 | 28.04 | 25.40 | 0.31 |
| B1 | B2F | 52.14d | 13.88ab | 8.91 | 24.50 | 13.87 | 0.34 |
| B2 | B2F | 61.46abc | 14.30ab | 9.18 | 31.81 | 17.95 | 0.29 |
| B3 | B2F | 57.22cd | 13.18ab | 10.14 | 26.68 | 18.80 | 0.41 |
| C1 | B2F | 67.10a | 15.44a | 14.56 | 30.40 | 18.57 | 0.41 |
| C2 | B2F | 56.24cd | 12.80b | 10.48 | 28.42 | 16.92 | 0.26 |
| C3 | B2F | 60.98abc | 13.98ab | 13.21 | 26.32 | 25.91 | 0.34 |
| D1 | B2F | 67.92a | 15.28ab | 14.62 | 30.94 | 23.02 | 0.33 |
| D2 | B2F | 63.04abc | 13.88ab | 13.67 | 27.09 | 21.52 | 0.30 |
| D3 | B2F | 57.72bcd | 15.04ab | 8.24 | 24.05 | 23.10 | 0.29 |
| CK | B2F | 60.32abc | 12.80b | 14.52 | 21.11 | 16.61 | 0.30 |

## 2. 基追一体肥对烤烟化学成分的影响

一般认为优质烟叶总糖含量为 20%~28%，还原糖含量为 18%~24%较适宜，烟碱含量为 2.0%~3.5%；总氮含量一般为 1.4%~2.7%，2.5% 左右较适宜，烤烟钾含量在 2.0% 以上，氯含量控制在 0.3%~0.8% 范围较为适宜。

由表 5-9 可以看出，各处理中部叶总糖为 15.29%~30.97%，处理 A3 最高，CK 最低，处理 D3 总糖含量略低，A2、A3 总糖含量略高，其余处理均在适宜范围内，在同一种肥料下，中部叶总糖含量随着施氮量的增加而增加。各处理还原糖为 14.84%~23.74%，以 C3 处理最高，CK 最低，除了 D1、CK 处理略低外，其余处理还原糖含量均处于适宜范围，中部叶还原糖含量随着施氮量的增加而增加。各处理中部叶烟碱含量为 1.99%~3.37%，以 A3 处理最低，D1 处理最高，各处理烟碱含量均处于适宜范围，随着施氮量的增加烟碱含量呈降低趋势。在氯离子含量方面，各处理处于 0.26%~0.92%，以处理 A3 最低，D1 处理最高，处理 A3、A2、含量偏低，D1 处理超过适宜范围，各处理氯离子含量随着施氮量的增加而降低。在总氮方面，各处理含量为 1.26%~3.42%，CK 处理最高，B2 最低，处理 C1、D1、D2、CK 偏高，B2 处理偏低，其余各处理都处于适宜范围内，各处理在施氮量间无明显规律。在全钾方面，各处理的总氮含量 1.40%~3.96%，含量最高的为处理 B3，最低的为处理 B1，处理 B2、B3、C1、D1、D2、CK 均处于适宜范围，其余处理钾含量偏低，各处理在施氮量间无明显规律。综合来看，中部叶化学成分可用性指数最高的为处理 B3，其次为处理 C1，可用性指数最低的为 CK 处理。

表 5-9　各处理烤烟中部叶的化学成分

| 处理 | 总糖（%） | 还原糖（%） | 烟碱（%） | 氯离子（%） | 总氮（%） | 全钾（%） | 可用性指数 |
|---|---|---|---|---|---|---|---|
| A1 | 25.13 | 20.80 | 2.72 | 0.49 | 2.08 | 1.52 | 0.88 |
| A2 | 30.41 | 23.53 | 2.92 | 0.27 | 2.04 | 1.80 | 0.66 |
| A3 | 30.97 | 23.07 | 1.99 | 0.26 | 1.52 | 1.80 | 0.62 |
| B1 | 20.43 | 18.80 | 3.16 | 0.61 | 1.93 | 1.40 | 0.87 |
| B2 | 21.43 | 19.36 | 3.19 | 0.59 | 1.26 | 3.84 | 0.87 |
| B3 | 22.51 | 19.82 | 3.08 | 0.61 | 1.97 | 3.96 | 0.96 |
| C1 | 22.22 | 20.32 | 3.30 | 0.77 | 3.40 | 2.52 | 0.89 |
| C2 | 22.02 | 20.25 | 3.16 | 0.65 | 2.52 | 1.57 | 0.87 |
| C3 | 28.72 | 23.74 | 2.74 | 0.35 | 2.00 | 1.45 | 0.72 |
| D1 | 18.03 | 16.38 | 3.37 | 0.92 | 3.06 | 2.22 | 0.69 |

（续表）

| 处理 | 总糖（%） | 还原糖（%） | 烟碱（%） | 氯离子（%） | 总氮（%） | 全钾（%） | 可用性指数 |
|---|---|---|---|---|---|---|---|
| D2 | 22.71 | 20.48 | 3.25 | 0.67 | 3.27 | 3.96 | 0.84 |
| D3 | 19.85 | 18.12 | 3.30 | 0.51 | 2.33 | 1.96 | 0.87 |
| CK | 15.29 | 14.84 | 3.28 | 0.53 | 3.42 | 2.29 | 0.52 |

由表5-10可以看出，各处理上部叶总糖为8.97%~31.22%，处理A3最低，D2最高，处理A1、A2、A3、B1、B2、B3偏低，D2处理偏高，其余处理均在适宜范围内。在同一种肥料下，以112.5kg/hm²施氮量处理的总糖含量最高。各处理还原糖为8.09%~25.69%，以D2处理最高，A3最低，处理A1、A2、A3、B1、B2、B3偏低，其余处理处于适宜范围内，中部叶还原糖含量在施氮量间无明显规律。各处理中部叶烟碱含量为2.59%~3.20%，以C3处理最低，B3最高，各处理烟碱含量均处于适宜范围，随着施氮量的增加烟碱含量呈降低趋势。在氯离子含量方面，各处理均处于0.41%~0.91%，以处理B1、B2最低，D1、C2处理最高，处理D1、C2超过适宜范围，各处理氯离子含量在施氮量间无明显规律。在总氮方面，各处理为1.14%~2.92%，CK处理最高，D1最低，处理A1、B2、B3、D1偏低，CK处理偏高，其余各处理都处于适宜范围内，各处理在施氮量间无明显规律。在全钾方面，各处理处于1.05%~2.46%，含量最高的为处理CK，最低的为处理C2，处理C1、CK均处于适宜范围，其余处理钾含量偏低，各处理在施氮量间无明显规律。综合来看，上部叶化学成分可用性指数最高的为处理C1、C2，其次为处理D3、CK，可用性指数最低的为B3处理，其次为A1处理。

表5-10　各处理烤烟上部叶的化学成分

| 处理 | 总糖（%） | 还原糖（%） | 烟碱（%） | 氯离子（%） | 总氮（%） | 全钾（%） | 可用性指数 |
|---|---|---|---|---|---|---|---|
| A1 | 9.15 | 8.89 | 3.05 | 0.60 | 1.28 | 1.19 | 0.19 |
| A2 | 11.35 | 10.9 | 3.00 | 0.54 | 1.63 | 1.93 | 0.33 |
| A3 | 8.97 | 8.09 | 2.86 | 0.62 | 1.91 | 1.10 | 0.27 |
| B1 | 12.56 | 11.76 | 2.80 | 0.41 | 2.61 | 1.89 | 0.39 |
| B2 | 18.60 | 17.36 | 2.70 | 0.41 | 1.26 | 1.19 | 0.70 |
| B3 | 10.24 | 9.65 | 3.20 | 0.48 | 1.17 | 1.19 | 0.18 |

（续表）

| 处理 | 总糖<br>（%） | 还原糖<br>（%） | 烟碱<br>（%） | 氯离子<br>（%） | 总氮<br>（%） | 全钾<br>（%） | 可用性指数 |
|------|------|------|------|------|------|------|------|
| C1 | 24.62 | 22.29 | 2.91 | 0.42 | 2.40 | 2.25 | 0.85 |
| C2 | 24.28 | 19.53 | 2.88 | 0.91 | 1.79 | 1.05 | 0.85 |
| C3 | 26.60 | 21.22 | 2.59 | 0.58 | 1.74 | 1.21 | 0.82 |
| D1 | 22.86 | 19.83 | 2.99 | 0.91 | 1.14 | 1.24 | 0.78 |
| D2 | 31.22 | 25.69 | 2.91 | 0.62 | 1.82 | 1.10 | 0.47 |
| D3 | 20.67 | 18.93 | 3.02 | 0.44 | 1.44 | 1.57 | 0.83 |
| CK | 24.37 | 21.68 | 3.03 | 0.71 | 2.92 | 2.46 | 0.83 |

### 3. 基追一体肥对烤烟外观质量的影响

由表5-11可知，各处理中部叶外观质量情况，在颜色方面，评分最高的为D1处理（8.90分），其次为处理C1（8.80分），最低的为A2（8.10分），C肥料与D肥料处理随着施氮量的增加，颜色有降低趋势。在成熟度方面，评分最高的为处理D1（9.20分），其次为处理C1（9.00分），最低的处理A2（7.50分），C肥料与D肥料在105kg/hm²施氮量下评分低于CK（8.40分）。在结构方面，评分最高的为处理C1（8.40分）、C3（8.40分），处理B1、B2、D1、CK评分为8.00，其余各处理均高于CK。在身份方面，评分最高的为处理C3（7.30分），其次为处理D3（7.20分），最低的为处理A1（6.20分），除A1处理，其余处理评分均高于CK（6.30分），随着施氮量增加各处理身份评分呈增高趋势。在油分方面，评分最高的为处理D1（7.20分）、C1（7.20分）、A3（7.20分），其次为D3（7.00分），最低为处理A1（6.20分）。在色度方面，评分最高的为处理D1（7.80分），其次为C1（7.70分），最低的为A1（6.40分）。从综合评分来看，从高到低排序为D1>C1>A3>C2>D2>B3>D3>B1>CK>C3>B2>A2>A1，D1（8.35分）、C1（8.33分）与A3（8.18分）处理中部叶外观质量较优。

表5-11 中部叶外观质量 （单位：分）

| 处理 | 颜色 | 成熟度 | 结构 | 身份 | 油分 | 色度 | 综合评分 |
|------|------|------|------|------|------|------|------|
| A1 | 8.20 | 8.30 | 8.20 | 6.20 | 6.20 | 6.40 | 7.64 |
| A2 | 8.10 | 7.50 | 8.20 | 6.40 | 6.50 | 6.50 | 7.47 |
| A3 | 8.50 | 8.90 | 8.30 | 6.90 | 7.20 | 7.70 | 8.18 |

（续表）

| 处理 | 颜色 | 成熟度 | 结构 | 身份 | 油分 | 色度 | 综合评分 |
|------|------|--------|------|------|------|------|----------|
| B1 | 8.50 | 8.80 | 8.00 | 6.30 | 6.80 | 7.20 | 7.96 |
| B2 | 8.60 | 8.60 | 8.00 | 6.50 | 6.50 | 6.50 | 7.88 |
| B3 | 8.40 | 8.90 | 8.30 | 6.70 | 6.80 | 7.50 | 8.07 |
| C1 | 8.80 | 9.00 | 8.40 | 7.00 | 7.20 | 7.70 | 8.33 |
| C2 | 8.50 | 8.80 | 8.30 | 7.10 | 6.80 | 7.30 | 8.11 |
| C3 | 8.30 | 7.70 | 8.40 | 7.30 | 6.40 | 6.30 | 7.90 |
| D1 | 8.90 | 9.20 | 8.00 | 7.00 | 7.20 | 7.80 | 8.35 |
| D2 | 8.70 | 8.70 | 8.10 | 7.00 | 6.70 | 7.20 | 8.09 |
| D3 | 8.70 | 8.20 | 8.10 | 7.20 | 7.00 | 7.30 | 8.02 |
| CK | 8.70 | 8.40 | 8.00 | 6.30 | 6.80 | 7.10 | 7.91 |

由表5-12可知各处理上部叶外观质量情况，在颜色方面，评分最高的为D1处理（7.20分），其次为处理A3、C1、D2、D3、CK都为7.00分，最低的为A2（6.50分），随着施氮量的增加，C肥料与D肥料处理颜色有降低趋势。在成熟度方面，评分最高的为处理D1（8.00分）、A3（8.00分），其次为处理C1（7.90分），最低的处理A2（6.60分），除A1、A2、D3处理成熟度评分小于CK（7.30分），其余处理在成熟度方面都优于CK。在结构方面，评分最高的为处理C1（6.90分），处理B1、B2、D1、CK评分最低为6.20分，其余各处理均高于CK。在身份方面，评分最高的为处理C3（6.30分），其次为处理D3（6.20分），最低的为处理A1（5.20分），除A1处理，其余处理评分均高于CK（5.30分），随着施氮量增加各处理身份评分呈增高趋势。在油分方面，评分最高的为处理D1（6.20分）、C1（6.20分），其次为A3（6.10分），最低为处理A1（5.20分）。在色度方面，评分最高的为处理D1（7.90分），其次为C1（7.80分），最低的为A1（6.50分）。从综合评分来看，从高到低排序为A3>C1>D1>C2>D2>B3>D3>C3>B1>CK>B2>A1>A2，A3（7.08分）、C1（7.07分）与D1（7.06分）处理上部叶外观质量最优。

表5-12　上部叶外观质量　　　　　　　　（单位：分）

| 处理 | 颜色 | 成熟度 | 结构 | 身份 | 油分 | 色度 | 综合评分 |
|------|------|--------|------|------|------|------|----------|
| A1 | 6.60 | 7.00 | 6.50 | 5.20 | 5.20 | 6.50 | 6.37 |

（续表）

| 处理 | 颜色 | 成熟度 | 结构 | 身份 | 油分 | 色度 | 综合评分 |
|---|---|---|---|---|---|---|---|
| A2 | 6.50 | 6.60 | 6.60 | 5.40 | 5.50 | 6.60 | 6.32 |
| A3 | 7.00 | 8.00 | 6.80 | 6.10 | 6.10 | 7.70 | 7.08 |
| B1 | 6.80 | 7.60 | 6.20 | 5.30 | 5.80 | 7.30 | 6.67 |
| B2 | 6.90 | 7.40 | 6.20 | 5.50 | 5.50 | 6.60 | 6.59 |
| B3 | 6.70 | 7.60 | 6.80 | 5.70 | 5.90 | 7.40 | 6.80 |
| C1 | 7.00 | 7.90 | 6.90 | 6.00 | 6.20 | 7.80 | 7.07 |
| C2 | 6.90 | 7.70 | 6.80 | 6.10 | 5.80 | 7.40 | 6.92 |
| C3 | 6.70 | 7.40 | 6.80 | 6.30 | 5.40 | 6.40 | 6.69 |
| D1 | 7.20 | 8.00 | 6.20 | 6.00 | 6.20 | 7.90 | 7.06 |
| D2 | 7.00 | 7.70 | 6.30 | 6.00 | 5.70 | 7.30 | 6.84 |
| D3 | 7.00 | 7.20 | 6.30 | 6.00 | 6.00 | 7.40 | 6.78 |
| CK | 7.00 | 7.30 | 6.20 | 5.30 | 5.80 | 7.20 | 6.65 |

4. 基追一体肥对烤烟经济性状的影响

由表5-13可以看出，产量方面最高的为处理C3（2 336.55kg/hm²），其次为处理A3（2 291.40kg/hm²），最低的为处理D1（1 946.85kg/hm²），除了D1处理，其余处理产量均高于CK（1 982.25kg/hm²）处理，处理C3、A3、C2相比CK的产量分别增长17.87%、15.60%、15.07%，随着施氮量的增加，各处理产量随之上升。在产值方面，最高的为处理C3（54 217.95元/hm²），其次为处理A3（52 397.55元/hm²），最小的为处理D1（38 515.35元/hm²），除了D1处理低于CK（43 448.25元/hm²），其余处理均高于CK，处理C3、A3、C2相比CK的产值分别增长24.79%、20.60%、16.38%，各处理的产值随着施氮量的增加呈上升趋势。在均价方面，最高的为处理C3（23.20元/kg），其次为处理A3（22.87元/kg），最低的为处理D1（19.78元/kg），处理C3、A3、B3相比CK的均价分别增长5.84%、4.33%、3.79%，各处理在105kg/hm²施氮量下的均价均低于CK（21.92元/kg），随着施氮量的增加，各处理均价随之增加。上等烟比例方面，最高的为处理A3（47.73%），其次为处理C3（47.06%），最低的为处理A1（33.71%），处理A3、B2、B3、C3的上等烟比例高于CK（41.60%），其余处理均低于CK，处理A3、C3、B3相比CK的上等烟比例分别增长14.74%、13.13%、11.15%，各处理在105kg/hm²施氮量下的均价均低于CK，随着施氮量的增加，各处理上等烟比例随之增加。在中等烟比例方面，最高的为处理 A1 （59.56%），其次为处理 C2 （58.67%），最低的为处理 A3 （46.21%），处理 A1、C2、C1 相比 CK 的中等烟比例分别增长 15.07%、13.35%、12.21%，各处理在不同施氮量下无明显规律。

表 5-13 烤后烟叶经济性状

| 处理 | 产量（kg/hm²） | 产值（元/hm²） | 均价（元/kg） | 上等烟比例（%） | 中等烟比例（%） |
|---|---|---|---|---|---|
| A1 | 2 041.05 | 43 809.00 | 21.46 | 33.71 | 59.56 |
| A2 | 2 131.35 | 47 026.95 | 22.06 | 37.86 | 57.61 |
| A3 | 2 291.40 | 52 397.55 | 22.87 | 47.73 | 46.21 |
| B1 | 2 063.70 | 44 338.20 | 21.49 | 38.49 | 57.36 |
| B2 | 2 078.85 | 47 074.35 | 22.64 | 45.75 | 48.58 |
| B3 | 2 172.75 | 49 435.80 | 22.75 | 46.24 | 47.67 |
| C1 | 2 224.50 | 48 684.50 | 21.89 | 37.45 | 58.08 |
| C2 | 2 280.90 | 50 563.95 | 22.17 | 37.27 | 58.67 |
| C3 | 2 336.55 | 54 217.95 | 23.20 | 47.06 | 48.53 |
| D1 | 1 946.85 | 38 515.35 | 19.78 | 34.16 | 51.03 |
| D2 | 2 170.35 | 45 109.80 | 20.78 | 34.82 | 54.47 |
| D3 | 2 191.50 | 47 940.15 | 21.88 | 38.40 | 54.76 |
| CK | 1 982.25 | 43 448.25 | 21.92 | 41.60 | 51.76 |

5. 基追一体肥对烤烟影响的 DTOPSIS 综合评价

DTOPSIS 法是由姚兴涛经 TOPSIS 法改进用于区域经济发展的多目标决策，是一种简单易懂、操作简便的综合评价方法。本研究选取产量、产值、均价、上等烟比例、烟碱、总糖、钾、株高、有效叶数、含梗率 10 个指标，利用层次分析法得到各指标所占权重，产量、均价、上等烟比例为 0.15，株高、叶数为 0.04，总糖、烟碱、钾为 0.08，含梗率为 0.05，产值赋予最高权重 0.18，对各处理烤烟进行综合评价（孙焕等，2012）。

DTOPSIS 综合评价结果见表 5-14，综合评价结果与产值排序基本一致，处理 A3 的综合评价结果排名第 1 位，产值排名第 2 位；处理 C3 的评价结果排名第 3 位，产值排名第 1 位，说明这两个处理的烤烟综合表现最优；处理 B2 的评价结果排第 2 位，但产值排名第 7 位，说明该处理烤烟经济性状表现相对不太理想；处理 B3 的评价结果与产值排序都为第 4 位，处理 C1 的评价结果与产值排序都为第 5 位，说明 B3 与 C1 处理的综合表现为中上，属于较优处理。

表5-14　DTOPSIS 综合评价结果

| 处理 | $D^+$ | $D^-$ | $C_i$ | 排序 | 产值<br>（元/hm²） | 排序 |
|------|-------|-------|-------|------|------------------|------|
| A1 | 0.0867 | 0.0299 | 0.2562 | 12 | 43 809.00 | 11 |
| A2 | 0.0618 | 0.0534 | 0.4638 | 8 | 47 026.95 | 8 |
| A3 | 0.0466 | 0.0902 | 0.6593 | 1 | 52 397.55 | 2 |
| B1 | 0.0759 | 0.0347 | 0.3135 | 11 | 44 338.20 | 10 |
| B2 | 0.0474 | 0.0783 | 0.6229 | 2 | 47 074.35 | 7 |
| B3 | 0.0587 | 0.0776 | 0.5692 | 4 | 49 435.80 | 4 |
| C1 | 0.0601 | 0.0682 | 0.5315 | 5 | 48 684.75 | 5 |
| C2 | 0.0734 | 0.0576 | 0.4397 | 9 | 50 563.95 | 3 |
| C3 | 0.0542 | 0.0861 | 0.6136 | 3 | 54 217.95 | 1 |
| D1 | 0.0963 | 0.0331 | 0.2559 | 13 | 38 515.35 | 13 |
| D2 | 0.0696 | 0.0643 | 0.4801 | 6 | 45 109.80 | 9 |
| D3 | 0.0695 | 0.0531 | 0.4331 | 10 | 47 940.15 | 6 |
| CK | 0.0679 | 0.0627 | 0.4801 | 7 | 43 448.25 | 12 |

## （三）基追一体肥对烤烟生产成本的影响

烟农种植烤烟的利润主要取决于烤烟总产值减去总成本，其中生产成本为一项重要支出。由表5-15可知，常规施肥烤烟生产总成本为 16 134.9 元/hm²，而基追一体肥烤烟生产总成本为 15 609.9 元/hm²，不同之处在于基追一体肥较常规施肥减少了追肥环节，生产成本减少了 525 元/hm²。

表5-15　烤烟各阶段用工费用　　　　　　　　　　　　（单位：元/hm²）

| 项目 | 起垄 | 施肥 | 盖膜 | 移栽 | 追肥 | 中耕 | 打脚叶 | 打顶 | 打药 | 烘烤 | 分级 | 总费用 |
|------|------|------|------|------|------|------|--------|------|------|------|------|--------|
| 常规施肥 | 1 050 | 349.95 | 2 100 | 2 100 | 525 | 3 150 | 349.95 | 210 | 525 | 2 625 | 3 150 | 16 134.9 |
| 基追一体肥 | 1 050 | 349.95 | 2 100 | 2 100 | 0 | 3 150 | 349.95 | 210 | 525 | 2 625 | 3 150 | 15 609.9 |

# 三、小结

## （一）基追一体肥对烤烟生长发育的影响

本研究发现，基追一体肥能缩短烤烟生育期，各处理都小于常规施肥

112d 的生育期，且各处理从移栽到现蕾期最短为 46d，说明基追一体肥促进了烤烟的生长发育进程。王建波（2015）研究表明，增施氮肥有利于烤烟农艺性状的提升。在本研究各处理的农艺性状中，从同种肥料不同施氮量来看，普通型基追一体肥在株高方面，3 个施氮量间存在极显著差异，以 105kg/hm² 最大；在生物炭基追一体肥中，以 120kg/hm² 施氮量下有效叶数最多；氨基酸基追一体肥中，3 个处理在株高、茎围、中部叶面积方面存在显著差异，按施氮量从大到小排序为 105kg/hm²＞112.5kg/hm²＞120kg/hm²，随着施氮量增加，株高、茎围与中部叶面积呈减小趋势；在生物炭—氨基酸基追一体肥中，施氮量 105kg/hm² 的处理有效叶数显著大于 112.5kg/hm²、120kg/hm² 处理，随着施氮量的增加，有效叶数呈减少趋势。

从同种施氮量不同肥料来看，在 105kg/hm² 施氮量下，氨基酸基追一体肥在株高、茎围方面表现最好；在有效叶数方面，生物炭—氨基酸基追一体肥处理表现最好。在 112.5kg/hm² 施氮量下，生物炭—氨基酸基追一体肥处理在株高、中上部叶叶面积方面表现最好。在 120kg/hm² 施氮量下，普通型基追一体肥与生物炭—氨基酸基追一体肥处理在株高、茎围与中部叶叶面积方面表现最好。

（二）基追一体肥对烤烟产质量的影响

不同基追一体肥对烤烟产质量的研究结果表明：

（1）在中部叶的物理性状中，氨基酸基追一体肥在 105kg/hm² 施氮量下能有效提高叶长、单叶重，各基追一体肥在 112.5kg/hm² 施氮量下能有效降低平衡含水率与含梗率，随着施氮量的增加，叶长叶宽呈减小趋势；在中部叶化学成分中，随着施氮量的增加，总糖、还原糖含量呈上升趋势，烟碱、氯离子呈下降趋势，生物炭基追一体肥在 120kg/hm² 施氮量下烟叶化学成分可用性最好，其次为 105kg/hm² 施氮量下的氨基酸基追一体肥，各基追一体肥处理化学成分可用性均高于常规施肥，说明基追一体肥能有效提高烟叶的化学成分可用性，使烟叶化学成分更协调；在中部叶外观质量方面，随着施氮量增加，各处理身份评分呈增高趋势，105kg/hm² 施氮量下的生物炭—氨基酸基追一体肥、氨基酸基追一体肥与 120kg/hm² 施氮量下普通型基追一体肥综合评分较高，外观质量好。

（2）在上部叶的物理性状中，105kg/hm² 施氮量下的氨基酸基追一体肥与生物炭—氨基酸基追一体肥在叶长、叶宽与单叶重方面表现最优，各基追一体肥在不同施氮量下表现不同；在上部叶化学成分中，各基追一体肥总糖含量都在 112.5kg/hm² 施氮量下最高，随着施氮量的增加，烟碱含量呈降低趋势，氨基酸基追一体肥的上部叶化学成分可用性最好；在上部叶外观质量方面，随着施氮量增加，各处理身份评分呈增高趋势，105kg/hm²施氮量下的生物炭—氨基酸基追一体肥、氨基酸基追一体肥与120kg/hm²施氮量下普通型基追一体肥综合评分较高，外观质量好。

（3）在经济性状方面，各处理相比常规施肥有不同程度的变化，120kg/hm²施氮量下的氨基酸基追一体肥在产量、产值、均价方面表现最优，分别为 2 336.55kg/hm²、54 217.95元/hm²、23.20 元/kg，相比常规施肥分别增加 17.87%、24.79%、5.84%；120kg/hm²施氮量下的普通型基追一体肥在产量、产值、均价方面表现也较好，分别为 2 291.40 kg/hm²、52 397.55元/hm²、22.87 元/kg，相比常规施肥分别增加 15.60%、20.60%、4.33%。随着施氮量的增加，烟叶产量、产值、均价、上等烟比例随之增加，说明增加施氮量有利于提升烤烟的经济性状，本研究中以氨基酸基追一体肥与普通型基追一体肥效果最好。在生产成本上，基追一体肥较常规施肥少了追肥环节，生产成本降低了 525 元/hm²，节约了烟农的时间与成本，减轻了烟农的负担。

# 第六章　改进基追一体肥推广示范

## 一、总体目标

在湖南省的花垣、凤凰、永顺 3 个试验点分别选取 100 亩以上的烟田作为项目示范区。

## 二、示范方案

选择未种过烤烟和蔬菜等作物，且无烟草根茎病发病史、宜成块连片、地势高、排水方便的田块开展示范。肥料产品由金叶众望公司和湘西州烟草公司提供或组织。示范区工作事宜由湘西州烟草公司负责领导和组织管理，田间调查和数据采集由湖南农业大学具体负责。各示范点示范内容如表 6-1~表 6-3 所示。

表 6-1　花垣示范点

| 示范区 | 代码 | 具体地点 | 示范内容 |
|---|---|---|---|
| 花垣 | H-1 | 接溪村 | 氨基酸型基追一体肥，100kg/亩，全部作基肥，起垄前一次性条施。移栽后用 5kg/亩提苗肥兑水 500kg 提苗。 |
| | CK-1 | 接溪村 | 专用基肥 50kg，专用追肥 19kg，有机肥 1 500kg，硫酸钾 22.24kg。充分混匀后，作基肥，一次性条施。移栽后用 5kg/亩苗肥兑水 500kg 提苗。 |
| | H-2 | 紫霞村 | 氨基酸型基追一体肥，100kg/亩，全部作基肥，起垄前一次性条施。移栽后用 5kg/亩提苗肥兑水 500kg 提苗。 |
| | CK-2 | 紫霞村 | 专用基肥 50kg，专用追肥 19kg，有机肥 1 500kg，硫酸钾 22.24kg。充分混匀后，作基肥，一次性条施。移栽后用 5kg/亩苗肥兑水 500kg 提苗。 |

表6-2　凤凰示范点

| 示范区 | 代码 | 具体地点 | 示范内容 |
|---|---|---|---|
| 凤凰 | F-1 | 安井村 | 生物质炭型基追一体肥，100kg/亩，全部作基肥，起垄前一次性条施。移栽后用5kg/亩提苗肥兑水500kg提苗。 |
| | F-2 | 安井村 | 专用基肥50kg，专用追肥19kg，有机肥1 500kg，硫酸钾22.24kg。充分混匀后，作基肥，一次性条施。移栽后用5kg/亩苗肥兑水500kg提苗。 |

表6-3　永顺示范点

| 示范区 | 代码 | 具体地点 | 示范内容 |
|---|---|---|---|
| 永顺 | Y-1 | 裂太平村 | 普通型基追一体肥，100kg/亩，全部作基肥，起垄前一次性条施。移栽后用5kg/亩提苗肥兑水500kg提苗。 |
| | Y-1 | 裂太平村 | 专用基肥50kg，专用追肥19kg，有机肥1 500kg，硫酸钾22.24kg。充分混匀后，作基肥，一次性条施。移栽后用5kg/亩苗肥兑水500kg提苗。 |

## 三、结果与分析

### （一）农艺性状

#### 1. 花垣示范点

表6-4　圆顶期各处理烤烟农艺性状（接溪村）

| 处理 | 株高（cm） | 茎围（cm） | 有效叶数（片） | 上部叶叶长（cm） | 上部叶叶宽（cm） | 中部叶叶长（cm） | 中部叶叶宽（cm） | 最大叶面积（cm²） |
|---|---|---|---|---|---|---|---|---|
| T-1 | 114.00a | 9.99a | 17.8a | 53.74a | 16.74a | 68.48a | 30.21a | 1 315.31a |
| CK-1 | 103.63b | 9.26b | 18.0a | 51.12a | 15.29b | 55.33b | 21.66b | 759.98b |

注：同列数据后的大、小写字母分别表示在1%、5%水平上的差异显著性。下同。

表6-5　圆顶期各处理烤烟农艺性状（紫霞村）

| 处理 | 株高（cm） | 茎围（cm） | 有效叶数（片） | 上部叶叶长（cm） | 上部叶叶宽（cm） | 中部叶叶长（cm） | 中部叶叶宽（cm） | 最大叶面积（cm²） |
|---|---|---|---|---|---|---|---|---|
| T-1 | 133.12a | 10.01a | 18.8a | 55.46a | 19.17a | 72.29a | 31.55a | 1 463.37a |
| CK-2 | 121.50b | 9.69a | 17.8a | 49.67b | 16.53b | 66.61b | 29.49a | 1 249.74b |

从接溪村示范点的农艺性状来看，处理的株高茎围、上部叶叶宽、中

部叶叶长、中部叶叶宽、最大叶面积等主要农艺性状均显著优于对照。从
紫霞村示范点的农艺性状来看，处理的株高茎围、上部叶叶长、上部叶叶
宽、中部叶叶长和最大叶面积等主要农艺性状上均显著优于对照。以上结
果表明，与常规肥料相比，施用氨基酸型基追一体肥有利于烤烟的生长发
育，能显著提高烤烟农艺性状（表6-4、表6-5）。

2. 凤凰示范点

由表6-6可知，生物炭型基追一体肥处理烟株的株高、上部叶长、上
部叶宽等主要农艺性状上均显著优于对照。以上结果表明，与常规肥料相
比，施用生物炭型基追一体肥有利于烤烟的生长发育，能显著提高烤烟农
艺性状。

表6-6　圆顶期各处理烤烟农艺性状（凤凰）

| 处理 | 株高<br>（cm） | 茎围<br>（cm） | 有效叶数<br>（片） | 上部叶长<br>（cm） | 上部叶宽<br>（cm） | 中部叶长<br>（cm） | 中部叶宽<br>（cm） |
|---|---|---|---|---|---|---|---|
| 生物炭基追<br>一体肥 | 104.98a | 9.73a | 18.9a | 64.94a | 22.07a | 69.73a | 29.25a |
| 常规施肥 | 89.11b | 9.71a | 19.3a | 57.68b | 18.08b | 68.23a | 28.05a |

3. 永顺示范点

由表6-7可知，普通基追一体肥处理烟株的株高、茎围、有效叶、上
部叶长、上部叶宽、中部叶长和中部叶宽等主要农艺性状均优于对照，其
中上部叶宽和中部叶宽均显著优于对照。以上结果表明，与常规肥料相比，
施用普通型基追一体肥有利于烤烟的生长发育，能改善烤烟农艺性状。

表6-7　圆顶期各处理烤烟农艺性状（永顺）

| 处理 | 株高<br>（cm） | 茎围<br>（cm） | 有效叶数<br>（片） | 上部叶长<br>（cm） | 上部叶宽<br>（cm） | 中部叶长<br>（cm） | 中部叶宽<br>（cm） |
|---|---|---|---|---|---|---|---|
| 普通基追<br>一体肥 | 116.23a | 10.02a | 19.33a | 61.27a | 23.30a | 70.80a | 28.17a |
| 常规施肥 | 114.27a | 10.00a | 18.33a | 59.60a | 18.57b | 68.73a | 25.70b |

（二）化学指标

由表6-8可知，就花垣试验点来看，示范施肥（氨基酸型基追一体
肥）提高了中部叶的总糖、还原糖、烟碱、氯离子含量，降低了总氮含量；
提高了上部叶的还原糖、氯离子含量，降低了总糖、烟碱、总氮的含量。
就凤凰试验点来看，示范施肥（生物炭基追一体肥）提高了中部叶的总糖、

还原糖含量，降低了烟碱、总氮、氯离子含量；提高了上部叶的总糖、还原糖含量，降低了烟碱、总氮、氯离子含量。就永顺试验点来看，示范施肥（普通型基追一体肥）降低了总糖、还原糖、氯离子含量；提高了烟碱、总氮的含量；提高了上部叶的总糖、还原糖、烟碱、氯离子的含量，降低了总氮的含量。

表6-8　基追一体肥施用示范烤后烟叶化学指标　（单位：%）

| | | 等级 | 总糖 | 还原糖 | 总碱 | 总氮 | 氯 |
|---|---|---|---|---|---|---|---|
| 花垣 | 示范 | C3F | 33.7 | 25.40 | 2.15 | 1.59 | 0.51 |
| | 对照 | | 32.5 | 24.61 | 1.94 | 1.60 | 0.39 |
| | 示范 | B2F | 20.3 | 17.83 | 3.81 | 2.20 | 0.35 |
| | 对照 | | 20.8 | 17.29 | 4.05 | 2.26 | 0.34 |
| 凤凰 | 示范 | C3F | 32.3 | 25.48 | 2.46 | 1.75 | 0.23 |
| | 对照 | | 30.0 | 25.18 | 2.96 | 1.92 | 0.29 |
| | 示范 | B2F | 27.0 | 21.54 | 3.35 | 2.21 | 0.16 |
| | 对照 | | 23.6 | 18.63 | 3.66 | 2.22 | 0.39 |
| 永顺 | 示范 | C3F | 30.3 | 23.10 | 3.28 | 2.18 | 0.44 |
| | 对照 | | 34.2 | 27.23 | 3.05 | 1.67 | 0.73 |
| | 示范 | B2F | 25.7 | 20.47 | 4.49 | 2.56 | 0.57 |
| | 对照 | | 22.3 | 17.48 | 4.16 | 3.30 | 0.21 |

（三）感官质量

由表6-9可知，就花垣试验点来看，示范施肥（氨基酸型基追一体肥）降低了刺激性和干燥度，提高了烟叶的柔和细腻度与干净程度。就凤凰试验点来看示范施肥（生物炭型基追一体肥）降低了烟叶的透发性、浓度、香气量，但总分差异不明显。就永顺试验点来看，示范施肥（普通型基追一体肥）提高了浓度与劲头，降低了杂气和甜度，但总分差异不明显。

（四）经济性状

由表6-10可知，花垣示范点示范效果较好，氨基酸基追一体肥的经济性状指标均优于常规生产用肥，其中产量提高了2.34kg/亩，产值提高了155.04元/亩，均价提高了0.77元/亩，上等烟比例提高了10.4%，增幅分别为1.94%、4.92%、2.95%和18.91%。

表6-9 基追一体肥施用示范烤后烟叶感官质量

(单位：分)

| 地点 | 处理 | 香型 | 风格彰显度 | 香气质 | 香气量 | 透发性 | 杂气 | 浓度 | 柔和细腻度 | 劲头 | 刺激性 | 余味 | 甜度 | 干燥度 | 干净程度 | 燃烧性 | 灰色 | 总分 |
|---|---|---|---|---|---|---|---|---|---|---|---|---|---|---|---|---|---|---|
| 花垣 | 对照 | Z | 4 | 6.5 | 6.5 | 6.5 | 6.3 | 6.5 | 6.3 | 5.2 | 6.3 | 6.2 | 6.3 | 6.2 | 6 | 3 | 3 | 84.8 |
| | 示范 | Z | 4 | 6.5 | 6.4 | 6.5 | 6.3 | 6.4 | 6.4 | 5.2 | 6 | 6.2 | 6.4 | 6 | 6.2 | 3 | 3 | 84.5 |
| 凤凰 | 对照 | Z | 4 | 6.5 | 6.5 | 6.5 | 6.3 | 6.4 | 6.4 | 5.3 | 6 | 6.2 | 6.4 | 6 | 6.2 | 3 | 3 | 84.7 |
| | 示范 | Z | 4 | 6.4 | 6.4 | 6.4 | 6.3 | 6.3 | 6.4 | 5.2 | 6 | 6.2 | 6.3 | 6 | 6.2 | 3 | 3 | 84.1 |
| 永顺 | 对照 | Z | 3.5 | 6.4 | 6.5 | 6.5 | 6.3 | 6.5 | 6.2 | 5.5 | 6 | 6.2 | 6.4 | 6 | 6.2 | 3 | 3 | 84.2 |
| | 示范 | Z | 3 | 6.3 | 6.5 | 6.5 | 6.2 | 6.7 | 6.2 | 5.7 | 5.8 | 6.2 | 6.2 | 6 | 6 | 3 | 3 | 83.3 |

凤凰示范点示范效果突出，生物炭型基追一体肥的经济性状指标均显著优于常规生产用肥，其中产量提高了 12.17kg/亩，产值提高了 545.38 元/亩，均价提高了 1.58 元/亩，上等烟比例提高了 5.37%，增幅分别为 10.11%、16.41%、5.72%和 18.91%。

永顺示范点示范效果明显，普通型基追一体肥的经济性状指标均显著优于常规生产用肥，其中产量提高了 6.52kg/亩，产值提高了 337.71 元/亩，均价提高了 1.28 元/亩，上等烟比例提高了 4.59%，增幅分别为 6.52%、337.71%、1.28%和 4.59%。

**表 6-10　基追一体肥施用示范烤后烟叶经济形状**

| 地点 | 肥料 | 面积（亩） | 产量（kg/亩） | 产值（元/亩） | 均价（元/kg） | 上等烟（%） |
|------|------|------------|----------------|----------------|----------------|--------------|
| 花垣 | 氨基酸型基追一体肥 | 100 | 122.88 | 3 306.56 | 26.91 | 65.39 |
|      | 常规生产肥（CK） | 90.8 | 120.54 | 3 151.52 | 26.14 | 54.99 |
| 凤凰 | 生物炭型基追一体肥 | 100 | 132.51 | 3 867.97 | 29.19 | 83.69 |
|      | 常规生产肥（CK） | 221 | 120.34 | 3 322.59 | 27.61 | 78.32 |
| 永顺 | 普通型基追一体肥 | 100 | 128.48 | 3 560.81 | 27.71 | 63.75 |
|      | 常规生产肥（CK） | 50 | 121.96 | 3 223.1 | 26.43 | 62.08 |

## 四、示范小结

3 种基追一体肥在 3 个分区的示范均取得较好的效果。烤烟农艺性状和烤后烟叶质量均得到改善，经济性状有较大幅度的提高。

# 附录1  烟草专用生物炭基一体肥生产工艺简介及产品特点

## 一、生产配方

烟草生物炭基一体肥是指以生物炭基激康酶，以无机养分为基础，以优质有机物料为载体，集无机养分、有机物料、生物炭基激康酶"三大组分"于一体，精心选择，科学配比和特殊工艺而制成的新型多功能肥料。该肥既具有化学肥料的速效，又兼有有机肥的长效，还具有生物肥的促效，除能满足作物生长所需的全面营养外，同时长期使用能提升土壤有机质、补充土壤有益微生物、增加土壤"血液循环"，改良并活化土壤。

生物炭型基追一体肥：养分含量为 6.5-7.4-21，硫酸镁 0.5%、硫酸锌 0.5%、硼砂 0.4%、氯化钾 7%、有机质 31.2%、硝态 N 占比 37.87%，含磷素活化剂、缓释保水增效剂。

包括以下质量百分含量的有效组分：

活性生物菌肥            20%

生物炭                    10%

中微量元素肥料            3.3%

磷素活化剂               1%

缓释保水增效剂            0.5%

无机肥料                  65%

其中，活性生物菌肥是由质量含量分别为 50%~60% 的菜粕、20%~30% 的豆粕、5%~10% 的芝麻粕和 1%~2% 的复合发酵菌剂和酶通过应用公司专利技术（三酸发酵）和酶解技术，利用国内最大的先进的槽式机械曝氧发酵工艺充分发酵腐熟而成。

中微量元素肥料是指含镁、硼、锌、锰、钼中的一种或几种元素的肥料。

无机肥料是由质量百分比分别为8%的硝铵磷、16%的磷酸一铵、7%的氯化钾、22.5%的硫酸钾、10%的硝酸钾混配而成。

## 二、烟草生物炭基一体肥研制的技术原理

烟草生物炭基一体肥研制的技术原理就是根据作物需肥规律及土壤特性，将无机养分、有机物料、生物炭基激康酶三大组分，依其物理、生物特性，运用现代工业技术和生物工程技术，分别作为独立单元，采用先分别加工后进行复配的工艺路线，使三大组分有机结合溶于一体，保证了化肥与生物炭基激康酶隔离、共生、共存及相互协同作用，兼顾"速效、长效、促效"合一，实现养分供给与满足作物全生育期需要的动态平衡，实现作物根际环境与保护耕地微生态平衡，达到满足作物生长所需要的全面营养、抗病防病、改良活化土壤的目的。

烟草生物炭基一体肥研制技术方案的核心部分是生物炭基激康酶的菌种选育和培养。所选生物菌种的特殊功能、生物炭基激康酶的活性大小、生物菌数的含量高低，是决定烟草生物炭基一体肥成败的关键因素，影响到烟草生物炭基一体肥的使用效果。考虑到生物炭基激康酶的活性特点，将选育的功能菌种在发酵过程中使菌种完全形成孢子后，再单独进行低温造粒，确保其活性和含量不受无机养分的影响。生物炭基激康酶的活性和含量在较高的无机养分中会受到抑制，其存活时间有限，在其没有造粒之前，不能与无机养分直接混合。无机养分、有机物料和生物炭基激康酶三大组分因其物理、化学、生物性质各不相同，其工厂化处理的工艺及工序完全不一样，采取的措施是将其各自作为独立单元，分别进行对应的工厂化加工处理。在完成各自相应工艺处理后，可根据不同作物需要和土壤基质进行科学配比混合，三大组分协调共存，相互促进。

## 三、烟草生物炭基一体肥研制的技术路线

烟草生物炭基一体肥研制的技术路线是根据图1的生产技术路线，将无机养分、有机物料、生物炭基激康酶各自作为独立单元，依其物理、生物特性分别进行工厂化加工，最后再进行复合即得到烟草生物炭基一体肥。

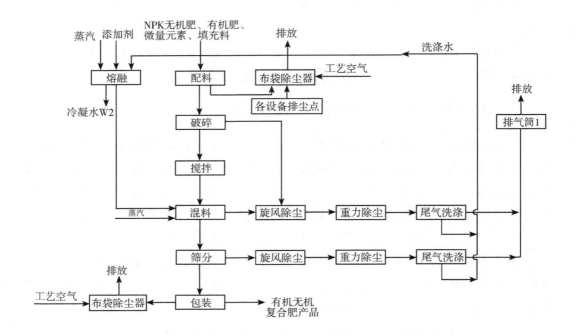

**图1　烟草生物炭基一体肥研制的技术路线**

## 四、生产工艺

### (一) 饼肥发酵工艺

发酵配方：按重量百分比含量选取菜粕、豆粕、芝麻粕加入复合菌菌剂中，调节水分控制在 35%~50%，并控制 pH 值 6~8，然后搅拌混合均匀后采用槽式机械曝氧发酵工艺充分发酵腐熟，发酵结束后除臭，即得活性生物菌肥。

水分控制：菜粕起始水分 38%~42%，每班配料完成后需检测的物料起始水分并记录。

布料：堆肥过程要求集中统一布料，整槽进整槽出，尽量缩短时间完成整槽布料，以降低同槽内物料发酵时间上的差异，便于翻堆、测温等统一操作。大槽装满（约 1 000t）需 3~4d，配好的新鲜料用铲车堆放在发酵池，布料高度不超过红线高度（1.5m），布料时发酵面尽量平整，便于翻堆操作。发酵物料完成布料后，需每天监测发酵物料的堆温。

发酵过程控制：

(1) 好氧发酵环境控制

每天每槽发酵物料翻抛一次，翻抛时启动鼓风机向室内鼓风充氧，尾气负压风机开最大负荷抽风除臭处理，通过翻堆操作或强制通风使堆体内保持足够氧气浓度。

（2）温度控制

2~3天后发酵堆体发酵温度将逐步升高，发酵温度50℃以上须维持3~5d，严格监控堆体温度，当堆体温度超过60℃时，应强制进行翻堆降温操作和强制通风。发酵堆温度高于70℃时，部分微生物的活性将会降低甚至死亡，将会影响发酵效果，必须持续翻抛降温。

（3）水分控制

随着堆肥发酵含水率逐渐下降，到一次发酵结束时含水率应在半成品≤32%，成品≤30%；如发酵完成后，物料水分仍较高（半成品≥32%，成品≥30%），则需每天强制性翻抛一次或二次，以降低物料水分，达到水分要求后，再可转入陈化堆场或直接投入使用。

（4）发酵周期

菜粕和菜饼槽内发酵时间为12~15d，发酵物料经检测判断腐熟后（当气温较低或雨水天气较多时发酵周期可能会延长），可进行陈化处理或投入使用。

（5）陈化处理

终止发酵后，用铲车将发酵熟料转运至陈化区继续进行腐熟陈化处理，所有物料需陈化处理10d以上后使用，有机肥肥效更佳。陈化区物料可直接作为生产有机无机复混肥和有机肥原料使用。

（二）长效功能肥料激康酶的制作

长效功能肥料激康酶是利用小分子炭、植物纤维素、天然植物蛋白酶和磷素活化剂、缓释保水增效剂和功能菌经特殊工艺制成的螯合物，激康酶能刺激作物形成发达根系而提高自身免疫力，并稳定氮素在土壤中的转化与形态，减少氨挥发及硝酸根淋溶损失，是以生物技术激活植物细胞表达的方式，解决了肥料的吸收及利用率不高的问题。

将小分子炭、植物纤维素、天然植物蛋白酶等按配方计量进行混合，充分搅拌混匀后，加入催化剂充分搅拌混匀后，放入超声反应器接入功能菌剂培养18h，再加入缓释保水增效剂、功能菌混合均匀放入储罐经称量包装制成半产品。

（三）生产线混配和造粒

1. 配料工序

N、P、K无机肥料、来自发酵车间的发酵菜粕料、长效功能肥料激康酶、微量元素、硝铵磷、磷酸一铵、氯化钾、硫酸钾、硝酸钾等无机肥料根据配方要求，按比例分别通过各自的电子皮带秤，计量、破碎后进入原料汇总皮带，送入立式粉碎机粉碎，粉碎后进入立式搅拌机充分混合均匀（混合过程加快了造粒反应速度和复肥产品的均质性），再由提升机送去转鼓混料机造粒。

2. 转鼓混料工序

转鼓混料机是复合肥料生产流程的核心。原料和筛分破碎工序来的细粉及布袋除尘来的返料一起进入混料机，在微机系统控制下喷入设定量的添加剂通过造粒机内的几个特制喷头，均匀喷洒在固体物料表面进行涂布及黏结造粒（成球合格率为 70%~80%，温度为 60~80℃），同时在混料机内加少量蒸汽（压力 0.5~0.6MPa），使物料达到合适的液固比并进行造粒。

3. 筛分工序

混料机出来的半成品经滚筒筛分出成品，网孔 2.5mm×2.5mm。筛出大粒返回系统，经立式破碎机破碎、与原料一同进入转鼓混料机重新造粒。

4. 包装工序

包装系统位于成品库房内，与生产区隔开，采用半自动包装及机械手码垛形式，由叉车转运至成品库贮存。

5. 尾气处理工序

转鼓混料机的尾气采用两级干法+一级湿法的除尘路线；一级除尘采用高效的旋风除尘，粉尘在线返回造粒机；二级除尘器采用重力沉降除去粉尘，再经洗涤后达标送烟囱放空。

原料投料口及设备的扬尘点均设置收尘装置，含尘气流经布袋除尘器除尘后，再由除尘风机引风管排空。

为避免湿式除尘造成二次水污染，系统水由尾气以水蒸气形式排放带走一部分，另一部分补充到溶解槽二次利用，洗涤液将会收缩。沉降洗涤池液位由新鲜水补充维持。

**五、烟草生物炭基一体肥研制解决的关键技术**

烟草生物炭基一体肥是指以无机养分为基础，以微生物炭基激康酶为核心，以优质有机物料为载体，集三大营养组分于一体，通过特殊非典型工艺加工生产的全营养、多功能的新型肥料。烟草生物炭基一体肥成功研发共解决了 3 个方面的关键技术。

## （一）在无机养分、有机物料中添加了特定的生物炭基激康酶

### 1. 烟草生物炭基一体肥的菌种选择及配比

化肥、有机肥的利用率低下，其原因是肥料施入土壤之后，由于土壤对养分的固定，降低了养分在土壤中的转化效率，影响了作物对养分的吸收利用，使得土壤中残留着大量的没有被完全利用的无机磷、无机钾以及不能直接被作物吸收利用的有机磷、有机钾，既降低了肥效，又浪费资源，还污染了环境。选择具有解磷、解钾功能的生物炭基激康酶，可提高养分在土壤中的转化效率，减少肥料的土壤固定及损失，提高肥料利用率，提高肥料使用效果，实现养分供给与满足作物全生育期需要的相互平衡。由于长期大量施用化肥，使得土壤有机质严重缺失，土壤盐分过度累积，养分供应失衡，残留在土壤中的有毒有害物增多，土传病害滋生，直接影响作物正常的生理表现，轻者造成根系发育不良、死苗、烂苗，重者缺株、矮化、减产，最严重者可导致作物绝收。在生物炭基激康酶中选择具有抗病和生防功能的菌种，就能有效防治病原微生物对作物造成的重大破坏，可保证粮食安全和食品安全。基于此，筛选烟草生物炭基一体肥的微生物菌种就有了明确的方向，依据微生物菌种间相互有共生、互生作用，且不产生拮抗作用的原理，在大量试验的基础上，最后选定"巨大芽孢杆菌+胶冻样芽孢杆菌+枯草芽孢杆菌"作为烟草生物炭基一体肥的生物炭基激康酶的复合菌种组配。该复合菌种能有效分解土壤中含量丰富的难溶性磷、钾，将农作物难以利用的物质转化为可被利用的有效营养物质，既培肥了地力，又使废弃物、残留物得到充分利用，解决了废弃物对环境的污染问题，达到有效利用农业废弃资源，提升土壤有机质，改良活化土壤的目的，另外抗病生防的微生物及其衍生物，在肥料中得以充分应用，创造了"肥、药、健"三效合一的功能肥料，改善并提高农产品品质，有益于人们的健康生活。

### 2. 烟草生物炭基一体肥的菌种及其作用机理

（1）巨大芽孢杆菌：属于革兰氏阳性菌，它能够形成孢子，具有很好的降解土壤中有机磷的功效，可以用来生产解磷固钾肥料。

（2）胶冻样芽孢杆菌：属革兰氏阴性菌，是土壤中一种重要功能菌，它能分解长石、云母等铝硅酸盐类的原生态矿物，使土壤中难溶性 K、P、Si 等转变为可溶性供植物生长利用，同时还可以产生多种活性物质促进植物生长。

（3）枯草芽孢杆菌：耐酸、耐盐、耐高温及耐挤压；具有多种有效促

活性成分，富含多种氨基酸（18 种以上），能产生蛋白酶、脂肪酶、淀粉酶等多种胞外酶；菌体生长过程中产生的枯草菌素、制霉菌素、多黏菌素、短杆菌肽等活性物质，对致病菌有明显的抑制和杀灭作用。

（二）采用最新低温造粒工艺技术

生物炭基激康酶的菌种及菌群的选育培养、生物炭基激康酶的活性大小、含量高低直接影响烟草生物炭基一体肥的使用效果，是决定烟草生物炭基一体肥成败的关键。

为了不影响生物炭基激康酶的活性和含量，在生物发酵过程中，当功能菌株形成孢子状态后，采用最新低温造粒技术，对其进行单独造粒，使功能菌株活性和含量能够保持在 75% 以上。

（三）采用非典型生产工艺技术路线

生物炭基激康酶的活性和含量在较高的无机养分中会受到抑制，其存活时间相当有限，在其没有造粒之前，不能与无机养分直接混合。

同时无机养分、有机物料和生物炭基激康酶三大组分因其物理、化学、生物性质各不相同，其工厂化处理的工艺及工序也完全不一样，该项目是将其各自作为独立单元，分别进行对应的工厂化加工处理，最后按要求进行复配，从而使生物炭基激康酶与无机养分隔离共生共存、协同作用、相互促进。

## 六、烟草生物炭基一体肥研制的先进性和创新点

（一）理论创新

传统肥料的研发生产是从作物生长所需的"基本营养"出发，完全忽略了种子、土壤、产量与肥料之间的利害关系，所研发生产的各类肥料带有避免不了的局限性。烟草生物炭基一体肥在研制上提出肥料不仅要满足作物所需全面营养，还要在连续使用中，保护耕地、改良并活化土壤，这一理论观念已作为烟草生物炭基一体肥研发生产的理论基础。

（二）配方创新

烟草生物炭基一体肥产品养分配方实现全营养化，将无机养分、有机物料和生物炭基激康酶三大组分融为一体，满足了作物不同生育期的营养需要，集速效、长效和促效于一体。生物炭基激康酶实现功能化的全新组合，把分解残留提高肥效的解磷、解钾菌和抗病毒细菌、生防细菌有效复合，抗病、生防微生物及代射产物中的多种生命元素在肥料中应用，创造

了"肥、药、健"三效合一的功能肥料，实现了养分由单一向多元，功能由单项向全能的转变。

（三）工艺创新

烟草生物炭基一体肥在生产技术上采用非典型的特殊工艺，通过低温造粒技术，在不影响生物炭基激康酶的活性和含量的前提下，实现了无机养分、有机物料及生物活性物质的有机结合。

（四）功能创新

1. 养分吸收利用率高

生产的生物炭基激康酶肥由于采用了控制释放与促进作物吸收及保持养分有效性相结合的技术体系，使新型的生物炭基激康酶肥的养分释放与作物生长需求相协调，因而提高了利用率，平均养分利用率可达 50% ~ 60%，其中氮素利用率达 60% ~ 70%、磷利用率为 30% ~ 50%。平均比普通氮肥、复（混）合肥利用率提高 15 ~ 20 个百分点。养分利用率的提高是肥料表现出高效率的根本原因，同时也是为各个环节带来利润的源泉。

2. 改土保肥

本产品富含有机质、腐植酸。腐植酸有机胶体在土壤中形成胶状物质，能把土粒胶结起来，使土壤中水稳性团粒增加，协调土壤的水、肥、气、热状况，对改良过砂、过黏等贫瘠土壤效果很好；腐植质含有脂、蜡和树脂，它们含 80% ~ 85% 碳、10% 氢、3% ~ 18% 氧，这些物质能浸润土壤团块，使其具有疏水性，减弱土壤浸湿过程和毛管水的移动速度，使土壤水分的蒸发量减少和土壤持水能力增强，因而改善了土壤水分状况，同时腐植质的吸水率为黏土的 10 倍，吸附能力比黏粒大 4 ~ 5 倍，能明显改善土壤的孔隙状况，从而提高土壤的保水保肥能力。

3. 缓释长效

本产品将生物炭基激康酶肥作为增效剂，根据作物所需养分进行配方设计，使其可以按照作物不同生长期对养分的需求进行养分释放。同时，本产品中所含的腐植酸能吸附、交换、活化土壤中很多矿质元素，可减少氨挥发损失，延长氮素肥效，促进氮吸收，提高氮肥利用率，可减少土壤对速效磷和速效钾的固定，起到解磷和释放钾的作用，从而提高和延长肥效。

4. 增强抗性

本产品含有多种中微量元素，钙和镁直接参与细胞形成和叶绿素组成，硼和锌促进光合产物的运输和生长素的合成，有效提高作物抗性。高含量的有机质和腐植质为土壤有益微生物群提供良好的生长环境，抑制有害病菌的生长，提高作物抗病能力。此外，腐植酸还能够提高作物抗旱、抗寒和防御病虫为害的能力。

5. 节本增效

本产品采用生物肥—有机肥—无机肥相结合，并在产品中添加氯、镁、硼、锌、锰、钼等中微量元素，磷素活化剂、营养增效剂等，养分平衡、配方科学，不仅能提供烤烟正常生长所需的营养元素，而且能提高烤烟的产量，改善烤烟的内在品质，同时相比传统套餐施肥，可降低施肥量3%~5%，减轻2~4个人工，达到降本增效的目的。

## 七、产品特点

### （一）速效+长效+增效，三效合一

本产品采用生物+有机+无机相结合，采用"三酸发酵"专利技术，大、中、微量营养元素含量全面且丰富，特别添加纳米活性激康酶，养分速效且利用率高，作物吸收率好。

### （二）一清

利用有机质和特种功能微生物清除土壤中不利于作物生长的物质（清除农药残留，分解土层有机残体，降解作物根系有害分泌物，钝化重金属）。

### （三）二调

①调节土壤环境（有机养分松土抗板结、调节土壤酸碱度，耐盐碱、保水保肥、分解土壤残留和被固定的营养物质）。②调节作物生长（微生物和激康酶协同作用，促根、提苗、壮茎叶、保花果）。

### （四）三补

①补充大量元素，保证作物生长基本营养需求，速效，不多施，减肥不减效。②补充中微量元素，保障作物营养平衡，促丰收保健康，瓜甜果香蔬菜好味道。③补充有机质和超活性复合微生物菌群，防病抗病。

### （五）四提

①提高肥料利用率。②提高作物抗病能力。③提高产量。④提高作物品质，施用本品可减轻土壤污染，降解重金属含量，提高还原糖，使农产品形状好、着色好、口感好，达到绿色无公害、有机食品的标准，大大提高农产品的商品价值。

## 八、烟草生物炭基一体肥研制的主要技术指标

烟草生物炭基一体肥作为一种创新肥料目前尚无农业农村部行业标准和国家标准，公司拟起草制定的《烟草专用生物炭基一体肥》企业标准，烟草生物炭基一体肥按照此标准检验和生产。

**表 1　烟草专用生物炭基一体肥的质量指标**

| 项　　目 | | 指　　标 |
| --- | --- | --- |
| 总养分（N+P$_2$O$_5$+K$_2$O）的质量分数[a]（%） | ≥ | 30.0 |
| 水分的质量分数（H$_2$O）[b]（%） | ≤ | 8.0 |
| 有机质的质量分数（%） | ≥ | 15.0 |
| 生物炭基材料质量比（%） | ≥ | 10 |
| 粒度（1.00~4.75mm 或 3.35~5.60mm）[c]（%） | ≥ | 70 |
| pH 值 | | 4.0~8.0 |
| 蛔虫卵死亡率（%） | ≥ | 95 |
| 粪大肠菌群数（个/g） | ≤ | 100 |
| 氯离子的质量分数[d]（%） | | 3.0~4.0 |

[a]标明的单一养分含量不得低于 3.0%，且单一养分测定值与标明值负偏差的绝对值不得大于 1.5%。

[b]水分以出厂检验数据为准。

[c]指出厂数据检验，当用户对粒度有特殊要求时，可由供需双方协议确定。

烟草专用生物炭基一体肥中重金属的限量指标应符合表 2 的要求。

**表 2　烟草专用生物炭基一体肥中重金属的限量指标**

| 项　　目 | | 指　　标 |
| --- | --- | --- |
| 镉及其化合物的质量分数（以 Cd 计）（mg/kg） | ≤ | 10 |
| 汞及其化合物的质量分数（以 Hg 计）（mg/kg） | ≤ | 5 |
| 砷及其化合物的质量分数（以 As 计）（mg/kg） | ≤ | 50 |
| 铅及其化合物的质量分数（以 Pb 计）（mg/kg） | ≤ | 150 |
| 铬及其化合物的质量分数（以 Cr 计）（mg/kg） | ≤ | 300 |
| 镍及其化合物的质量分数（以 Ni 计）（mg/kg） | ≤ | 100 |

# 附录 2 烟草全程营养型氨基酸有机无机复混肥产品特点及生产工艺

## 一、产品特点

烟草全程营养型氨基酸有机无机复混肥是湖南省烟草公司湘西自治州公司、中烟公司、湖南农业大学、长沙新源氨基酸生物肥料有限公司联合进行的实用性研究课题，根据湘西自治州土壤养分供给状态及该区域烟叶多年的长势和品质情况分析，湘西自治州公司从烟叶产量提高和品质提升的目的出发，使烟叶生产朝标准化发展而提出的。长沙新源氨基酸生物肥料有限公司根据这一要求，研制出了"大三元"烟草全程营养型氨基酸有机无机复混肥，本产品是高蛋白质物料通过酶解和微生物发酵处理作为有机质及有机养分（小分子氨基酸），根据烟株全程营养的要求，配入相应的 N、P、K 和中、微量元素以满足烟株对养分的需求，其产品特点概述如下。

1. 养分速缓兼备，肥料利用率高

产品中游离氨基酸可直接被作物吸收和利用，速效性无机养分分解快易吸收，表现为速效，有机养分和被有机质吸附的无机养分，分解速度相对缓慢，减轻了养分因淋溶、挥发和土壤固定的损失，提高了肥料的利用率。

2. 营养元素齐全，作物高产优质

根据作物对养分的需要进行配料，符合作物生长的营养条件，使作物高产优质。

3. 养分形态兼顾，改良土壤结构

养分以有机态与无机态相结合，使土壤结构改良，质地疏松，理化性状得到明显改良。

4. 养分配比合理，作物抗性增强

依据烟叶的需肥物性与土壤的供肥能力以及本产品肥料利用率高的特点，养分配比合理，作物生长稳健，抵抗和避免病虫害的发生。

5. 加工工艺先进，符合环保要求

通过先进的加工工艺，将养分络合成小颗粒，由于采用有机质与氨基酸为基质，大大增强了对无机养分的吸附能力，有效地减少了养分的淋溶与流失，减少了环境污染。

## 二、生产配方

烟草全程营养型氨基酸有机无机复混肥：养分含量为 6.5-7.4-21，硫酸镁 0.5%、硫酸锌 0.5%、硼砂 0.4%、氯化钾 7%、有机质 21.2%，硝态 N 占比 35.5%，含磷素活化剂。

包括以下质量百分含量的有效组分：

| | |
|---|---|
| 固体氨基酸物料 | 22.5% |
| 中微量元素物料 | 3.5% |
| 磷素活化菌物料 | 0.5% |
| 无机肥料 | 73.5% |

其中，固体氨基酸物料是由质量含量分别为 50%～60%的菜粕、20%～30%的豆粕、5%～10%的芝麻粕和 1%～2%的酵素菌剂和 0.1%蛋白酶进行水解和发酵处理而成；中微量元素肥料是指含镁、硼、锌、锰、钼中的一种或几种元素的肥料；无机肥料是由质量百分比分别为 9%的硝铵磷、13.5%的磷酸一铵、7%的氯化钾、26%的硫酸钾、8%的硝酸钾混配而成。

## 三、烟草全程营养型氨基酸有机无机复混肥研制的技术原理

烟草全程营养型氨基酸有机无机复混肥研制的技术原理是基于烟叶需肥规律及区域土壤供肥状况，由氨基酸组分，无机养分、功能菌三大部分（大三元）组成，实现养分（配比）供给与烟叶全生育期需要的动态平衡，达到其生长满足前期供得起、中期供得稳、后期控得住的目的。

烟草全程营养型氨基酸有机无机复混肥研制技术方案的核心部分是氨基酸组分。配比合理的养分和功能菌，组成"大三元"（有机、无机、菌）全程营养型氨基酸有机无机复混肥。

## 四、烟草全程营养型氨基酸有机无机复混肥研制的技术路线

烟草全程营养型氨基酸有机无机复混肥研制的技术路线是根据图1的生产技术路线，将无机养分、含氨基酸的有机物料有序参混。

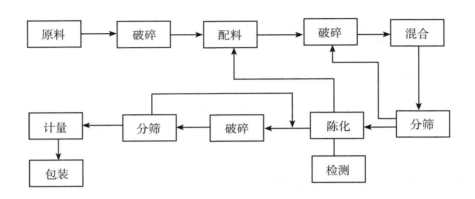

**图1 有机无机复混肥生产工艺说明6-7-21**

注：部分原料需要破碎，然后进行按照配方配料，所有配料进行破碎，混合均匀，经过分筛批次陈化一周。筛出的粗料返回破碎机重新破碎。陈化后再次破碎，分筛成合格料，然后计量包装，分筛出的料返回破碎达到成品料。其中陈化时进行养分技术指标检测，检测不合格的进行重新配料。

## 五、生产工艺

### （一）固体氨基酸生产工艺

发酵配方：按重量百分比含量选取菜粕、豆粕、芝麻粕加入蛋白分解酶和功能菌，调节水分控制在35%~50%，并控制 pH 值在6~8，然后搅拌混合均匀后采用堆闷式发酵工艺充分发酵分解，使发酵物料中蛋白质形成氨基酸组分的有机氮源的固体氨基酸。

### （二）生产线混配

1. 配料工序

N、P、K 无机肥料、固体氨基酸、微量元素、硝铵磷、磷酸一铵、氯化钾、硫酸钾、硝酸钾等无机肥料根据配方要求，按比例分别通过各自的电子皮带秤，计量、破碎后进入原料汇总皮带，送入立式粉碎机粉碎，粉碎后进入立式搅拌机充分混合均匀。

2. 混料工序

转鼓混料机是复合肥料生产流程的核心。原料和筛分破碎工序来的细粉及布袋除尘来的返料一起进入混料机充分混匀。

3. 筛分工序

混料机出来的半成品经滚筒筛分出成品，网孔 1.5mm×1.5mm。筛出大粒返回系统，经立式破碎机破碎，与原料一同进入混料机。

4. 陈化处理

防止物料结块，在充分混合后放置 48h，再进行破碎。

5. 检验

对半成品进行检验，合格进入包装流程，不合格返料再配。

6. 包装

按要求重量打包。

# 参考文献

安韶山，李国辉，陈利顶，2011. 宁南山区典型植物根际与非根际土壤微生物功能多样性 [J]. 生态学报，31（18）：5225-5234.

卜丹蓉，2015. 施用沼液和生物炭对杨树林土壤活性有机碳、氮的影响 [D]. 南京：南京林业大学.

卜晓莉，薛建辉，2014. 生物炭对土壤生境及植物生长影响的研究进展 [J]. 生态环境学报（3）：535-540.

才吉卓玛，2013. 生物炭对不同类型土壤中磷有效性的影响研究 [D]. 北京：中国农业科学院.

蔡秋华，左进香，李忠环，等，2015. 抗性烤烟品种根际微生物数量及功能多样性差异 [J]. 应用生态学报，26（12）：3766-3772.

陈常瑜，程森，周炼川，等，2019. 文山州滴灌条件下减施氮肥用量对烤烟生长发育及产质量的影响 [J]. 分子植物育种，17（1）：321-326.

陈朝阳，2011. 南平市植烟土壤 pH 状况及其与土壤有效养分的关系 [J]. 中国农学通报，27（5）：149-153.

陈平平，郭莉莉，唐利忠，等，2017. 土壤 pH 对不同酸性敏感型水稻品种氮利用效率与根际土壤生物学特性的影响 [J]. 核农学报，31（4）：757-767.

陈伟，周波，束怀瑞，2013. 生物炭和有机肥处理对平邑甜茶根系和土壤微生物群落功能多样性的影响 [J]. 中国农业科学，46（18）：3850-3856.

陈伟华，郝红玲，苏国岁，等，2011. 河北烤烟中 11 种微量元素含量分析 [J]. 郑州轻工业学院学报：自然科学版，26（4）：32-34+40.

陈温福，张伟明，孟军，2013. 农用生物炭研究进展与前景 [J]. 中国农业科学，46（16）：3324-3333.

陈心想，耿增超，王森，等，2014. 施用生物炭后塿土土壤微生物及酶活性变化特征 [J]. 农业环境科学学报（4）：751-758.

陈心想，何绪生，耿增超，等，2013. 生物炭对不同土壤化学性质、小麦和糜子产量的影响 [J]. 生态学报，33（20）：6534-6542.

陈尧，郑华，石俊雄，等，2012. 施用化肥和菜籽粕对烤烟根际微生物的影响 [J]. 土壤学报，49（1）：198-203.

陈懿，陈伟，林叶春，等，2015. 生物炭对植烟土壤微生态和烤烟生理的影响 [J]. 应用生态学报，26（12）：3781-3787.

崔兆娟，张颖，畅东，等，2010. 水稻钾肥品种对比试验 [J]. 现代化农业（5）：16.

邓小华，肖志君，齐永杰，等，2016. 种植密度和施氮量及其互作对湘南稻茬烤烟经济性状的效应 [J]. 湖南农业大学学报：自然科学版（3）：274-279.

杜宣延，2016. 烤烟生育期内根际土壤养分及微生物动态变化研究 [D]. 成都：四川农业大学.

冯小虎，董建新，熊萍，等，2011. 不同形态镁肥对江西烟区烤烟质量的影响 [J]. 中国烟草科学，32（6）：53-55.

伏秋庭，2013. 锌肥施用方式对烤烟生长发育及产量品质的影响 [D]. 成都：四川农业大学.

付小红，2017. 供氯水平对烤烟生长和产质量的影响及氯吸收动力学研究 [D]. 长沙：湖南农业大学.

高德才，张蕾，刘强，等，2014. 旱地土壤施用生物炭减少土壤氮损失及提高氮素利用率 [J]. 农业工程学报，30（6）：54-61.

高洪智，卢启鹏，2011. 土壤主要养分近红外光谱分析及其测量系统 [J]. 光谱学与光谱分析，31（5）：1245-1249.

高旭，2012. 曲靖烟区土壤 pH 的分布特征及与烟叶质量的关系 [D]. 郑州：河南农业大学.

葛少华，2018. 生物炭与化肥氮配施对植烟土壤特性和烤烟生长的影响 [D]. 郑州：河南农业大学.

勾芒芒，屈忠义，2013. 生物炭对改善土壤理化性质及作物产量影响的研究进展 [J]. 中国土壤与肥料（5）：1-5.

谷思玉，李欣洁，魏丹，等，2014. 生物炭对大豆根际土壤养分含量及微生物数量的影响 [J]. 大豆科学，33（3）：393-397.

顾美英，刘洪亮，李志强，等，2014. 新疆连作棉田施用生物炭对土壤养分及微生物群落多样性的影响 [J]. 中国农业科学，47（20）：4128-4138.

韩光明，孟军，曹婷，等，2012. 生物炭对菠菜根际微生物及土壤理化性质的影响 [J]. 沈阳农业大学学报，43（5）：515-520.

何绪生，耿增超，余雕，等，2011. 生物炭生产与农用的意义及国内外动态

[J]. 农业工程学报，27（2）：1-7.

贺丹锋，周冀衡，张毅，等，2013. 云南省罗平烟区植烟土壤 pH 分布特征及其与土壤养分的相关性 [J]. 江西农业大学学报，35（4）：692-697.

洪瑜，李少杰，王芳，等，2016. 水稻插秧侧条基追一体化施肥对稻谷产量及品质影响 [J]. 宁夏农林科技（10）：49-50.

姜超强，董建江，徐经年，等，2015. 改良剂对土壤酸碱度和烤烟生长及烟叶中重金属含量的影响 [J]. 土壤，47（1）：171-176.

靳志丽，罗井清，张双双，等，2016. 大穴环施基追一体肥对烤烟碳氮代谢关键酶及烟叶内在品质的影响 [J]. 作物研究，30（6）：709-713.

柯跃进，胡学玉，易卿，等，2014. 水稻秸秆生物炭对耕地土壤有机碳及其 $CO_2$ 释放的影响 [J]. 环境科学，35（1）：93-99.

赖李振，2014. 氮、氯、硼肥对云烟 87 断叶率及产质量的影响研究 [D]. 福州：福建农林大学.

黎娟，邓小华，王建波，等，2013. 喀斯特地区植烟土壤有效硼含量分布及其影响因素——以湘西州烟区为例 [J]. 土壤，45（6）：1055-1061.

李佳颖，刘新源，李洪臣，等，2016. 三门峡土壤有机质含量分布特征及其与烟叶品质的关系 [J]. 江苏农业科学，44（12）：475-479.

李强，周冀衡，何伟，等，2010. 中国主要烟区烤烟氯含量区域特征研究 [J]. 中国土壤与肥料（2）：49-54.

李秀云，2016. 生物炭对旱作农田碳收支及土壤有机碳变化的影响研究 [D]. 杨凌：西北农林科技大学.

李章海，张西仲，武丽，等，2012. 烤烟土壤有效钼临界值的初步研究 [J]. 烟草科技（1）：69-73.

廖伟，2014. 烤烟锌营养诊断和土壤锌丰缺指标的研究 [D]. 武汉：华中农业大学.

凌青根，2002. 土壤质量研究与可持续发展 [J]. 热带生物学报，8（1）：54-56.

刘洪斌，毛知耘，1997. 烤烟的氯素营养与含氯钾肥施用 [J]. 西南农业学报（1）：102-107.

刘洪华，2011. 烤烟根际土壤养分、酶活性和微生物动态变化研究 [D]. 郑州：河南农业大学.

刘敏，2017. 不同有机物配施化肥对植烟土壤和烟株营养效应的研究 [D]. 郑州：河南农业大学.

刘银银，李峰，孙庆业，等，2013. 湿地生态系统土壤微生物研究进展 [J]. 应用与环境生物学报（3）：547-552.

鲁耀，郑波，段宗颜，等，2010. 钙镁比调控对烟叶产量、化学品质及镁吸收的影

响 [J]. 西北农业学报, 19 (11): 69-74.

陆志峰, 2017. 钾素营养对冬油菜叶片光合作用的影响机制研究 [D]. 武汉: 华中农业大学.

吕世保, 王戈, 白羽祥, 等, 2017. 不同钾肥喷施对烤烟生长和产质量的影响 [J]. 安徽农业科学, 45 (25): 47-50.

罗永清, 赵学勇, 李美霞, 2012. 植物根系分泌物生态效应及其影响因素研究综述 [J]. 应用生态学报, 23 (12): 3496-3504.

马兴华, 徐经年, 祖朝龙, 等, 2017. 氮肥形态配比对烤烟中性致香成分含量及产质量的影响 [J]. 中国农学通报, 33 (17): 44-48.

母媛, 袁大刚, 兰永生, 等, 2016. 植茶年限对土壤 pH 值、有机质与酚酸含量的影响 [J]. 中国土壤与肥料 (4): 44-48.

齐瑞鹏, 2015. 壤土添加生物炭对小麦产量的影响及其机理研究 [D]. 杨凌: 西北农林科技大学.

任汝周, 李佛琳, 徐照丽, 等, 2018. 植烟土壤中氯元素的来源·动态及其影响因素与消减策略的研究进展 [J]. 安徽农业科学, 46 (4): 12-14.

盛业龙, 王莎莎, 许美玲, 等, 2014. 应用隶属函数法综合评价不同烤烟品种苗期抗旱性 [J]. 南方农业学报, 45 (10): 1751-1758.

宋久洋, 刘领, 陈明灿, 等, 2014. 生物质炭施用对烤烟生长及光合特性的影响 [J]. 河南科技大学学报: 自然科学版, 35 (4): 68-72.

孙大荃, 孟军, 张伟明, 等, 2011. 生物炭对棕壤大豆根际微生物的影响 [J]. 沈阳农业大学学报, 42 (5): 521-526.

孙焕, 李雪君, 马浩波, 等, 2012. 用 DTOPSIS 法综合评价烤烟区试品种 [J]. 西南农业学报, 25 (4): 1197-1200.

孙玉勇, 钟坤, 莫皓蓝, 等, 2016. 利用 DTOPSIS 法综合评价甘蔗新品种 [J]. 南方农业学报, 47 (3): 348-352.

汤斯崴, 林清美, 2018. 澧县耕地土壤有机质状况及其差异性分析 [J]. 湖南农业科学 (12): 41-44.

田雅楠, 王红旗, 2011. Biolog 法在环境微生物功能多样性研究中的应用 [J]. 环境科学与技术, 34 (3): 50-57.

万海涛, 2014. 烤烟发育和产量品质及植烟土壤理化性状对生物炭的响应研究 [D]. 郑州: 河南农业大学.

王程栋, 王树声, 刘新民, 等, 2012. 滇东低纬度高海拔区土壤化学性状对烟叶中硫、氯离子的影响 [J]. 土壤, 44 (3): 474-481.

王建波, 2015. 种植密度和施氮量对邵阳烟区烤烟生长发育和产质量的影响 [D]. 长沙: 湖南农业大学.

王菊花，2007. 微生物对土壤腐殖质形成及结构的影响研究 [D]. 长春：吉林农业大学.

王丽渊，丁松爽，刘国顺，2014. 生物质炭土壤改良效应研究进展 [J]. 中国土壤与肥料 (3)：1-6.

王晓琦，唐琦，黄一帆，等，2016. 两种生物炭对污染土壤铜有效性的影响 [J]. 农业资源与环境学报 (4)：361-368.

王筱滢，刘青丽，李志宏，等，2018. 根区内不同空间施肥对植烟土壤有效磷及烤烟磷积累影响 [J]. 西南农业学报，31 (12)：2598-2603.

王影影，2013. 烤烟典型产区土壤与烟叶铁、锰、铜、锌分布特点研究 [D]. 北京：中国农业科学院.

温玉转，2011. 施钾和施硫水平对香料烟燃烧性及品质的影响 [D]. 郑州：河南农业大学.

吴庆标，王效科，郭然，2005. 土壤有机碳稳定性及其影响因素 [J]. 土壤通报，36 (5)：743-747.

吴涛，白羽祥，王戈，等，2017. 钾肥用量对烤烟光合特性和产质量的影响 [J]. 浙江农业科学，58 (7)：1136-1139.

武丽，2014. 烤烟钼素营养作用机理及生产应用 [D]. 合肥：安徽农业大学.

夏东旭，王建安，刘国顺，等，2012. 永德烟区土壤 pH 值分布特点及其与土壤有效养分的关系 [J]. 河南农业大学学报，46 (2)：121-126.

许跃奇，赵铭钦，尤方芳，等，2016. 生物炭与常规施肥对烟草生长及镉污染吸收的影响 [J]. 土壤，48 (3)：510-515.

薛超群，杨立均，王建伟，2015. 生物质炭用量对烤烟烟叶净光合速率和香味物质含量的影响 [J]. 烟草科技，48 (5)：19-22.

杨林波，刘洪祥，章新军，等，2002. 氯素营养对黔北烟区烤烟产量和品质的效用研究 [J]. 中国烟草科学，23 (1)：21-24.

杨苏，2017. 湖南烤烟主产区增施中、微量元素对烟叶产质量的影响 [D]. 长沙：湖南农业大学.

杨宇虹，陈冬梅，晋艳，等，2011. 不同肥料种类对连作烟草根际土壤微生物功能多样性的影响 [J]. 作物学报，37 (1)：105-111.

叶协锋，李志鹏，于晓娜，等，2015. 生物炭用量对植烟土壤碳库及烤后烟叶质量的影响 [J]. 中国烟草学报，21 (5)：33-41.

依洪涛，2013. 有机物料与无机肥料配施条件下退化黑土肥力提升及碳库的研究 [D]. 哈尔滨：东北农业大学.

尤垂淮，曾文龙，陈冬梅，等，2015. 不同养地方式对连作烤烟根际土壤微生物功能多样性的影响 [J]. 中国烟草学报，21 (2)：68-74.

余垚颖，蒋长春，顾会战，等，2016. 有机无机复混钾肥钾素表观释放特征及对烤烟产质量的影响［J］. 中国烟草科学，37（1）：14-19.

袁秀秀，冯银龙，李春光，等，2017. 施氮量对烤烟常规化学成分含量及主流烟气中7种有害成分释放量的影响［J］. 中国烟草学报，23（2）：37-41.

岳冰冰，李鑫，张会慧，等，2013. 连作对黑龙江烤烟土壤微生物功能多样性的影响［J］. 土壤，45（1）：116-119.

臧逸飞，郝明德，张丽琼，等，2015，26年长期施肥对土壤微生物量碳、氮及土壤呼吸的影响［J］. 生态学报，35（5）：1445-1451.

詹柳琪，易江婷，蔡海洋，等，2013. 不同有效磷植烟土壤施用磷肥对烤烟生长及干物质积累的影响［J］. 福建农业学报，28（11）：1112-1116.

战秀梅，彭靖，王月，等，2015. 生物炭及炭基肥改良棕壤理化性状及提高花生产量的作用［J］. 植物营养与肥料学报，21（6）：1633-1641.

张本强，2011. 施氮方式对烤烟生长、氮磷钾吸收累积及品质的影响［D］. 北京：中国农业科学院.

张春华，王宗明，居为民，等，2011. 松嫩平原玉米带土壤碳氮比的时空变异特征［J］. 环境科学，32（5）：1407-1414.

张杰，黄海棠，杨立均，等，2018. 氮素形态对烟草生长及品质影响的研究进展［J］. 中国农学通报，34（15）：44-49.

张军，朱丽，刘国顺，等，2015. 高碳基土壤修复肥对植烟土壤有效微量元素及烟叶品质的影响［J］. 江苏农业科学（11）：146-149.

张隆伟，伍仁军，王昌全，等，2014. 四川凉攀烟区植烟土壤有效铜和有效锌空间变异特征［J］. 中国烟草科学（3）：1-6.

张千丰，王光华，2013. 生物炭理化性质及对土壤改良效果的研究进展［J］. 土壤与作物（4）：199-206.

张秋菊，2013. 典型浓香型烟区不同肥料配比对植烟土壤养分、烟叶品质的影响研究［D］. 郑州：河南农业大学.

张腾，2013. 有机栽培对植烟土壤理化性质以及烤烟品质的影响［D］. 郑州：河南农业大学.

张伟明，孟军，王嘉宇，等，2013. 生物炭对水稻根系形态与生理特性及产量的影响［J］. 作物学报，39（8）：1445-1451.

张祥，王典，姜存仓，等，2013. 生物炭对我国南方红壤和黄棕壤理化性质的影响［J］. 中国生态农业学报，21（8）：979-984.

张瀛，彭怀俊，林水良，等，2012. 长期定位施肥对土壤有效氮含量及烤烟生长和产质量的影响［J］. 中国烟草科学（5）：49-53.

张又弛，李会丹，2015. 生物炭对土壤中微生物群落结构及其生物地球化学功能的

影响 [J]. 生态环境学报 (5)：898-905.

张园营, 2013. 烟草专用炭基一体肥生物炭适宜用量研究 [D]. 郑州：河南农业大学.

张云伟, 徐智, 汤利, 等, 2014. 生物有机肥对烤烟黑胫病及根际微生物代谢功能多样性的影响 [J]. 中国烟草学报 (5)：59-65.

赵殿峰, 徐静, 罗璇, 等, 2014. 生物炭对土壤养分、烤烟生长以及烟叶化学成分的影响 [J]. 西北农业学报, 23 (3)：85-92.

赵殿峰, 2014. 不同生物炭施用量对烤烟土壤理化性状及烤烟生长的影响 [D]. 杨凌：西北农林科技大学.

赵牧秋, 金凡莉, 孙照炜, 等, 2014. 制炭条件对生物炭碱性基团含量及酸性土壤改良效果的影响 [J]. 水土保持学报, 28 (4)：299-303.

郑华, 欧阳志云, 王效科, 等, 2004. 不同森林恢复类型对土壤微生物群落的影响 [J]. 应用生态学报, 15 (11)：2019-2024.

郑瑞伦, 王宁宁, 孙国新, 等, 2015. 生物炭对京郊沙化地土壤性质和苜蓿生长、养分吸收的影响 [J]. 农业环境科学学报, 34 (5)：904-912.

周志红, 李心清, 邢英, 等, 2011. 生物炭对土壤氮素淋失的抑制作用 [J]. 地球与环境, 39 (2)：278-284.

朱金峰, 景延秋, 宋光辉, 等, 2012. 叶面施锌对烤烟生理特性及锌含量的影响 [J]. 湖南农业科学 (3)：34-36.

朱文英, 2014. 生物炭的性质及其对石油污染土壤的修复作用研究 [D]. 天津：南开大学.

朱英华, 屠乃美, 肖汉乾, 等, 2011. 硫对烤烟干物质积累的影响 [J]. 中国烟草学报, 17 (2)：44-48.

邹凯, 邓小华, 李永富, 等, 2014. 邵阳烟区植烟土壤有效硼含量及空间分布研究 [J]. 中国农学通报, 30 (20)：175-180.

邹文桐, 熊德中, 2012. 土壤交换性钙对烤烟氮、磷、钾含量和吸收量的影响 [J]. 江西农业大学学报, 34 (2)：237-243.

Ankenbauer K J, Loheide S P, 2017. The effects of soil organic matter on soil water retention and plant water use in a meadow of the Sierra Nevada, CA [J]. Hydrological Processes, 31 (4)：891-901.

Kimetu J M, Lehmann J, 2010. Stability and stabilisation of biochar and green manure in soil with different organic carbon contents [J]. Australian Journal of Soil Research, 48 (7)：577-585.

Kolb S. E, Fermanich K J, Dornbush M, et al., 2009. Effect of charcoal quantity on microbial biomassand activity in temperate soils [J]. Soil Science Society of AmericanJournal, 73 (4): 1173-1181.

Pignataro A, Moscatelli M C, Mocali S, et al., 2012. Assessment of soil microbial functional diversity in a coppiced forest system [J]. Applied Soil Ecology, 62 (6): 115-123.

Sopeña F, Bending G D, 2013. Impacts of biochar on bioavailability of the fungicide azoxystrobin: A comparison of the effect on biodegradation rate and toxicity to the fungal community [J]. Chemosphere, 91 (11): 1525-1533.

Tong H, Hu M, Li F B, et al., 2014. Biochar enhances the microbial and chemical transformation of pentachlorophenol in paddy soil [J]. Soil Biology & Biochemistry, 70 (2): 142-150.

Warnock D D, Lehmann J, Kuyper T W, et al., 2007. Mycorrhizal responses to biochar in soil -concepts and mechanisms [J]. Plant & Soil, 300 (2): 9-20.